식영과인데…
아직 **구독** 안 했다고?

월 7천원이면 50여 종 **식영 도서가 무제한.**

태블릿 하나로 공부 걱정 해결.

영양사 자격증도
교문사.e.라이브러리
하나면 돼!

* 교문사 e 라이브러리는 전자책 플랫폼 **북이오(buk.io)**에서 만날 수 있습니다.

함께읽기 방법
자세히 보기

북이오(buk.io)에서
공부하고 **과탑 되는 법.**

STEP 1. 교문사 e라이브러리 '식품영양' 구독
'함께 읽는 전자책 플랫폼' 북이오에서 교문사 e-라이브러리를
구독하고 전공책, 수험서를 마음껏 본다.

STEP 2. 원하는 교재로 함께 공부할 사람 모으기
다른 사람들과 함께 공부하고 싶은 교재에 '그룹'을 만들고, 같은
수업 듣는 동기들 / 함께 시험 준비하는 스터디원들을 초대한다.

STEP 3. 책 속에서 실시간으로 정보 공유하기
'함께읽기' 모드를 선택하고, 그룹원들과 실시간으로 메모/하이라이트를
공유하며 중요한 부분, 암기 꿀팁, 교수님 말씀 등 정보를 나눈다.

STEP 4. 마지막 점검은 '혼자읽기' 모드에서!
이번에는 '혼자읽기' 모드를 선택해서 '함께읽기'에서
얻은 정보들을 차분히 정리하며 나만의 만점 노트를 만든다.

식품의 성분과 특성으로 알아보는 과학

식품학

저자 소개

송태희	배화여자대학교 식품영양학과 교수
주난영	배화여자대학교 전통조리학과 교수
박혜진	창신대학교 식품영양학과 교수
김일낭	울산과학대학교 식품영양학과 교수
한규상	호남대학교 식품영양학과 교수
서영호	원광보건대학교 식품영양학과 교수
이상준	연성대학교 호텔조리과 교수
노재필	신구대학교 식품영양학과 교수
장세은	을지대학교 식품영양학과 교수
한명륜	혜전대학교 제과제빵과 교수

식품의 성분과 특성으로 알아보는 과학

식품학

초판 발행 2024년 9월 6일

지은이 송태희 · 주난영 · 박혜진 · 김일낭 · 한규상 · 서영호 · 이상준 · 노재필 · 장세은 · 한명륜
펴낸이 류원식
펴낸곳 교문사

편집팀장 성혜진 | **책임진행** 전보배 | **디자인** 김도희 | **본문편집** 신나리

주소 10881, 경기도 파주시 문발로 116
대표전화 031-955-6111 | **팩스** 031-955-0955
홈페이지 www.gyomoon.com | **이메일** genie@gyomoon.com
등록번호 1968.10.28. 제406-2006-000035호

ISBN 978-89-363-2594-7(93590)
정가 26,000원

식품의 성분과 특성으로 알아보는 과학

식품학

송태희 주난영 박혜진 김일낭
한규상 서영호 이상준 노재필
장세은 한명륜 지음

교문사

머리말

식품학이란 식품 성분의 이화학적 특성 및 변화를 이해하고, 이를 식품의 가공 및 저장, 조리에 적용하는 기초 학문이다. 현대 사회가 급격히 고령화됨에 따라 식품의 영양기능뿐만 아니라 감각기능과 생체 조절 기능도 점점 중요해지고 있다. 따라서 식품영양학과, 식품공학과 및 조리학과의 전공자나 식품 관련 기업의 관계자는 식품학을 꼭 이해해야 한다. 또한 영양사나 조리기능사 등의 수험을 준비하는 데도 필요한 학문이므로 이해하기 쉽게 정리하였다.

이 책은 서론과 함께 식품학을 크게 두 부분으로 나누어 구성하였다. '1부 식품학 개론'은 식품을 구성하는 물, 탄수화물, 지질, 단백질, 효소, 비타민과 무기질, 식품의 색, 냄새, 맛 그리고 식품첨가물로 구성하였다. '2부 식품학 각론'은 식품군을 곡류 및 당류, 서류, 두류 및 견과류, 채소류, 과일류, 버섯류 및 해조류, 육류 및 가금류, 어패류, 우유 및 유제품, 난류, 그리고 식용유지류로 구분하여 각 식품의 성분 및 특성에 대해 설명하였다.

식품의 특성과 변화를 쉽게 이해할 수 있도록 다양한 사진과 그림 자료도 제시하였다. 또한 다소 생소하지만 국내에 유통되고 있는 새롭고 유용한 식품에 관한 내용도 재미있고 다채롭게 풀어냈다.

저자들의 강의 경험을 토대로 정성껏 집필하였으나, 유난히 무덥고 비가 많은 여름, 막상 탈고를 앞두고 보니 미흡한 점이 보인다. 앞으로 더욱 좋은 교재가 될 수 있도록 선후배 님들의 고견을 수렴하고 지속적으로 보충하여 더 나은 책을 만들어 가겠다.

끝으로 이 책을 만드는 데 도움을 주신 교문사 류제동 회장님과 직원분들께 감사의 말씀을 전한다.

2024년 8월
저자 일동

차례

1

식품학
개론

2

식품학
각론

INTRODUCTION
서론

1. 식품의 정의 및 기능

식품은 인간의 생명을 지키는 매우 중요한 요소이며, FAO/WHO 규정에 따르면 "인간이 섭취할 수 있도록 완전 가공 또는 일부 가공한 것, 가공하지 않아도 먹을 수 있는 것"으로 정의한다. 식품은 영양소 및 화학성분으로 구성되어 있으며, 생산 및 소비 단계에 걸쳐 다양한 변화과정이 발생한다. 식품학은 식품 중 화학성분의 이화학적 · 물리적 · 생리학적 변화과정에 대해 이해하고, 식품의 저장성 및 품질 변화에 대해 종합적으로 연구하는 학문이다.

식품은 생명 유지 수단으로 주로 사용되어 왔으나, 최근에는 건강과 질병 예방을 위한 기능성 및 생체 조절 역할이 강조되고 있다. 이에 식품의 기능을 영양기능, 감각기능, 생체 조절 기능으로 구분할 수 있다.

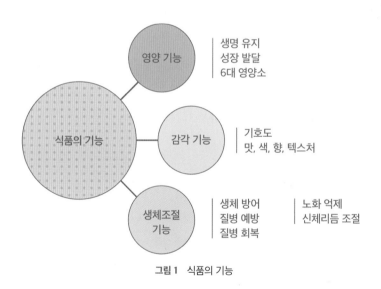

그림 1 식품의 기능

(1) 영양기능

식품이 갖는 1차 기능으로 주로 생명 유지 기능이 있다. 균형 있는 영양섭취는 생애주기 전반에 걸쳐 정상적인 신체적 · 정신적 발달 및 성장을 돕는다.

(2) 감각기능

식품의 2차 기능으로 관능적 특성을 의미한다. 맛, 냄새, 색, 촉감을 즐길 수 있는 수단으로 작용하며, 소비자의 기호를 만족시키는 데 기여한다.

(3) 생체 조절 기능

식품의 3차 기능으로 외부 이물질에 대한 생체 방어, 질병 예방 및 회복, 노화 억제, 신체리듬 조절 등 건강과 밀접한 관계가 있다.

2. 식품의 성분

식품의 성분은 크게 일반성분과 특수성분으로 구분할 수 있다. 일반성분은 다시 수분과 고형물로 분류되고, 고형물은 유기질과 무기질로 구분된다. 유기질에는 탄수화물, 지방, 단백질, 비타민 등이 포함된다. 특수성분에는 맛, 색깔, 냄새, 유독성분 등이 포함된다.

그림 2 식품의 성분

식품은 종류에 따라 구성성분의 함량이 매우 다양하다. 농촌진흥청 국립농업과학원은 주기적으로 국가표준식품성분표를 개정하여 국내에서 생산·소비되는 곡류, 채소류, 과일류 등 총 3,000점에 대한 에너지, 수분, 단백질, 지방, 회분, 탄수화물, 총식이섬유 등의 일반성분, 아미노산, 지방산, 무기질, 비타민 등 영양성분에 관한 내용을 자세하게 검색할 수 있도록 하고 있다.

성분구분	☐전체 ☐일반성분 ☐아미노산 ☐지방산 ☐무기질 ☐비타민 ☐기타	
▶ 밀, 통밀, 생것	☑ 기본 (100g)	
▶ 밀, 도정, 생것	☑ 기본 (100g)	

일반성분		
성분	밀, 통밀, 생것 기본 (100g)	밀, 도정, 생것 기본 (100g)
에너지 (kcal)	342	333
수분 (g)	9.2	10.6
단백질 (g)	13.2	10.6
지방 (g)	1.5	1
회분 (g)	1.5	2
탄수화물 (g)	74.6	75.8

그림 3   국가표준식품성분표 검색 사례
출처: 농식품올바로

3. 식품의 분류

식품은 매우 다양하므로 관점에 따라 여러 가지로 분류된다. 식품은 그것을 구성하는 주성분이나 생산방식, 영양섭취기준 등에 의해 분류될 수 있다. 주성분에 따라 식물성 식품과 동물성 식품으로 구분할 수 있으며, 생산방식에 따라 농 · 수산식품, 축산식품, 가공식품 등으로 구분할 수 있다.

식품을 섭취하는 것의 종류와 영양소 함량에 따라 기능이 유사한 것으로 구분하면, 곡류, 고기 · 생선 · 달걀 · 콩류, 채소류, 과일류, 우유 · 유제품류, 유지 · 당류의 6가지 식품군으로 구분할 수 있다.

(1) 주성분에 따른 분류
- 식물성 식품 : 곡류, 서류, 두류, 채소류, 과일류, 해조류, 버섯류
- 동물성 식품 : 육류, 난류, 어패류, 우유류

(2) 생산방식에 따른 분류

농·수산식품, 축산식품, 가공식품, 양조식품 등

(3) 영양섭취기준에 의한 분류

- 곡류
- 고기·생선·달걀·콩류
- 채소류
- 과일류
- 우유·유제품류
- 유지·당류

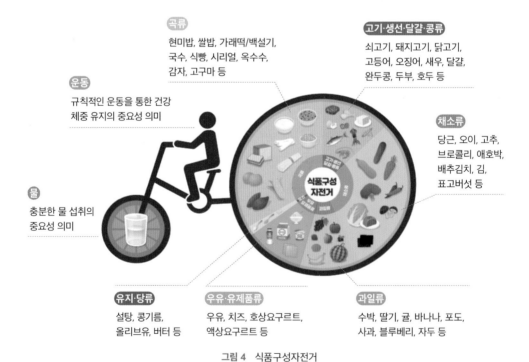

곡류
현미밥, 쌀밥, 가래떡/백설기, 국수, 식빵, 시리얼, 옥수수, 감자, 고구마 등

고기·생선·달걀·콩류
쇠고기, 돼지고기, 닭고기, 고등어, 오징어, 새우, 달걀, 완두콩, 두부, 호두 등

운동
규칙적인 운동을 통한 건강 체중 유지의 중요성 의미

채소류
당근, 오이, 고추, 브로콜리, 애호박, 배추김치, 김, 표고버섯 등

물
충분한 물 섭취의 중요성 의미

유지·당류
설탕, 콩기름, 올리브유, 버터 등

우유·유제품류
우유, 치즈, 호상요구르트, 액상요구르트 등

과일류
수박, 딸기, 귤, 바나나, 포도, 사과, 블루베리, 자두 등

그림 4 식품구성자전거
출처: 보건복지부·한국영양학회, 한국인 영양소 섭취기준, 2020

PART

1

식품학 개론

CHAPTER
01

물

물은 식품의 다양한 구성성분 중 가장 많은 비율을 차지하며, 고체, 액체, 기체의 세 가지 형태로 존재한다. 물은 식품의 물성 및 구조를 유지할 뿐만 아니라 다른 물질을 녹이는 용매 및 분산매로서의 역할을 한다. 또한 식품의 조리, 가공, 저장 중에 일어나는 다양한 물리적·화학적·미생물학적 변화의 매개체로서 작용하고 있다. 이와 같이 물은 식품의 조리, 가공과정에서 식품의 변화와 보존성 등 식품품질에 많은 영향을 미치고 있기 때문에 물에 대한 이해와 식품 속에서 물의 역할 등을 살펴보고자 한다.

1. 물 분자의 구조

물 분자는 두 개의 수소와 한 개의 산소가 공유결합되어 있으며 화학식으로는 H_2O로 표현한다. 산소를 중심으로 두 개의 산소가 104.5°의 결합각을 형성하며 굽은 형태의 구조를 이루고 있다. 물 분자의 산소원자는 음전하(-)를, 수소원자는 양전하(+)를 가지고 있는 극성 분자이다. 이러한 양극성을 가지고 있는 수많은 물 분자가 서로 끌어당겨 수소결합한 형태가 바로 물이다(그림 1-1).

일반적으로 물 분자 내 공유결합은 물 분자 간의 수소결합보다 강하기 때문에 물이 끓어 증발할 때는 물 분자 사이의 수소결합이 끊어지게 된다. 또한 물이 얼음이 되는 것도 물 분자 간 인력이 증가하여 수소결합이 증가하기 때문이다. 이러한 물 분자 간의 수소결합으로 인해 물은 다음과 같은 성질을 나타낸다.

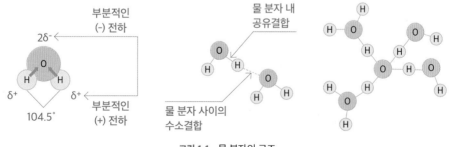

그림 1-1　물 분자의 구조

1) 비점, 융점

물질의 끓는 온도를 비점, 고체가 액체가 되는 온도를 융점이라고 한다. 물은 수소결합으로 이루어져 있기 때문에 분자 운동에 제한이 생기며, 그로 인해 물을 끓이거나 얼음을 녹이는 데 많은 열을 필요로 하게 된다. 대기압하에서 순수한 물은 100℃에서 끓고, 0℃에서 언다. 그러나 물에 어떠한 물질(용질)이 녹아 있으면 비점은 높아지고 융점은 낮아지게 된다. 우리가 섭취하는 국물음식은 소금이나 간장으로 간을 하기 때문에 순수한 물보다 높은 온도에서 끓으며, 과일 잼이나 바닷물이 얼지 않는 이유는 수분에 설탕, 소금과 같은 용질이 녹아 있어 어는점이 낮아졌기 때문이다.

2) 비열

어떤 물질 1g의 온도를 1℃ 올리는 데 필요한 열량을 비열이라고 하며, 단위는 cal/g·℃이다. 비열은 물질마다 다르기 때문에 물질의 특성을 구분하는 기준이 된다. 물의 비열은 1cal/g·℃로 다른 물질에 비해 큰데, 이는 물 분자 간에 수소결합을 하고 있기 때문이다. 따라서 식품의 수분 함량이 많을수록 비열은 커지며, 가열시간이 길어져 조리시간에 영향을 미치게 된다. 예를 들면 조리를 위해 동일한 양의 물과 식용유를 같은 온도로 끓이면 식용유의 온도가 먼저 올라가는데 이는 식용유의 비열은 0.4cal/g·℃로 물보다 낮기 때문이다.

3) 밀도(비중)

물은 온도가 내려갈수록 분자의 운동이 둔해지고 부피가 작아지면서 밀도가 점점 증가하며, 4℃에서 최대의 밀도를 나타낸다. 온도가 점점 낮아져 0℃가 되면 육각형 구조 내의 공간을 가지고 있는 얼음이 생성되면서 부피가 커진다. 이때 얼음은 물보다 낮은 밀도를 가지게 되어 물에 뜨게 된다.

4) 표면장력

표면장력이란 액체 분자 간의 끌어당기는 힘으로 인해 표면적을 작게 하려는 힘을 말한다. 비가 오고 난 후 풀잎에 맺힌 이슬방울이 대표적인 예이다. 물은 물 분자끼리 수소결합을 통해 서로 끌어당기는 힘이 세기 때문에 다른 액체보다 표면장력이 크다.

2. 식품 속의 수분

1) 자유수와 결합수

식품 중의 수분은 자유수(free water)와 결합수(bound water)로 구분할 수 있다. 자유수는 식품 중에 용매로서 자유롭게 존재하며 일반적인 수분의 특성을 갖는다. 반면, 결합수는 식품의 구성성분인 단백질, 탄수화물 등 식품성분 등과 결합되어 있어 일반적인 수분의 기능을 하지 못한다(그림 1-2). 따라서 자유수와 결합수는 다른 성질을 가지게 된다. 자유수와 결합수의 특징은 표 1-1과 같다.

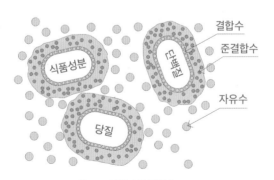

그림 1-2 자유수와 결합수

표 1-1 자유수와 결합수의 특징

자유수	결합수
• 용매로서 식품 중에 자유롭게 존재 • 염류, 당류, 수용성 단백질과 같은 물질의 용매, 분산매로서 역할 • 대기압 0℃ 이하에서 동결 • 대기압 100℃ 이상에서 가열, 건조하면 증발 • 미생물의 증식 및 번식에 이용되기 때문에 식품의 변질, 부패의 원인이 됨 • 다양한 화학 반응에 관여	• 식품의 구성성분인 탄수화물, 단백질, 지질 등과 수소결합 및 이온결합을 통해 식품의 일부분이 된 수분 • 용매로 작용하지 못함 • 0℃ 이하에서 얼지 않음 • 100℃ 이상에서도 쉽게 증발되지 않음 • 미생물의 성장 및 화학 반응에 관여하지 못함

2) 수분활성도

수분 함량은 식품이 가지고 있는 모든 물의 함량으로 자유수와 결합수를 모두 포함한다. 그러나 효소 및 산화 반응, 미생물의 증식 등 식품의 품질 변화에 영향을 미치는 것은 결합수를 제외한 수분의 영향을 받는다. 따라서 식품의 품질 및 안정성에서는 전체 수분 함량보다 식품의 품질 변화에 영향을 미치는 수분의 양을 구성비로 나타낸 수분활성도(A_w, Water Activity)가 중요하다. 수분활성도는 임의의 동일 온도에서 순수한 물의 수증기압(P_0)에 대한 식품의 수증기압(P)의 비율로 정의할 수 있다.

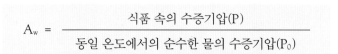

$$A_w = \frac{\text{식품 속의 수증기압}(P)}{\text{동일 온도에서의 순수한 물의 수증기압}(P_0)}$$

순수한 물의 증발로 인한 수증기압   식품 속의 수분 증발로 인한 수증기압

그림 1-3 식품 속의 수증기압

표 1-2 수분 함량과 수분활성도

식물성 식품			동물성 식품		
식품군	수분 함량	수분활성도	식품군	수분 함량	수분활성도
곡류	13~16	0.60~0.64	육류	70~80	0.96~0.98
콩류	13~15	0.60~0.64	난류	72~78	0.96~0.97
과일, 채소	74~96	0.97~0.99	생선류	65~68	0.98~0.99
건조과일	18~22	0.72~0.80	우유류	73~85	0.97

순수한 물의 수분활성도는 1이 되나, 식품의 수분에는 당류, 수용성 단백질, 염류 등 고형물이 용해되어 있기 때문에 순수한 물이 증발하는 수증기압보다 작다. 따라서 식품의 수분활성도는 1보다 작으며, 0에서 1 사이의 값을 가진다. 식품군별 수분 함량과 수분활성도는 표 1-2와 같다.

3. 등온흡탈습곡선

식품은 완전히 밀폐된 용기에 보관되어 있지 않는 한 대기의 온도 및 수분 함량에 영향을 받게 된다. 식품의 특성에 따라 대기와 식품 사이에 수분이 출입하게 되고 결국은 대기 중의 수분과 평형상태에 이르게 된다. 이 상태를 평형수분 함량이라고 하며, 이때 식품을 둘러싼 공기의 수분 함량을 평형상대습도(ERH, Equilibrium Relative Humidity)라고 한다.

평형상대습도는 수분활성도를 백분율로 표시한 것으로 식품 수분활성도의 100배가 된다. 그러나 식품의 흡습, 탈습과 관련해서 수분활성도와 평형상대습도를 구별하지 않고 사용하고 있다.

$$ERH = \frac{P}{P_0} \times 100$$

일정한 온도에서 식품이 대기 중의 수분을 흡수하여 평형수분 함량에 이르는 경우, 수분활성도와 평형수분 함량 사이의 관계를 나타낸 곡선을 등온흡습곡선이라고 한다(그림 1-4). 반대로 식품이 수분을 대기 중에 방출하면서 평형수분 함량에 이르는 것을 등온탈습곡선이라고 한다. 등온흡탈습곡선은 일반적으로 길게 늘어진 역S자형을 띠고 있다. 식품의 수분 흡수와 방출은 식품의 성질에 따라 다르므로 식품별로 등온흡탈습곡선의 형태는 다르게 나타나며, 이는 식품의 품질 및 보존성을 예측하는 데 매우 중요하다. 대부분의 식품에서 등온흡습곡선과 등온탈습곡선이 일치하지 않는데, 이를 '이력현상(hysteresis effect)'이라고 한다(그림 1-5). 즉, 고수분 식품의 탈습과 저수분 식품의 흡습곡선이 일치하지 않는데, 이는 고수분상태일 때와 저수분상태일 때의 식품 구조가 다르기 때문이다.

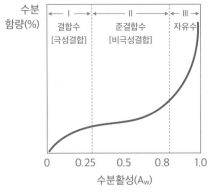

그림 1-4 등온흡습곡선

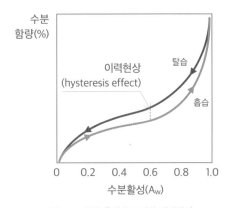

그림 1-5 등온흡탈습곡선의 이력현상

4. 수분활성도와 식품의 품질

수분활성도에 따른 식품의 여러 가지 품질 변화속도는 다음과 같이 세 영역으로 구분하여 설명할 수 있다.

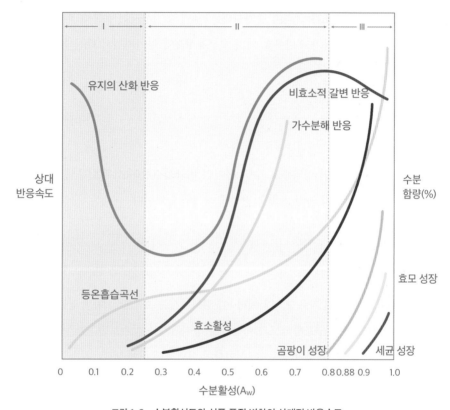

그림 1-6 수분활성도와 식품 품질 변화의 상대적 반응속도

1) Ⅰ영역

수분활성도가 0.25 이하인 영역으로 식품 중의 물이 식품성분과 극성결합(이온결합)되어 결합수로 존재한다. 이 영역에서는 미생물 증식, 효소의 활성화, 갈변현상이 거의 일어나지 않는다. 그러나 유지의 산화 측면에서는 수분 함량이 낮아 식품의 성분이 산소나 금속에 직접 노출됨으로써 반응속도가 급격히 증가한다. Ⅱ영역 초기까지는 수분에 의한 보호로 유지의 산화작용이 감소하다가 후반부로 가며 수분활성도가 높아지면서 다시 산화속도가 증가하게 된다.

2) Ⅱ영역

수분활성도가 0.25~0.80인 영역으로 수분 사이의 비극성결합(수소결합)을 통한 결합수의 형태를 이루며, 건조식품의 안정성 및 저장성에 최적인 영역이다.

3) Ⅲ영역

수분활성도가 0.80 이상인 자유수 영역이다. 이 영역에서는 효소활성화 및 곰팡이 · 효모 · 세균의 성장이 가능하다. 수분활성도와 미생물의 증식관계를 살펴보면, 세균은 A_w 0.90 이상, 효모는 A_w 0.85 이상, 곰팡이는 A_w 0.80 이상이 되면 증식하게 된다.

CHAPTER
02

탄수화물

탄수화물(carbohydrate)은 탄소, 수소, 산소 3가지 원소를 지닌 지구상에 가장 널리 분포되어 있는 유기물로, 지질, 단백질과 함께 체내 대사활동에 필요한 에너지원으로 사용되는 3대 영양소 중 하나이다. 단맛이 있어 당질(saccharide)이라고도 불리며 식생활에서의 당류, 식물체의 세포벽 성분 및 식이섬유 등은 대표적인 탄수화물이다.

탄수화물은 세부적으로 체내에서 소화가 가능한 당질과 소화가 불가능한 식이섬유와 같은 난소화성 다당류로 분류된다. 당질은 단당류, 이당류, 소당류, 소화성 다당류, 당유도체로 나뉜다. 일반적으로 당류란 단맛을 나타내는 단당류와 이당류를 말한다.

그림 2-1   탄수화물의 분류

1. 탄수화물의 정의

인간을 포함한 동물은 탄수화물을 스스로 합성하는 능력이 없어 광합성 능력을 가진 식물체가 생산한 탄수화물을 섭취하여 에너지원으로 사용하며 여분의 탄수화물은 주로 간이나 근육 및 피하 등에 축적된다.

$$n\,CO_2 + n\,H_2O + 에너지 \rightarrow CnH_2nOn + n\,O_2$$

탄수화물은 수소와 산소의 비율이 2:1이며 물 분자를 포함하는 것처럼 보여 탄소의 수화물 또는 함수 탄소로도 불린다. 화학 구조적으로는 분자 내에 두 개 이상의 수산기(-OH)와 한 개의 알데히드기 또는 케톤기를 갖는 화합물로 정의할 수 있다. 화학식은 'Cn(H$_2$O)$_n$'으로 표기하며, 보통 탄수화물을 나타내는 어미 '-ose(오스)'를 붙여 명명한다.

2. 탄수화물의 분류

탄수화물은 분자 내에 포함된 카보닐기(carbonyl group, -CHO, >C=O)의 종류에 따라 알도스 계열과 케토스 계열, 탄소 수에 따라 3~6탄당, 구성 단당의 수에 따라 단당류, 이당류, 소당류 및 다당류, 소화 유무 등에 따라 소화성, 비소화성, 난소화성 등으로 분류한다(표 2-1).

표 2-1 **탄수화물의 분류**

구분	탄수화물명	비고
카보닐기의 종류 (-CHO 또는 >C=O)	알도스(-CHO, aldose) 계열	$R-\overset{\overset{O}{\|\|}}{C}-H$ 알데히드
	케토스(>C=O, ketose) 계열	$R-\overset{\overset{O}{\|\|}}{C}-R'$ 케톤
탄소 수(C$_n$)	3개(C$_3$, triose)	

숫자	그리스어 접두사
1	모노
2	디
3	트리
4	테트라
5	펜타
6	헥사
7	헵타

	4개(C$_4$, tetrose)	
	5개(C$_5$, pentose)	
	6개(C$_6$, hexose)	

(계속)

구분	탄수화물명	비고
구성 단당의 수	단당류(monosaccharides, 1개)	•
	이당류(disaccharides, 2개)	•—•
	소당류(oligosaccharides, 3~10개)	•—•—•—•
	다당류(polysaccharides, 10개 이상)	
소화성	소화성(digestible)	인체 내 소화효소
	난소화성(indigestible)	
	비소화성(non-digestible)	
구성 당의 종류	단순형(homo type)	•—•—•—•—•—•
	복합형(hetero type)	•—•—•—▲—•—▲
반응성	환원당(reducing sugar)	베네딕트 반응, 펠링 반응(Cu, 황적색)
	비환원당(non-reducing sugar)	-
고리 모양	피라노스(pyranose)	육각형,
	푸라노스(furanose)	오각형,

1) 카보닐기의 종류

단당류 중 알데히드기(aldehyde, -CHO)를 갖는 알도스(aldose) 계열, 케톤기(ketone, >C=O)를 갖는 케토스(ketose) 계열 탄수화물로 분류한다. 알도스 계열의 대표적인 단당은 글루코스, 케토스 계열의 대표적인 단당은 프럭토스이다.

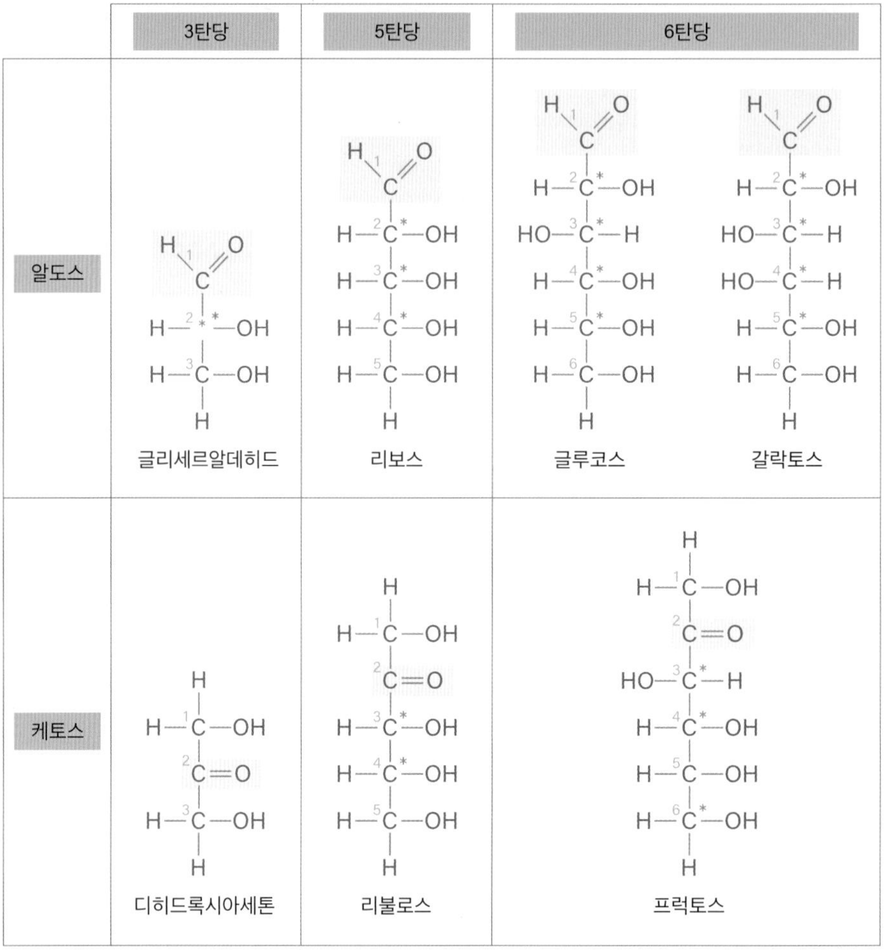

	3탄당	5탄당	6탄당	
알도스	글리세르알데히드	리보스	글루코스	갈락토스
케토스	디히드록시아세톤	리불로스	프럭토스	

*: 부제탄소, nC: 탄소번호

그림 2-2 알도스와 케토스

2) 탄소 수

단당은 그 구성 탄소의 수를 뜻하는 그리스어 접두사와 '탄수화물'을 의미하는 어미인 '-ose'를 붙여 명명한다. 단당을 구성하는 최소 탄소 수는 3이며, 트리오스(triose)부터 존재한다. 자연계에는 탄소 수가 5개인 펜토스(pentose)와 탄소 수가 6개인 헥소스(hexose)가 가장 널리 분포되어 있다.

3) 단당의 수

단당은 산이나 알칼리 및 효소 등에 의하여 더 이상 분해되지 않는 탄수화물을 구성하는 기본 당으로 단당은 모두 두 개 이상의 히드록시기(-OH)를 포함하고 있다. 이들 히드록시기 간의 결합에 의하여 탈수축합되면 새로운 당류를 형성할 수 있는데, 결합된 단당의 수에 따라 2개가 결합된 이당류(disaccharides), 3~10개 정도의 적은 수의 단당이 결합된 소당류(oligosaccharides), 많은 수의 단당이 결합된 다당류(polysaccharides)로 구분한다.

4) 소화 유무

당류는 인체 내 소화효소의 존재 유무에 따라 모두 소화·흡수 가능한 전분과 같은 소화성 탄수화물, 인체 내 효소로는 분해되지 않고 장내 미생물에 의해 분해되는 식이섬유와 같은 비소화성 탄수화물, 인체 내에서 분해되기 어려운 동물성 식이섬유인 키틴과 같은 난소화성 탄수화물로 구분한다.

5) 기타

이 외에도 구성 당의 종류가 한 가지인 단순형(homo type)과 두 가지 이상인 복합형(hetero type)으로도 구분할 수 있다. 반응성이 강한 히드록시기가 존재하여 구리(Cu^{2+})나 철(Fe^{2+})의 환원능력이 있는 환원당(reducing sugar)과 환원능력이 없는 비환원당(non-reducing sugar), 형성된 고리 모양에 따라 육각형의 피라노스(pyranose)와 오각형의 푸라노스(furanose)로도 구분한다.

3. 탄수화물의 화학

1) 부제탄소

탄소는 4개의 결합손을 가지며, 이 4개의 결합손에 모두 서로 다른 원자나 원자단이 결합한 탄소를 부제탄소(chiral carbon) 또는 비대칭탄소(asymmetry carbon)라고 한다. 유기화합물에서는 부제탄소로 인하여 다양한 형태의 이성질체(isomer)를 가지며 부제탄소는 유기화합물의 성질을 결정하는 중요한 요소로 작용한다. 모든 단당류는 반드시 하나 이상의 부제탄소를 지닌다. 반트호프(Van't Hoff)의 법칙에 의하면 부제탄소 수가 n개이면 존재하는 이성질체의 수는 2^n개이다. 유기화학에서는 탄소에 번호를 부여하며 부제탄소는 일반적으로 '*'로 표기한다.

2) 이성질체

이성질체(isomer)는 분자식은 같으나 물리적 또는 화학적 성질이 다른 물질을 말한다. 종류는 크게 거울상 입체 이성질체(enantiomers), 구조 이성질체(structural isomers), 기하 이성질체(cis-trans isomers) 및 광학 이성질체(optical isomers) 등으로 구분하며 그 밖에도 다양한 이성질체가 존재한다.

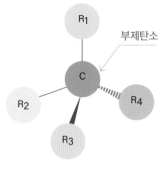

그림 2-3 부제탄소

표 2-2 이성질체의 종류 및 특징

종류	특징	표시
거울상 입체 이성질체	두 물질이 거울을 중심으로 포개지는 관계 	-
	라세미체(racemic mixture): 서로 거울상 관계에 있는 우회전성과 좌회전성의 이성질체가 각각 50%씩 섞여 있는 혼합물	
구조 이성질체	분자식은 같지만 원자들의 연결 순서가 서로 다른 이성질체로 알데히드기 또는 케톤기에서 가장 멀리 떨어져 있는 부제 탄소에 붙은 -OH기의 방향에 의해 결정	D(dextro, 우측) 또는 L(levo, 좌측)
기하 이성질체	원자나 원자단의 결합 위치에 따른 이성질체 (cis형, 같은 방향)　　(trans형, 다른 방향)	시스 또는 트랜스
광학 이성질체	당 용액에 편광 빛을 쪼였을 때 빛이 꺾이는 방향이나 각도(비선광도)에 따른 이성질체 	+(dextrorotatory, 우선성) 또는 -(levorotatory, 좌선성)

3) 에피머

에피머(epimer)는 입체 이성질체에서 다른 원자나 원자단의 위치는 같으나, 한 개의 원자 또는 원자단의 위치가 다른 이성질체의 관계를 의미한다(그림 2-4). 글루코스는 갈락토스와 만노스와 에피머 관계이나, 갈락토스와 만노스는 에피머 관계에 해당하지 않는다.

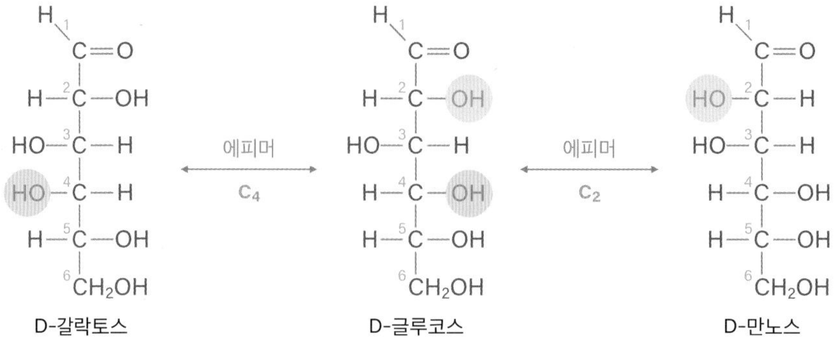

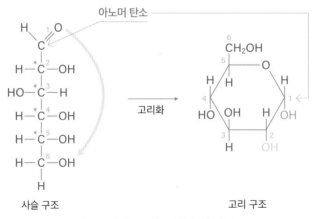

그림 2-4 에 해당하는 상단 구조식:

D-갈락토스 ↔ (에피머 C_4) ↔ D-글루코스 ↔ (에피머 C_2) ↔ D-만노스

D-갈락토스

$$H-C=O$$
$$H-C-OH$$
$$HO-C-H$$
$$HO-C-H$$
$$H-C-OH$$
$$CH_2OH$$

D-글루코스

$$H-C=O$$
$$H-C-OH$$
$$HO-C-H$$
$$H-C-OH$$
$$H-C-OH$$
$$CH_2OH$$

D-만노스

$$H-C=O$$
$$HO-C-H$$
$$HO-C-H$$
$$H-C-OH$$
$$H-C-OH$$
$$CH_2OH$$

그림 2-4 **글루코스의 에피머**

4) 단당류의 환상 구조

단당류는 사슬 구조(chain structure)뿐만 아니라 고리 구조(cyclic structure)로도 존재한다. 당류용액은 시간이 경과함에 따라 비선광도(specific rotation)가 변하는 변성광(mutarotation)이 나타나는데 이는 당류의 구조가 변화되기 때문이다. 분자 내에 카보닐기와 히드록시기 간 결합에 의하여 고리 구조를 형성하는 과정에서 아노머탄소(anomeric carbon)를 만들게 되며(그림 2-5), 히드록시기의 결합 방향에 따라 α(아래)와 β(위) 형태로 구분한다(그림 2-6).

그림 2-5 **글루코스의 고리화와 아노머 탄소**

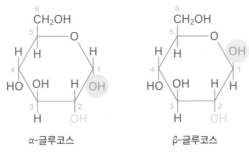

α-글루코스   β-글루코스

그림 2-6   α-글루코스와 β-글루코스

5) 아노머 탄소

단당류의 고리화과정에서 부제탄소로 변한 탄소가 나타나게 되는데, 이 탄소를 '아노머 탄소'라고 한다. 탄수화물은 여러 개의 히드록시기를 갖는데 그중에서도 아노머 탄소에 결합된 히드록시기는 다른 탄소에 결합된 히드록시기에 비해 상대적으로 반응성이 매우 강한 특징을 갖고 있다. 아노머 탄소에 결합된 히드록시기의 존재 유무에 따라 환원당과 비환원당으로 구분한다.

6) 당류 모형

단당류의 모형으로는 α형과 β형의 입체 이성질체를 설명하기 쉬운 피셔 모형(Fisher projection), D와 L형의 구조 이성질체를 설명하기 쉬운 하워스 모형(Haworth projection) 및 3차원적 입체 구조를 설명하기 쉬운 의자 모형(chair projection) 등이 있다(그림 2-7).

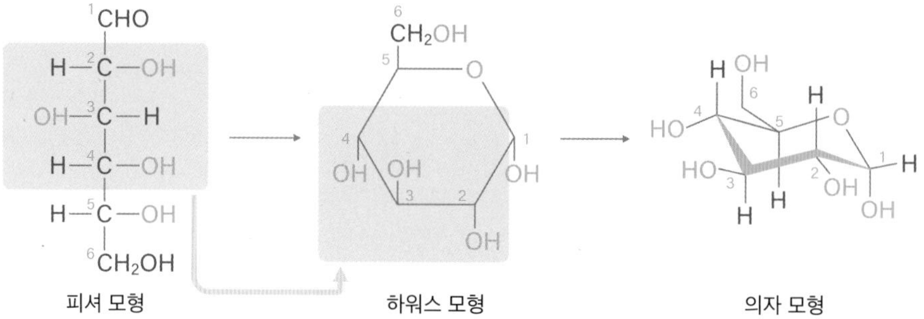

그림 2-7   D-글루코스의 3가지 모형

4. 당의 수에 따른 탄수화물의 분류

1) 단당류

단당류(monosaccharides)는 산이나 효소, 열 등에 의하여 더 이상 분해되지 않는 당을 말하며 분자를 구성하는 탄소 수에 따라 3탄당~6탄당으로 나눌 수 있다. 단당은 자연상태에서는 유리상태로 소량만 존재하며 대부분은 단당류 간의 결합에 의하여 다른 당류를 형성하거나 비탄수화물과 결합한 배당체 형태로 존재한다. 단당류는 탄소 수가 5개인 5탄당(pentose)과 6개인 6탄당(hexose)이 자연계에 가장 널리 분포되어 있으며, 유리상태로 존재하는 단당은 대부분 물에 잘 용해되는 성질을 지니고 있다.

(1) 5탄당

5탄당은 인체 내에는 소화효소가 없어 에너지원으로는 이용되지 못하며, 자연계에서는 유리상태로 거의 존재하지 않는다.

① 리보스

리보스(ribose)는 5개의 탄소 원자가 포함된 알데히드기를 갖는 알도스 계열의 5탄당으로 자연계에서는 D-형만 발견되며 RNA나 DNA 등 핵산 구성의 기본 당이다. 세포 구성에 매우 중요한 당으로, 인체 내에서는 글루코스로부터 합성된다.

② 자일로스

자일로스(xylose)는 알데히드기를 갖는 알도스 계열의 5탄당이며 나무로부터 분리되어 목
재당으로도 불린다. 주로 저칼로리 감미료의 원료로 사용되며, 산으로 목재에 함유된 헤미
셀룰로스를 가수분해해서 얻을 수 있다.

③ 아라비노스

아라비노스(arabinose)는 아라비아 검(arabia gum)의 성분인 아라반(araban)을 구성하는 알
도스 계열의 단당류로 주로 L-형으로 존재한다. 인체 내에서는 소화·흡수되지 않고 비피
더스균과 같은 세균에 의하여 분해되는 잠재적인 프리바이오틱스로 분류되는 5탄당이다.

(2) 6탄당

① 글루코스

글루코스(glucose)는 포도당으로 인체 내 조직에서 이용되는 헥소스 계열의 6탄당이며 혈
당의 구성성분이고 전분을 가수분해하면 얻을 수 있다. 자연계에서 유리상태로 존재하며,
과실이나 꿀 등에 많이 들어 있다. 감미료, 포도당 주사액, 발효공업 원료, 환원제 등으로 이
용된다.

② 프럭토스

프럭토스(fructose)는 케토스 계열의 6탄당으로 과당으로도 불리며 글루코스와 함께 중요
한 6탄당이다. 자연계에 유리상태로 존재하거나 글루코스와 결합한 수크로스(sucrose) 형
태로 존재한다. 따라서 설탕을 가수분해하면 프럭토스를 얻을 수 있다. 주로 꿀, 채소나 과
일에 함유된 단당류로 천연 단당류 중 감미도(sweetness)가 가장 강하여 음료 등의 감미료
로 이용된다.

③ 갈락토스

갈락토스(galactose)는 자연계에서는 유리상태로 존재하지 않는 헥소스 계열의 6탄당이며, 이당류인 유당의 구성성분이기도 하다. 동물조직에서는 주로 뇌나 신경조직에서 많이 발견되는 당지질, 당단백질의 구성성분이다.

④ 만노스

만노스(mannose)는 자연계에서는 유리상태로 거의 존재하지 않는 당으로 곤약의 주성분인 만난의 구성당이다. 글루코스와 결합한 글루코만난(glucomannan) 형태로 주로 감자나 백합 뿌리 등에 분포되어 있다.

(3) 당유도체

당유도체(sugar derivatives)는 단당이 지니고 있는 작용기의 산화(oxidation), 환원(reduction), 치환(substitution), 비당류의 결합 등으로 그 구조와 성질이 변한 당을 말한다(그림 2-8, 표 2-3).

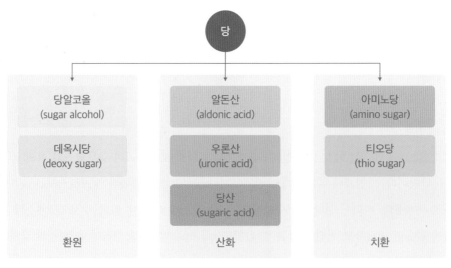

그림 2-8 당유도체

표 2-3 당유도체의 종류

당유도체명	변화	작용기의 변화
데옥시당	환원	$CH_2OH \rightarrow CH_3$
당알코올	환원	$CHO \rightarrow CH_2OH$
아미노당	아미노화	$OH \rightarrow NH_2$
알돈산	산화	$CHO \rightarrow COOH$
우론산	산화	$CH_2OH \rightarrow COOH$
당산	산화	$CHO \rightarrow COOH, CH_2OH \rightarrow COOH$
티오당	티오화	$OH \rightarrow SH$

① 데옥시당

데옥시당(deoxysugar)은 단당류에서 히드록시기의 산소 원자 하나가 제거된 당이다. DNA
의 구성성분인 데옥시리보스(deoxyribose), 식물체 색소성분의 구성물질인 만노스의 데옥
시당인 람노스(rhamnose), 해조류의 다당류인 푸코이단(fucoidan)의 기본 단위이며 갈락토
스의 데옥시당인 푸코스(fucose)가 대표적인 데옥시당에 속한다.

② 알돈산

알돈산(aldonic acid)은 단당류의 알데히드기가 산화되어 카르복실기로 변한 것으로, 글루
코스의 알돈산인 글루콘산(gluconic acid)이 대표적이다.

③ 우론산

우론산(uronic acid)은 단당류 말단의 알코올기(CH_2OH)가 산화되어 카르복실기를 형성한
당유도체로 갈락토스의 우론산인 갈락투론산(glacturonic acid)이 대표적이다.

④ 당산

당산(saccharic acid)은 단당류의 알데히드기와 말단의 알코올기가 모두 카르복실기로 변한
당유도체로, 글루코스의 당산인 글루코스산(glucosaccharic acid)과 갈락토스의 당산인 갈락

토스산(galactosaccharic acid)이 대표적이다.

⑤ 당알코올

당알코올(sugar alcohol)은 단당류의 알데히드기가 알코올로 환원된 당으로 대부분의 경우 단당류의 모체에 '-ol(올)'을 붙여 부른다.

⑥ 아미노당

아미노당(amino sugar)은 단당류의 히드록시기가 아미노기($-NH_2$)로 치환된 당으로, 주로 동물의 결합조직에서 발견된다. 키토산이라 불리는 갑각류의 껍데기나 세균의 세포벽에서 주로 발견되는 글루코사민이 대표적인 아미노당이다.

⑦ 티오당

티오당(thio sugar)은 유황당 또는 황당이라고도 불린다. 단당류의 히드록시기가 황산기($-SH$)로 치환된 것으로, 매운맛 성분인 무, 마늘, 고추냉이의 구성당이기도 하다.

⑧ 배당체

배당체(glycoside)는 당의 환원성 말단의 히드록시기에 아글리콘(aglycon)이라는 비당의 물질이 결합한 것으로 당의 저장, 해독, 삼투압 조절, 대사에 필요한 물질 공급 등의 역할을 하며 주로 식물체에 널리 분포되어 있다(표 2-4).

표 2-4 식품 중의 주요 배당체

배당체	결합당	아글리콘	함유식품
솔라닌	글루코스, 갈락토스, 람노스	솔라니딘	싹튼 감자
아미그달린	겐티오비오스	벤즈알데히드	매실, 살구
안토시아닌	글루코스, 갈락토스	안토시아니딘	포도, 가지
시니그린	글루코스	알릴이소티오시아네이트	고추냉이, 겨자
나린진	루티노스	나린제닌	감귤류

(계속)

배당체	결합당	아글리콘	함유식품
헤스페리딘	루티노스	헤스페레틴	감귤류
루틴	루티노스	퀘르세틴	메밀

2) 이당류

이당류(disaccharides)는 두 개의 단당이 결합한 당류로, 히드록시기 간 결합에 의해 한 개의
물 분자가 빠져나오면서 형성되며 소당류로 분류되기도 한다. 말토스, 수크로스, 락토스, 이
소말토스, 셀로비오스, 트레할로스, 루티노스 등이 대표적인 이당류이며, 단당의 종류와 결
합방식에 따라 다양한 이당류가 존재한다.

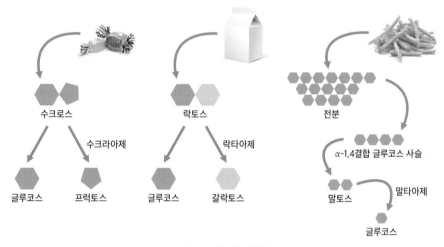

그림 2-9 대표적 이당류

① 수크로스

수크로스(sucrose)는 글루코스의 1번 탄소에 결합한 히드록시기와 프럭토스의 2번 탄소에
위치한 히드록시기가 결합한 것으로 자당, 서당 또는 설탕으로도 불린다. 수크로스는 수용
도가 높고 환원력이 없기 때문에 10%의 수크로스 용액이 감미도를 나타내는 표준물질로
사용된다. 가수분해에 의해 분리되어 세포의 에너지원으로 사용된다. 수크로스를 가수분해

하여 얻은 글루코스와 프럭토스의 동량 혼합물인 당은 당류의 편광 회전 방향이 우선성에서 좌선성으로 변하여 전화당이라고도 하며 단맛이 강한 특징을 지닌다.

② 락토스

락토스(lactose)는 유당 또는 젖당이라고도 하며 글루코스와 갈락토스가 β-1,4결합한 것이다. 대개 포유동물의 유즙에 함유되어 있으며 포유동물의 성장과 뇌신경조직의 형성에 중요한 역할을 한다. 락토스는 다른 당보다 단맛이 약하고 용해도가 상대적으로 작다.

③ 말토스

말토스(maltose)는 엿당, 맥아당으로도 불리는 글루코스 2분자가 결합한 이당류이다. 인체 내 소화효소에 의한 분해 및 미생물 발효가 가능한 이당류이며 맥아, 식혜 및 물엿에 많이 함유되어 있다.

④ 기타 이당류

이 외의 이당류에는 전분의 가수분해과정에서 생기는 이소말토스(isomaltose), 단맛이 없고 섬유소의 구성성분인 셀로비오스(cellobiose), 비환원당이면서 세포의 보호물질로 이용되는 트레할로스(trehalose), 배당체인 루틴의 구성당인 루티노스(rutinose) 등이 있다.

3) 소당류

소당류(oligosaccharides)는 3~10개 정도의 단당이 결합된 당류이다. 식품 중에는 삼당류인 라피노스와 겐티아노스, 사당류인 스타키오스가 중요한 소당류이다. 소당류 중 프럭토 올리고당, 갈락토 올리고당, 이소말토 올리고당 및 자일로 올리고당 등은 인체 내 소화효소에 의해 가수분해되지 않아 에너지원으로 사용되지 못하고, 비피더스균과 같은 대장 내 세균에 의하여 분해되면서 장 건강을 좋게 유지하는 기능성 올리고당으로 분류되고 있다.

① 라피노스

라피노스(raffinose)는 갈락토스, 글루코스, 프럭토스가 결합한 비환원성 삼당류이며 대두, 면실 등과 같은 식물 종자에 많이 함유되어 있다.

② 겐티아노스

겐티아노스(gentianose)는 2분자의 글루코스와 1분자의 프럭토스가 결합한 삼당류로 사람에게는 분해효소가 없어 에너지원으로 이용할 수 없다.

③ 스타키오스

스타키오스(stachyose)는 라피노스에 갈락토스가 결합한 사당류로 라피노스와 함께 대두, 면실에 많이 함유되어 있는 비환원당이다. 장내 세균에 의해 발효되어 가스를 생성하며, 주로 비피더스균의 생육에 이용된다.

4) 다당류

자연계에 존재하는 탄수화물은 대부분 다당류(polysaccharides)로, 단당류나 당유도체가 글리코시드성 결합(glycosidic bond)을 이룬 고분자 화합물이다. 구성된 당의 종류 및 중합 정도에 따라 이화학적 특성이 매우 다양하다. 출처에 따라 식물성과 동물성 및 검류로 분류하며, 구성당의 종류에 따라 한 종류의 단당류로 구성된 단순다당류와 두 가지 이상의 단당류로 구성된 복합다당류로 분류한다.

표 2-5 **식물성 다당류와 동물성 다당류의 특성 비교**

구분	종류	형태	기본 단위	결합방식	특징
식물성	아밀로스	단순	α-글루코스	α-1,4	식물 에너지 저장
	아밀로펙틴	단순	α-글루코스	α-1,4 α-1,6(분지)	식물 에너지 저장
	셀룰로스	단순	β-글루코스	β-1,4	식물체 구성성분
	덱스트란	단순	α-글루코스	α-1,3(분지) α-1,6	세균 생산 점성물질
	펙틴	복합	갈락투론산 펙테이트 등	α-1,4	식물체의 세포 간 시멘트물질
동물성	히알루론산	복합	아미노당, 글루쿠론산	β-1,3 β-1,4	세균이나 독성물질 침투 방지
	키틴	단순	아미노당	β-1,4	갑각류 구성성분
	글리코겐	단순	α-글루코스	α-1,4 α-1,6(분지)	동물 및 세균의 에너지 저장

(1) 식물성 다당류

① 전분

전분(starch)은 인류가 소비하는 가장 중요한 에너지원으로 녹색식물의 엽록소가 태양에너지를 이용하여 이산화탄소와 물로부터 글루코스를 생성한다. 이때 생성된 글루코스가 수백~수천 개로 중합되어 형성된 형태이다. 식물체의 종자나 뿌리에 저장하는 대표적인 단순다당류이자 식물성 저장 탄수화물로 주로 곡류나 서류의 주성분이다.

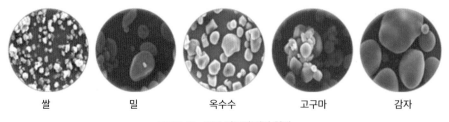

| 쌀 | 밀 | 옥수수 | 고구마 | 감자 |

그림 2-10 주요 전분의 입자 형태

표 2-6 전분 입자의 크기 및 특성

전분 종류	형태	입자 크기(μm)		형태
		범위	평균 크기	
감자	괴경	5~100	40	타원형(달걀 모양)
옥수수	곡류	2~30	15	다각형(원형)
찰옥수수	곡류	3~26	15	다각형(원형)
밀	곡류	1~45	25	렌즈 모양(반구형)

가. 전분의 특성

전분은 녹말이라고도 하며 백색, 무미, 무취의 물리적 특성을 지닌 고분자 화합물이다. 물에 녹지 않고, 물보다 비중이 커서 가라앉는 특성이 있다. 전분은 분자 간의 수소결합에 의하여 입자의 형태로 식물체 내에 존재하며 입자의 모양이나 크기가 매우 다양하다. 전분을 물과 함께 가열하면 팽윤된 후 호화과정을 거쳐 투명해지며 점착성을 갖게 된다.

나. 전분의 분자 구조

전분의 분자식은 '$(C_6H_{10}O_5)n$'으로 표기하며, 글루코스의 결합이 주로 α-1,4결합으로 연결된 사슬 구조의 아밀로스와 α-1,4결합 중간중간에 α-1,6결합에 의하여 가지 구조를 갖는 아밀로펙틴으로 구분한다. 보통의 전분은 아밀로스와 아밀로펙틴의 비율이 2:8 또는 3:7이며 찰옥수수, 찹쌀, 차조 등은 대부분 아밀로펙틴으로 구성되어 있다.

그림 2-11 아밀로스의 분자 구조 및 포접화합물

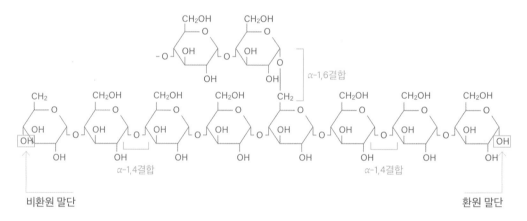

그림 2-12 아밀로펙틴의 분자 구조

- 아밀로스(amylose) : 글루코스 50~5,000개 정도가 α-1,4결합으로 연결된 긴 사슬 모양(chain structure) 구조를 가지며 6~8개의 글루코스마다 한 번 회전하는 나선 구

표 2-7 아밀로스와 아밀로펙틴의 특성 비교

구분	아밀로스	아밀로펙틴
구조	선형의 나선 구조	가지 구조
결합방식	대부분 α-1,4	α-1,4 및 α-1,6
상대적 중합도	낮음	높음
요오드 정색 반응	청색	적자색
X-선 회절	결정	비결정
호화	쉬움	어려움
노화	쉬움	어려움
포접화합물	형성	비형성

조를 갖는 단순다당류이다. 이 나선 구조의 내부 공간은 비어 있어 다른 분자들을 포함할 수 있는 포접화합물(inclusion compound)을 형성할 수 있다. 요오드 반응은 이런 나선 구조의 중심에 요오드를 포함하면서 청색의 정색 반응을 일으키게 된다.

• 아밀로펙틴(amylopectin) : 1,000개 이상의 α-글루코스가 α-1,4 또는 α-1,6결합을 이룬 고분자 화합물로 가지 구조(branch structure)를 이루고 있다. 보통 18~27개의 글루코스당 1개의 가지가 있으며 물에 잘 녹지 않는다. 아밀로펙틴은 아밀로스와 달리 나선 구조 및 포접화합물을 형성하지 못하며 요오드 반응에 의하여 정색 반응을 나타내지 못한다.

다. 전분의 결정 구조

전분은 입자 내에 결정성과 비결정성의 두 가지 영역이 존재하며 독특한 X-선 회절 양상을 나타낸다. 이 같은 현상은 전분이 갖는 결정성 영역 때문이며, 옥수수, 쌀과 밀 등의 곡류전분은 A형, 감자와 밤은 B형, 고구마 · 칡 · 타피오카 전분 등은 C형을 나타낸다. 호화전분은 결정성 영역이 파괴된 V형을 나타낸다.

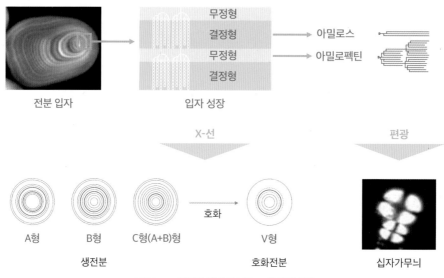

무정형		
결정형	→	아밀로스
무정형	→	아밀로펙틴
결정형		

전분 입자　　　　　입자 성장

X-선　　　　　　　　편광

A형　　B형　　C형(A+B)형　　호화　　V형　　　　십자가무늬

생전분　　　　　　　　　호화전분

그림 2-13　전분의 결정 구조와 X-선 회절 양상

라. 전분 분해효소

α-아밀라아제, β-아밀라아제 및 γ-아밀라아제(또는 '글루코아밀라아제')가 전분을 가수분해하는 대표적인 효소이다. 각 효소의 특징은 그림 2-14 및 표 2-8과 같다.

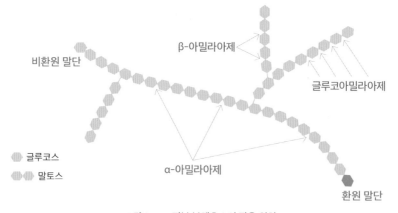

비환원 말단　　　　β-아밀라아제

글루코아밀라아제

글루코스

말토스

α-아밀라아제

환원 말단

그림 2-14　전분 분해효소의 작용 위치

표 2-8 전분 가수분해 효소의 특성

종류	분해결합	생성물	특성 및 출처
α-아밀라아제	α-1,4 (불규칙적)	• 말토스, 글루코스 및 각종 덱스트린 • α-아밀라아제 한계 덱스트린	• 액화효소 • 현탁액이 투명해짐 • 침(타액), 췌장액, 발아종자, 미생물
β-아밀라아제	α-1,4 (규칙적, 말토스 단위)	• 말토스 • β-아밀라아제 한계 덱스트린	• 당화효소 • 현탁액으로부터 당 생성 • 엿기름, 서류, 곡류, 두류 및 타액
γ-아밀라아제	α-1,4, α-1,3, α-1,6 (규칙적, 글루코스 단위)	• 글루코스	• 아밀로스 100% 분해, 아밀로펙틴 80~90% 분해 • 동물의 간조직, 미생물

마. 전분의 변화

- 호화(α화, gelatinization) : 전분 입자를 물과 함께 가열하였을 때 나타나는 전분의 이화학적 변화를 호화라고 한다. 호화과정에서 생전분(β-전분) 입자의 미셀(micell) 구조가 파괴되고 결정성 영역이 비결정화되면서 다량의 수분을 함유하게 된다. 호화는 '수화-팽윤-교질 형성'의 세 단계에 의하여 발생한다.

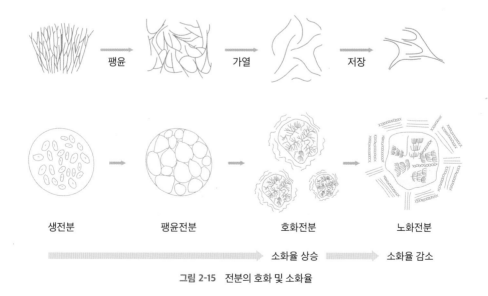

그림 2-15 전분의 호화 및 소화율

- 수화(hydration): 전분에 물을 가했을 때 전분 입자 주변을 물 분자가 둘러싸는 단계이다. 20~30%의 수분을 가역적으로 흡수하며 이를 건조했을 때 원래의 전분상태로 되돌아올 수 있는 가역적 단계이다.
- 팽윤(swelling): 수화상태의 전분 현탁액의 온도를 상승시키면 전분 입자가 계속해서 수분을 흡수하면서 분자 간의 간격이 넓어지고 전분 입자 중량 대비 다량의 수분을 흡수하게 되는데, 전분 입자 붕괴 직전의 비가역적인 부피 증가 단계를 '팽윤'이라고 한다.
- 교질(colloid) 형성: 팽윤된 전분 현탁액의 온도가 지속적으로 상승하면 전분 입자가 붕괴되고 현탁액의 상태가 아주 작은 입자로 구성된 교질상태로 변한다. 온도가 높을 때는 교질용액의 상태가 액체와 같은 졸(sol)상태를 나타내지만 이를 냉각할 경우 반고체상태인 젤(gel)을 형성하게 된다.
- 호화 관련 영향인자: 전분의 종류, 아밀로펙틴 함량, 수분 함량, pH, 온도 및 염류 등이 전분의 호화에 영향을 미치는 인자들로 각각의 특징은 표 2-9와 같다.
- 노화(β화, retrogradation): 호화전분을 낮은 온도에서 장시간 저장할 경우 전분 입자 간에 수소결합을 형성하게 된다. 이 과정에서 전분 입자는 다시 미셀 구조를 형성하고 결정성을 지닌 전분으로 변화하는데, 이를 '노화'라고 한다. 노화된 전분의 결정 구조는 모두 B형을 띤다. 전분의 노화는 졸 또는 젤상태에서 전분 입자 간의 수소결합 때문이며, 냉장상태에서 노화가 잘 일어난다. 전분 노화와 관련된 영향인

표 2-9 **전분 호화의 영향인자**

영향인자	특성
전분의 종류	입자 크기가 큰 전분일수록 호화가 잘됨
전분의 구성	아밀로펙틴 함량이 낮을수록 호화가 촉진됨
수분 함량	수분 함량이 높을수록 호화가 촉진됨
pH	알칼리상태에서 호화가 촉진됨
온도	호화온도가 높을수록 호화시간이 단축됨
염류	대부분의 염류는 호화를 촉진하나, 황산염은 호화를 억제함

표 2-10   전분 노화의 영향인자

영향인자	특성
전분의 종류	입자 크기가 작은 전분일수록 노화가 잘됨
전분의 구성	아밀로스 함량이 높을수록 노화가 촉진됨
수분 함량	수분 함량이 30~60% 범위에서 노화가 촉진됨
pH	약산성일 때는 노화가 촉진되나 강산성에서는 노화가 억제됨
온도	• 0~5℃의 냉장온도에서 노화가 촉진됨 • 냉동상태나 60℃ 이상의 온도에서는 노화가 지연됨
염류	황산염을 제외한 대부분의 무기염류는 노화가 억제됨

자는 표 2-10과 같다.

- 호정화(dextrinization) : 호정화는 전분 입자를 수분 첨가 없이 150℃ 이상의 고온 으로 가열하였을 때 전분 입자 자체에 함유된 수분에 의하여 입자가 파괴되는 과정 이다. 호정화전분은 호정화를 통해 전분 고유의 이화학적 특성이 변하며 인체 내 소 화효소의 작용이 용이해진다. 이에 따라 호정화전분은 생전분에 비해 상대적 소화 율이 높아지는 특성을 지니게 된다.

그림 2-16   호정화

② 덱스트린

전분은 산이나 알칼리, 효소 등에 영향을 받아 각종 반응물을 생성하는데, 이렇게 생성된 생 성물들을 덱스트린(dextrin)이라고 한다. 덱스트린은 한 가지 종류의 단당으로 구성된 단순 다당류로 전분에 비해 물에 대한 용해도가 증가하나 젤을 형성하는 능력은 없다. 덱스트린 은 분자량 또는 환원력에 따라 가용성 전분(soluble starch), 아밀로덱스트린(amylodextrin),

표 2-11　덱스트린의 종류 및 특성

종류	요오드 반응	환원력	분자량
가용성 전분	청색	-	대
아밀로덱스트린	청색	0.6~2.0	
에리트로덱스트린	적갈색	3.0~8.0	
아크로덱스트린	무색	10.0	
말토덱스트린	무색	26.0~43.0	소
말토스	무색	100	

에리트로덱스트린(erythrodextrin), 아크로덱스트린(achrodextrin) 및 말토덱스트린(maltodextrin)으로 분류되며 이를 계속해서 분해하면 말토스나 글루코스가 된다.

③ 펙틴질

펙틴질(pectin substance)은 셀룰로스 및 헤미셀룰로스와 함께 식물조직을 구성하는 중요한 다당류이다. 식물체의 세포벽 사이사이를 채우는 비결정성 물질로 D-갈락투론산(galacturonic acid)을 기본 모체로 하며 여기에 메톡시기($-OCH_3$) 또는 나트륨, 칼슘과 같은 염이 결합되어 형성된 복합다당류이기도 하다. 펙틴질은 과일의 숙성과정에서 효소 등의 작용으로 인하여 그 특성이 변화한다. 또한 젤 형성능력이 우수하여 잼, 젤리, 마멀레이드 등의 젤화 식품 제조에 이용된다.

가. 펙틴의 종류

펙틴은 프로토펙틴(protopectin), 펙틴(pectin), 펙틴산(pectinic acid), 펙트산(pectic acid)을 묶어 '펙틴질'이라고 하며, 결합된 작용기 또는 염에 따라 용해성 및 젤 형성능력 등에 차이가 있다(표 2-12).

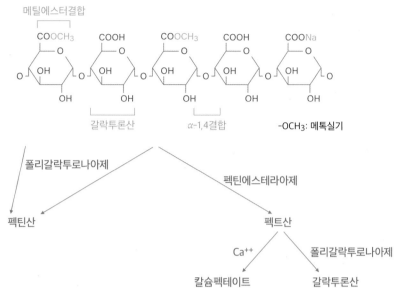

그림 2-17 펙틴의 기본 구조 및 펙틴 관련 효소

표 2-12 펙틴질의 종류와 특성

종류	특성		과일 상태
	용해성	젤 형성능력	
프로토펙틴	불용성	×	미숙
펙틴산	수용성	○	적숙
펙틴	수용성	○	적숙
펙트산	수용성(냉수에는 불용)	×	과숙

나. 펙틴 분해효소

펙틴 분해 관련 효소는 프로토펙티나아제(protopectinase), 펙틴에스테라아제(pectine-sterase), 폴리갈락투로나아제(polygalacturonase) 등이 있다(표 2-13). 이들 효소는 과실류의 숙성과정이나 연부현상과 같은 과실류의 바람직하지 않은 품질 변화를 야기하기도 하지만 음료 제조 시 혼탁을 개선하는 청징(clarification)의 목적으로 사용되기도 한다.

표 2-13 펙틴질의 변화 특성

종류	특성
프로토펙티나아제	• 프로토펙틴 → 펙틴, 펙틴산으로 분해 • 조직 연화현상 발생
펙틴에스테라아제	• 펙틴의 메톡시기 결합 부위(에스테르 결합)를 분해 • 과실주 발효과정 중 메탄올 생성의 원인이 됨 • 감귤 껍질이나 곰팡이에 존재
폴리갈락투로나아제	• 갈락투론산 간의 결합을 분해 • 절임식품 연부현상의 원인

다. 펙틴의 젤화

펙틴은 물에서 교질용액을 형성하여 젤화할 수 있다. 젤화에 필요한 3가지 요소는 펙틴, 당, 산으로, 펙틴을 당 및 산과 함께 가열하였을 경우 분자끼리 서로 결합 망상 구조를 형성하여 점성이 강한 젤상태를 나타내게 된다. 메톡시기의 함유량에 따라 고메톡실펙틴(HMP, High Methoxyl Pectin)과 저메톡실펙틴(LMP, Low Methoxyl Pectin)으로 구분한다. 고메톡실 펙틴의 경우 산성상태에서 50% 이상의 당 첨가 시 젤리화가 일어나며, 저메톡실 펙틴의 경우 당이나 산을 가하더라도 젤을 형성하지 못하며, 칼슘이온과 같은 다가 양이온을 가해야 젤을 형성할 수 있다.

④ 이눌린

이눌린(inulin)은 최종 생성물이 프럭토스인 프럭탄(fructan)으로 분류되며 '뚱딴지'라고 하는 돼지감자, 우엉, 달리아 및 백합의 뿌리에 함유된 단순다당류이다. 인체 내에는 이를 분해할 수 있는 효소가 없으며 가수분해 시 최종 생성물로 과당을 형성하기 때문에 과당 제조에 많이 이용된다.

⑤ 글루코만난

글루코만난(glucomannan)은 글루코스와 만노스가 1:2 비율로 결합된 식물성 복합다당류로, 곤약의 주성분이다. 인체에는 이를 분해할 수 있는 효소가 없어 체내에서는 소화·흡수되지 않으므로 저칼로리 식품의 원료로 이용된다.

⑥ 셀룰로스

셀룰로스(cellulose)는 식물의 세포막의 구성성분으로 인체 내에 소화효소가 없으나, 초식동물이나 미생물, 장내 세균에 의하여 분해되는 다당류이다. 영양학적으로는 가치가 없으나, 장의 연동운동을 촉진하는 기능을 한다.

⑦ 헤미셀룰로스

헤미셀룰로스(hemicellulose)는 자일로스와 아라비노스 등이 결합된 복합다당류로, 셀룰로스와 함께 식물체에서 발견되며, 알칼리에 잘 녹는 특성이 있다.

(2) 동물성 다당류

① 글리코겐

글리코겐(glycogen)은 동물의 세포조직에 저장된 포도당만으로 구성된 맛과 냄새가 없는 단순다당류이다. 간, 근육 및 효모, 조개류 등에 존재하며 그 구조는 전분의 아밀로펙틴의 구조와 매우 흡사하나 아밀로펙틴에 비해 길이가 짧고 가지가 많은 비결정형의 특징을 지닌다. 전분과 달리 호화나 노화가 일어나지 않으며 요오드 반응 시 적갈색을 띤다.

| 글리코겐 | 아밀로펙틴 | 아밀로스 |

그림 2-18 글리코겐, 아밀로펙틴, 아밀로스의 구조

② 키틴

키틴(chitin)은 주로 갑각류의 껍데기에 존재하는 단순다당류로, 기능성 물질인 키토산 제

조의 원료로 사용된다. 키틴의 기본 단위는 D-글루코사민(D-glucosamine)으로 아미노당이며 동물성 탄수화물로 분류된다.

③ 황산콘드로이틴

황산콘드로이틴(chondroitin sulfate)은 동물의 연골조직이나 결합조직에 존재하는 단백질과 결합된 복합다당류이다. 점조성이 매우 강해 식품가공에서 안정제로 많이 사용된다.

④ 히알루론산

히알루론산(hyaluronic acid)은 동물의 안구의 유리체나 결합조직에 함유되어 있으며, 아미노당과 글루쿠론산이 결합한 복합다당류이다.

(3) 검류

검류는 동식물체에서 분비되는 고점성의 고무질을 말하며 식품가공에서 중요한 식품첨가물 중 하나이다. 식물의 종자, 해조류, 미생물이 검류를 생산한다.

① 아라비아검

아라비아검(arabic gum)은 아카시아 나무껍질의 분비물로, 4개의 당이 결합한 복합다당류이다. 식품가공 시 주로 증점제 또는 결정화 억제제로 이용되며 유화작용을 한다.

② 구아검

구아검(guar gum)은 구아식물의 종자에서 얻는 검류로, 주로 갈락토스와 만노스가 결합된 갈락토만난으로 이루어진 복합다당류이다. 찬물에도 용해되어 점도가 큰 용액을 형성하는 검류 중 점도가 가장 크다. 유화제, 육류 충전제, 드레싱, 소스류 등에 이용된다.

③ 한천

한천(agar)은 해조류인 우뭇가사리를 물, 산, 알칼리 등을 이용하여 추출하면 얻을 수 있는 물질이다. 전분처럼 직선 형태의 아가로스(agarose)와 가지 형태의 아가로펙틴(agaropectin)

두 가지로 구성되어 있으며 검류 중 젤 형성능력이 가장 크다. 0.3% 정도에서 젤을 형성할 수 있으며 1% 이상에서는 강한 젤이 형성된다.

한천은 미생물의 배양 배지에 널리 사용되며 제과제빵 및 유제품 제조 시 안정제로도 사용된다. 사람이 소화하거나 흡수할 수 없기 때문에 정장제나 다이어트 소재로 이용되고 있다.

④ 알긴산

알긴산(alginic acid)은 해조류 중 미역이나 다시마와 같은 갈조류가 생산하는 검류로 세포막의 구성성분인 복합다당류이다. 물에 대한 용해성이 낮아 찬물에 녹지 않으나, 뜨거운 물에서는 약간 녹는다. 다른 검류와는 달리 안정제 용도보다는 유화제로 많이 이용된다.

⑤ 카라기난

카라기난(carrageenan)은 홍조류로부터 추출한 검류로 복합다당류이다. 젤을 형성할 수 있는 κ(kappa)와 ι(iota), 젤을 형성하지 못하는 λ(lambda) 등으로 구분된다. 음이온으로 하전되어 있으며 칼륨을 첨가할 경우 젤 형성능력이 증가한다.

⑥ 잔탄검

잔탄검(xanthan gum)은 크산토모나스 캄페스트리스(xanthomonas campestris)가 생산하는 검류로 복합다당류이다. 물에 잘 녹으며 산, 알칼리, 고온에 안정한 성질이 있다.

⑦ 덱스트란

덱스트란(dextran)은 류코노스톡 메센테로이데스(leuconostoc mesenteroides)가 생산하는 단순다당류에 해당되는 검류로, 김치류의 발효과정에서 첨가되는 프럭토스나 수크로스를 이용하여 생산된다. 구조가 전분 및 글리코겐과 유사하다. 의약품산업에서는 혈장 용량 증가에 주로 사용되며, 식품산업에서는 주로 안정제로 사용된다.

지질

지질(lipids)은 기본적으로 탄소(C), 수소(H), 산소(O)로 구성된다. 물에는 녹지 않으나 헥산, 에테르, 아세톤, 클로로포름 등과 같은 비극성 유기용매에는 잘 녹는 소수성 물질이다. 유지와 같은 개념이며 상온에서 액체상태인 것을 '유(油, oil)', 고체상태인 것을 '지(脂, fat)'라고 한다. 지질은 탄수화물 및 단백질과 함께 식품의 가장 중요한 성분으로 꼽힌다.

지질은 1g당 9kcal를 내는 우수한 에너지원으로, 영양 및 생리학적으로 매우 중요한 기능을 담당한다. 우수한 열 전달매체이며, 유화성 및 쇼트닝성을 지니고 있어, 식품에 특유의 풍미를 부여함으로써 기호성을 향상시킨다. 따라서 식품의 조리 및 가공에서도 중요한 역할을 한다.

1. 지질의 분류와 구조

지질은 다양한 기준으로 분류할 수 있다. 일반적으로는 구조와 구성성분에 따라 분류하는데, 크게 단순지질, 복합지질, 유도지질로 나눌 수 있다. 이 외에도 비누화, 즉 알칼리에 의해 가수분해되는지 여부에 따라 비누화물과 비비누화물로 분류할 수 있다. 유지 원료의 종류에 따라 식물성 유지와 동물성 유지로 나누기도 한다.

1) 단순지질

단순지질(simple lipids)은 지방산과 알코올로 구성된 에스테르의 총칭으로, 중성지질과 왁스류로 나누어진다.

(1) 중성지질

중성지질은 식품 및 체내 지질의 약 95%를 차지하며, 1분자의 글리세롤에 3분자의 지방산이 에스테르 결합을 한 구조이다(그림 3-1). 글리세롤에 1분자의 지방산이 결합하면 모노글리세리드(monoglyceride), 2분자의 지방산이 결합하면 디글리세리드(diglyceride), 3분자의 지방산이 결합하면 트리글리세리드(triglyceride)라고 한다. 천연유지는 트리글리세리드

형태가 대부분이어서 트리글리세리드를 중성지질이라고 부르며, 글리세롤에 결합하는 3개의 지방산 종류가 각기 다른 혼합 트리글리세리드가 많다.

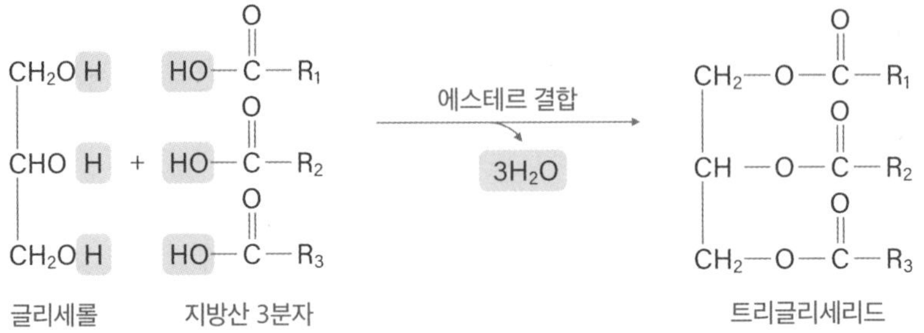

그림 3-1 중성지질의 구조

(2) 왁스

왁스는 고급알코올과 고급지방산이 에스테르 결합한 물질이다. 인체에서는 소화되지 못하므로 영양적 가치가 없고 광택제, 윤활제, 공업용으로 사용된다.

식물성 왁스에는 카나우바 왁스(carnauba wax), 칸데릴라 왁스(candelilla wax), 재팬 왁스(japan wax) 등이 있다. 이 왁스들은 과일의 표피 및 식물의 잎에 존재하며 수분 증발 방지 및 미생물 침입 차단의 역할을 한다. 카나우바 왁스는 카나우바나무의 잎에서 추출된 천연 왁스로, 주로 브라질의 북동부 지역에서 생산되며, 주로 산업적인 용도로 다양한 제품의 표면처리나 광택을 부여하는 데 사용된다. 칸데릴라 왁스는 칸데릴라 식물의 잎에서 추출되는 천연왁스로, 일반적으로 멕시코와 미국의 건조한 지역에서 발견되며, 코팅제, 폴리싱제, 립스틱, 캔들, 식품 포장재 등의 다양한 제품에 사용되고 있다. 재팬 왁스는 일본에서 주로 생산되는 천연왁스로, 주로 회유류 식물인 초밥나무(sumac)의 열매에서 추출되며 다양한 산업 분야에서 사용되는 다목적 천연재료로 널리 사용된다.

동물성 왁스로는 벌집의 밀랍(beeswax), 고래 기름의 경랍, 양모의 양모지(라놀린, lanolin)가 있다. 밀랍은 꿀벌이 자신들의 벌집을 만들 때 분비하는 천연물질로, 캔들 제작, 화장품 및 피부 관리 제품, 식품포장재, 나무 가공 등에 사용된다. 라놀린(lanolin)은 양의 털에서 추출되는 녹색 양모 오일로, 피부 보습제 및 보호제로 널리 사용되는 천연 유래물질이다. 라놀린은 양털을 세척한 후, 털에서 얻은 지방을 가열하여 추출된다. 이 과정에서 양털에 함유된 지방이 녹아서 라놀린이 추출된다.

카나우바 왁스　　　　　　　　칸데릴라 왁스

밀랍　　　　　　　　　　　라놀린

그림 3-2　식물성 및 동물성 왁스

2) 복합지질

복합지질(compound lipids)은 단순지질에 인산, 당, 단백질 등이 결합한 것으로 구성물질에
따라 크게 인지질, 당지질, 지단백으로 나누어진다.

(1) 인지질

인지질(phospholipid)은 글리세롤 또는 스핑고신에 지방산과 인산이 결합한 물질이다.

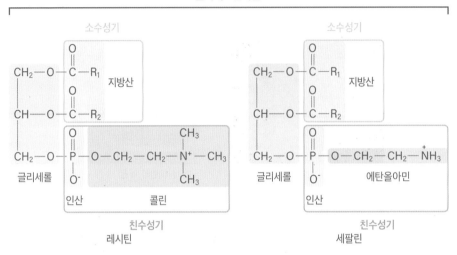

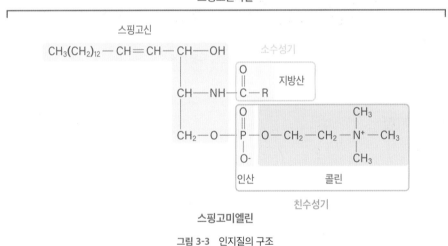

그림 3-3 인지질의 구조

① 글리세로인지질

글리세로인지질은 글리세롤에 지방산 2분자, 인산, 염기가 결합한 것으로 레시틴과 세팔린이 대표적이다(그림 3-3). 레시틴은 분자 내에 콜린을 함유하고 있으며 난황 및 대두, 동물조직의 세포막, 뇌, 신경 등에 존재한다. 레시틴은 분자 내에 소수성기(지방산 부분)와 친수성기(인산과 염기 부분)를 모두 갖는 양쪽성 물질로 유지와 물을 잘 분산시키므로 마요네즈, 마가린, 아이스크림, 초콜릿 등에 유화제로 사용된다.

세팔린은 레시틴의 콜린 대신 에탄올아민 또는 세린이 결합되어 있으며 난황, 동물의 세포막, 뇌, 신경, 콩팥 등에 들어 있다.

② 스핑고인지질

스핑고인지질은 글리세로인지질의 글리세롤 대신 스핑고신을 갖는 형태로 스핑고미엘린이 대표적이며(그림 3-3), 뇌와 신경조직에 존재한다.

(2) 당지질

당지질(glycolipid)은 글리세롤 또는 스핑고신에 지방산과 당질이 결합한 물질이다. 글리세로당지질과 스핑고당지질로 나누어지며 뇌와 신경조직에 존재한다. 세레브로시드는 대표적인 스핑고당지질로 스핑고신, 지방산 및 6탄당인 갈락토스로 구성되어 있다.

(3) 지단백질

지단백질(lipoprotein)은 인지질, 중성지질, 콜레스테롤 등의 지질과 단백질의 복합체로, 세포막, 소포체, 미토콘드리아 등에 존재한다.

지단백질은 카일로미크론(chylomicron), 초저밀도지단백질(VLDL), 저밀도지단백질(LDL), 고밀도지단백질(HDL)로 분류할 수 있다. 지단백질 내부에는 소수성의 중성지질과 콜레스테롤에스테르, 외부에는 친수성의 인지질, 유리콜레스테롤, 단백질을 배치하여 혈액과 같은 수용성의 환경에서도 지질이 잘 운반될 수 있다.

3) 유도지질

유도지질(derived lipids)은 단순지질 및 복합지질이 가수분해될 때 생기는 산물들로 스테롤, 탄화수소 등이 이에 속한다.

(1) 스테롤

스테롤에는 콜레스테롤(cholesterol), 라노스테롤(lanosterol)과 같은 동물성 스테롤과 에르고스테롤(ergosterol), 스티그마스테롤(stigmasterol), 베타-시토스테롤(β-sitosterol)과 같은 식물성 스테롤이 있다.

동물성 스테롤 중 콜레스테롤은 난황, 새우, 오징어, 생선알, 버터 등에 다량 존재한다(표 3-1). 7-데히드로콜레스테롤(7-dehydrocholesterol)은 자외선을 받으면 비타민 D_3로 전환되므로 프로비타민(provitamin) D라고 부른다(그림 3-4). 콜레스테롤은 세포막의 구성성분이며, 담즙산, 스테로이드 호르몬, 비타민 D의 합성을 위해 필수적이나 체내 과량 존재 시 심혈관계질환을 유발할 수 있다. 식물성 스테롤 중 에르고스테롤은 표고버섯과 같은 버섯, 효모, 곰팡이 등에 함유되어 있으며 자외선 조사에 의해 비타민 D_2로 전환되는 프로비타민 D이다. 스티그마스테롤은 옥수수유, 대두유, 미강유, 팜유 등에 들어 있고 시토스테롤은 옥수수유와 밀 배아유 등에 존재한다.

표 3-1 주요 식품의 콜레스테롤 함량   (단위: 가식부 100g 중)

식품	함량(mg)	식품	함량(mg)
달걀(전란)	387.81	우유	10.13
달걀(난황)	670.02	치즈(체다)	64.62
달걀(난백)	0.36	버터(무가염)	190
메추리알	400.96	마가린	24.92
삼겹살(돼지)	69.73	마요네즈	21.06
신장(소)	411	돼지기름(라드)	49.19
간(소)	275	쇠기름	100
안심(한우 1등급)	57.81	옥수수기름	0
오징어	20.95	올리브유	0
명란젓(양념)	245.58	참기름	0
사과	0	감자	0

출처: 농촌진흥청 국립농업과학원, 국가표준식품성분표 제10개정판, 2023

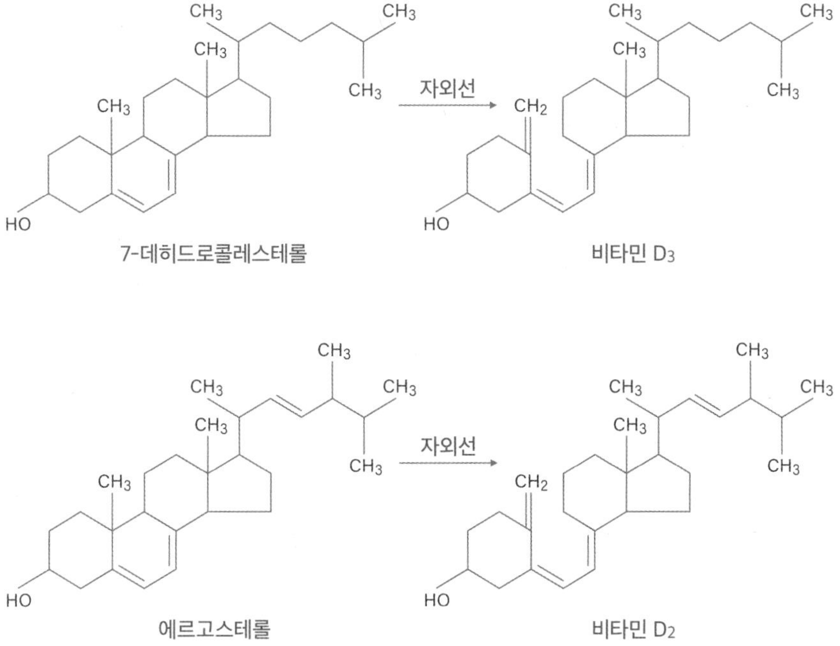

그림 3-4 스테롤로부터 비타민 D의 합성

(2) 탄화수소류

탄화수소류로는 스쿠알렌, 지용성 비타민인 비타민 A, 비타민 E, 비타민 K 그리고 지용성 색소인 카로틴 등이 있다. 이 중에서 스쿠알렌은 상어의 간유, 미강유나 올리브유와 같은 식물성 기름에 함유되어 있다.

2. 지질의 구성성분

1) 지방산

지방산은 유지의 주요 성분으로 탄화수소 사슬의 말단에 카르복실기(-COOH)가 한 개 존재하며, 일반식은 'R-COOH'로 표기한다. 자연계에 존재하는 대부분의 지방산은 탄소의 수가 짝수 개이다.

지방산은 이중결합의 존재 유무에 따라 포화지방산(saturated fatty acid)과 불포화지방산(unsaturated fatty acid)으로 분류되고(표 3-2), 체내에서의 합성 정도에 따라 필수지방산과 비필수지방산, 탄소의 수에 따라 고급지방산과 저급지방산으로 분류된다. 일반적으로 탄소 수가 6개 이하이면 저급지방산, 8~12개이면 중급지방산, 14개 이상이면 고급지방산이라고 한다.

표 3-2 포화·불포화지방산의 구조

분류		지방산	구조
포화지방산		스테아르산($C_{18:0}$)	
불포화지방산	단일불포화지방산	올레산($C_{18:1}$)	
	다가불포화지방산	리놀레산($C_{18:2}$)	
		리놀렌산($C_{18:3}$)	

(1) 포화지방산

포화지방산은 분자 내에 이중결합이 없는 지방산으로 자연계에는 탄소 수가 4~30개인 포화지방산이 알려져 있으며, 이 중에서 팔미트산($C_{16:0}$)과 스테아르산($C_{18:0}$)이 천연유지에 가장 많이 함유되어 있다(표 3-3). 포화지방산은 쇠기름, 돼지기름, 버터 등의 동물성 지방에 많으며, 야자유·팜유·팜핵유는 식물성 유지이지만 포화지방산을 많이 함유하고 있는 것이 특징이다(그림 3-5). 버터와 야자유에는 저급지방산이, 왁스류에는 탄소 수가 26개 이상인 지방산이 함유되어 있다. 탄소 수가 증가할수록 녹는점이 높아지고 물에 잘 녹지 않는 성질을 갖는다.

표 3-3 **대표적 포화지방산**

일반명	탄소 수:이중결합수	구조, 분자식	녹는점(℃)	급원식품
부티르산(butyric acid)	$C_{4:0}$	$CH_3(CH_2)_2COOH$	-7.9	버터
카프로산(caproic acid)	$C_{6:0}$	$CH_3(CH_2)_4COOH$	-3.4	버터, 야자유
카프릴산(caprylic acid)	$C_{8:0}$	$CH_3(CH_2)_6COOH$	16.0	버터, 야자유
카프르산(capric acid)	$C_{10:0}$	$CH_3(CH_2)_8COOH$	31.5	버터, 야자유
라우르산(lauric cid)	$C_{12:0}$	$CH_3(CH_2)_{10}COOH$	48	팜핵유, 야자유
미리스트산(myristic acid)	$C_{14:0}$	$CH_3(CH_2)_{12}COOH$	57~58	팜핵유, 야자유
팔미트산(palmitic acid)	$C_{16:0}$	$CH_3(CH_2)_{14}COOH$	64	일반 동식물유지(특히 팜유)
스테아르산(stearic acid)	$C_{18:0}$	$CH_3(CH_2)_{16}COOH$	69.6	일반 동식물유지(특히 우지)
아라키드산(arachidic acid)	$C_{20:0}$	$CH_3(CH_2)_{18}COOH$	77	땅콩유

출처: Considine, D. M., ed., Van Nostrand's Scientific Encyclopedia, 5th ed., 1976

(2) 불포화지방산

불포화지방산은 이중결합을 하나 이상 갖는 지방산이다. 이중결합이 하나인 경우는 단일불포화지방산(monounsaturated fatty acid), 둘 이상인 경우는 다가불포화지방산(polyunsaturated fatty acid)이라고 한다. 자연계에 널리 존재하는 불포화지방산은 올레산($C_{18:1}$), 리놀레산($C_{18:2}$), 리놀렌산($C_{18:3}$)이다(표 3-4).

탄소 수가 같은 지방산들을 비교해보면 포화지방산보다 불포화지방산의 녹는점이 낮으며 이중결합의 수가 증가할수록 녹는점이 낮아지는 것을 알 수 있다. 따라서 불포화지방산을 다량 함유한 유지는 상온에서 액체상태로 존재한다.

불포화지방산은 옥수수유, 대두유, 면실유, 해바라기유 등 식물성 유지에 많이 함유되어 있다(그림 3-5). 어유는 동물성 유지이지만 에이코사펜타에노산[(eicosapentaenoic acid), EPA($C_{20:5}$)], 도코사헥사에노산[docosahexaenoic acid, DHA($C_{22:6}$)]과 같은 다가불포화지방산이 많아 상온에서 액체상태이다.

표 3-4 **대표적 불포화지방산**

일반명	C탄소 수: 이중결합수, 이중결합위치, ω탄소	구조, 분자식	녹는점 (℃)	급원식품
올레산 (oleic acid)	$C_{18:1}$, Δ^9, ω9	$CH_3(CH_2)_7CH=CH(CH_2)_7COOH$	14	일반 동식물유지: 올리브유
리놀레산 (linoleic acid)	$C_{18:2}$, $\Delta^{9,\ 12}$, ω6	$CH_3(CH_2)_4(CH=CHCH_2)_2(CH_2)_6COOH$	-5.0	일반 식물유지
리놀렌산 (linolenic acid)	$C_{18:3}$, $\Delta^{9,\ 12,\ 15}$, ω3	$CH_3CH_2(CH=CHCH_2)_3(CH_2)_6COOH$	-11.0	들기름, 아마인유
아라키돈산 (arachidonic acid)	$C_{20:4}$, $\Delta^{5,\ 8,\ 11,\ 14}$, ω6	$CH_3(CH_2)_4(CH=CHCH_2)_4(CH_2)_2COOH$	-50	동물성 유지: 난황유, 간유, 어유
에이코사펜타에노산 (eicosapentaenoic acid)	$C_{20:5}$, $\Delta^{5,\ 8,\ 11,\ 14,\ 17}$, ω3	$CH_3CH_2(CH=CHCH_2)_5(CH_2)_2COOH$	-54	어유
도코사헥사에노산 (docosahexaenoic acid)	$C_{22:6}$, $\Delta^{4,\ 7,\ 10,\ 13,\ 16,\ 19}$, ω3	$CH_3CH_2(CH=CHCH_2)_6(CH_2)COOH$	-44	어유

출처: Considine, D. M., ed., Van Nostrand's Scientific Encyclopedia, 5th ed., 1976

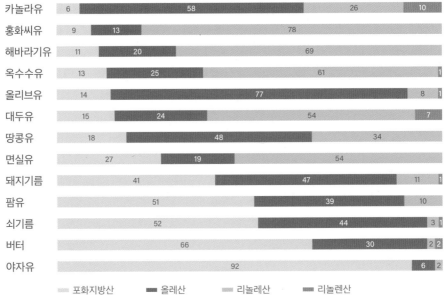

그림 3-5　식품의 포화지방산 및 불포화지방산의 비율
출처: http://oregonstate.edu

(3) 오메가지방산

지방산의 탄소번호는 카르복실기(-COOH)의 탄소를 1번으로 하여 차례로 나타내며(그림 3-6), 불포화지방산의 이중결합의 위치는 Δ의 오른쪽에 표시한다(표 3-4). 즉, 탄소 수가 18개이며 3개의 이중결합이 9번, 12번, 15번 탄소에 위치하는 리놀렌산($C_{18:3}$)의 경우 $\Delta^{9,\ 12,\ 15}$로 표시한다.

　카르복실기 반대쪽의 메틸기(-CH₃)에 있는 탄소를 1번으로 하여 첫 번째 이중결합이 나타나는 탄소의 위치를 기준으로 하여 ω를 사용하여 표시하는 방법도 있다(그림 3-6). 예를 들어 리놀렌산은 메틸기로부터 3번째 탄소에 이중결합이 최초로 나타나므로 ω-3 지방산이라고 한다.

　ω-6 지방산은 리놀레산과 아라키돈산, ω-3 지방산은 리놀렌산, EPA, DHA가 대표적이다. ω-6 지방산은 대두유, 옥수수유, 참기름 등 일반 유지에 널리 들어 있으며, ω-3 지방산이 풍부한 식품은 고등어, 꽁치, 참치 등의 어유와 들기름, 아마인유가 있다. ω-3 지방산은 혈전, 심근경색, 동맥경화를 억제하는 등 심혈관계질환 예방에 중요한 기능을 한다.

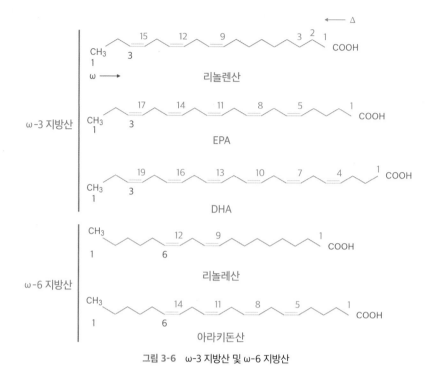

그림 3-6　ω-3 지방산 및 ω-6 지방산

(4) 트랜스지방산

천연에 존재하는 불포화지방산은 대부분 시스(cis) 형태를 띠지만 액체상태의 기름에 수소를 첨가하여 마가린이나 쇼트닝 등의 경화유를 만드는 가공과정 등을 통해 트랜스(trans)지방산이 생성될 수 있다(표 3-5).

시스지방산은 이중결합을 기준으로 수소가 같은 방향에 위치하나, 트랜스지방산은 반대 방향에 위치한다(그림 3-7). 이러한 구조적 차이 때문에 시스지방산은 굽은 형태를 나타내고, 트랜스지방산은 포화지방산과 유사하게 직선형을 띠어 체내에서 포화지방처럼 유해한 영향을 미친다. 트랜스지방은 인체에 유해한 LDL-콜레스테롤의 함량은 증가시키고, 유익한 HDL-콜레스테롤의 양은 감소시켜 관상동맥질환, 동맥경화와 같은 심혈관계질환을 유발할 수 있으므로 섭취를 제한하고 조리·가공 과정에서 이를 저감해야 한다.

표 3-5 **식품의 트랜스지방 함량** (단위: 가식부 100g 중)

식품		함량(g)	식품		함량(g)
패스트푸드류	햄버거	0.19	과자류	비스킷	0.13
	콤비네이션 피자	0.19		밀크초콜릿	0.3
	치킨너겟 튀김	0.23		초코파이	0.13
	감자튀김	0.15		전자레인지용 팝콘	0.16
	김말이 튀김	0.08		초코칩쿠키	0.24
	라면	0.11	유지류	쇼트닝	0.47
제빵류	크루아상	0.26		마가린	1.78
	치즈케이크	0.77	기타	마요네즈	0.55
	팥도넛	0.05		생크림	1.3

출처: 농촌진흥청 국립농업과학원, 국가표준식품성분표 제10개정판, 2023

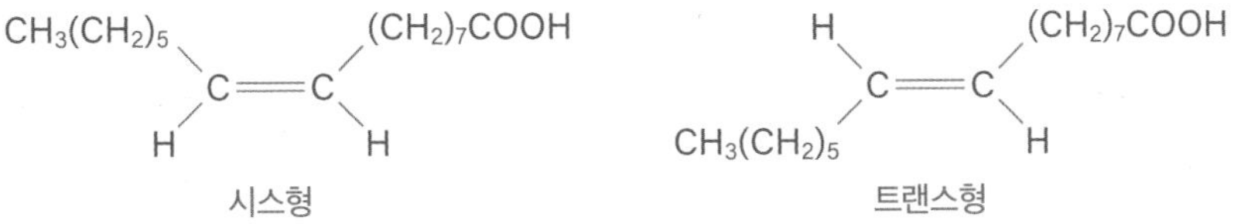

그림 3-7 시스형 지방산과 트랜스형 지방산

(5) 필수지방산

필수지방산(essential fatty acid)은 불포화지방산 중에서 동물의 정상적인 발육과 기능 유지를 위해 반드시 필요하지만 체내에서는 합성되지 않거나 합성되는 양이 부족하여 식이를 통해 섭취해야 하는 지방산으로 리놀레산($C_{18:2}$), 리놀렌산($C_{18:3}$), 아라키돈산($C_{20:4}$)이 있다. 필수지방산은 생체막의 중요한 성분이며 혈중 콜레스테롤을 낮추어 동맥경화를 예방하는 등의 기능을 한다.

2) 식품 중 유지의 지방산 조성

식품의 유지는 구성하고 있는 지방산의 조성에 따라 고유의 특성을 나타낸다. 유지식품에 가장 널리 함유된 지방산은 팔미트산, 스테아르산, 올레산, 리놀레산이다.

라드, 쇠기름, 버터와 같은 동물성 지방에는 팔미트산, 스테아르산, 올레산이 다량 함유되어 있고(표 3-6), 버터는 부티르산($C_{4:0}$), 카프로산($C_{6:0}$), 카프릴산($C_{8:0}$), 카프르산($C_{10:0}$)과 같은 저급지방산을 함유하는 것이 특징이다. 이와 달리 어유는 동물성이지만 고도불포화지방산을 많이 포함하고 있다.

일반적으로 식물성 유지에서는 올레산과 리놀레산의 함량이 높으며, 들기름에는 리놀렌산이 많이 들어 있다. 야자유와 팜핵유는 식물성 유지임에도 라우르산($C_{12:0}$)과 미리스트산($C_{14:0}$)의 함유량이 높고, 팜유는 팔미트산($C_{16:0}$)의 함유량이 높다.

표 3-6 유지식품의 지방산 조성　　　　　　　　　　　　　　　　　　　　　　　　(단위: %)

유지식품	불포화/포화지방산 비율	포화지방산					단일불포화지방산	다가불포화지방산	
		카프르산 $C_{10:0}$	라우르산 $C_{12:0}$	미리스트산 $C_{14:0}$	팔미트산 $C_{16:0}$	스테아르산 $C_{18:0}$	올레산 $C_{18:1}$	리놀레산 $C_{18:2}$	리놀렌산 $C_{18:3}$
쇠기름	0.9	-	-	3	24	19	43	3	1
버터	0.5	3	3	11	27	12	29	2	1
카놀라유	15.7	-	-	-	4	2	62	22	10
코코아버터	0.6	-	-	-	25	38	32	3	-
야자유	0.1	6	47	18	9	3	6	2	-
옥수수유	6.7	-	-	-	11	2	28	58	1
면실유	2.8	-	-	1	22	3	19	54	1
아마인유	9.0	-	-	-	3	7	21	16	53
포도씨유	7.3	-	-	-	8	4	15	73	-

(계속)

유지식품	불포화/ 포화지방산 비율	포화지방산					단일불포화 지방산	다가불포화지방산	
		카프르산 $C_{10:0}$	라우르산 $C_{12:0}$	미리스트산 $C_{14:0}$	팔미트산 $C_{16:0}$	스테아르산 $C_{18:0}$	올레산 $C_{18:1}$	리놀레산 $C_{18:2}$	리놀렌산 $C_{18:3}$
라드	1.2	-	-	2	26	14	44	10	-
올리브유	4.6	-	-	-	13	3	71	10	1
팜유	1.0	-	-	1	45	4	40	10	-
팜핵유	0.2	4	48	16	8	3	15	2	-
땅콩기름	4.0	-	-	-	11	2	48	32	-
홍화유	10.1	-	-	-	7	2	13	78	-
참기름	6.6	-	-	-	9	4	41	45	-
대두유	5.7	-	-	-	11	4	24	54	7
해바라기유	7.3	-	-	-	7	5	19	68	1
호두기름	5.3	-	-	-	11	5	28	51	5

출처: Oil Palm Knowledge Base

3. 유지의 이화학적 성질

1) 물리적 성질

(1) 비중

유지는 물보다 가벼워 15℃에서 비중이 0.91~0.96이다. 유지의 비중은 저급지방산, 불포화
지방산, 산화중합된 지방이 많을수록 높아진다.

(2) 굴절률

굴절률은 고급지방산, 불포화지방산, 산화된 지방이 많을수록 높아진다. 따라서 저급지

방산 함량이 많은 버터는 굴절률이 낮고, 불포화도가 큰 어유나 식물성 유지는 굴절률이 높다.

(3) 점도
점도는 유지를 구성하는 지방산 중 고급지방산과 포화지방산의 함량이 높을수록 커진다.

(4) 융점
유지는 단일 화합물이 아니라 다양한 트리글리세리드가 혼합되어 있는 상태이다. 같은 조합의 지방산으로 구성된 트리글리세리드라도 녹는점이 다른 여러 형태의 결정형으로 존재하는 동질이상현상(polymorphism)으로 인하여 일정한 융점(녹는점)을 갖지 않고 녹기 시작하는 온도와 완전히 녹는 온도에 차이가 있다.

　유지의 녹는점은 구성 지방산에 포화지방산이 많고 탄소 수가 많은 고급지방산이 많을수록 높다. 일반적으로 포화지방산이 많이 함유된 동물성 지방은 녹는점이 높아 실온에서 고체이고, 불포화지방산이 많은 식물성 유지는 녹는점이 낮아 액체로 존재한다. 포화지방산 중 저급지방산이 많은 버터는 녹는점이 다른 동물성 유지보다 낮은 편이다.

한걸음더 · 동질이상현상

동질이상현상(동질다형현상)은 단일 화합물이 두 개 이상의 결정형을 갖는 현상이다. 유지는 α, β, β′의 결정형으로 존재하는데, β형이 가장 안정하고 α형이 가장 불안정하며 녹는점은 β > β′ > α 순이다. 즉, 결정형에 따라 녹는점이 달라지므로 유지의 녹는점은 일정하지 않다. 특히, 코코아버터와 쇼트닝에서 이러한 결정형을 띠게 된다. 템퍼링 과정은 초콜릿 제조 시 코코아버터의 지방을 녹이고 굳히는 조작을 반복함으로써 결정형을 가장 안정한 β형으로 만드는 것으로, 이러한 동질이상현상을 이용한 것이다.

초콜릿의 블룸(bloom)현상은 초콜릿 표면에 백색 또는 회색의 덩어리가 생기는 현상을 가리키는데, 이 현상은 주로 초콜릿이 온도 변화나 습도 변화에 노출될 때 발생한다.

블룸현상은 크게 두 가지 유형으로 나뉜다. 첫째, 설탕 블룸(sugar bloom)은 설탕이 초콜릿 표면에 결정화되어 발생하는 것이다. 주로 초콜릿이 과도한 습기나 습도 변화에 노출될 때 발생하는데, 습기가 초콜릿 표면에서 증발하여 설탕이 결정화되어 형성된다. 이 현상은 초콜릿을 냉장고에서 꺼내어 실온에서 녹을 때 발생된다. 둘째, 코코아버터 블룸(fat bloom)은 코코아버터가 초콜릿 표면에 결정화되어 발생하는 것이다. 이는 주로 초콜릿이 과도한 열 또는 온도 변화에 노출되어 초콜릿이 녹은 후 다시 냉각되는 과정에서 코코아버터가 재결정될 때 발생하며, 코코아버터가 초콜릿 표면에 올라와 백색으로 보이게 된다.

블룸현상은 초콜릿의 외관을 손상할 뿐만 아니라 질감과 맛에도 영향을 줄 수 있다. 블룸현상을 방지하려면 초콜릿을 올바른 온도와 습도에서 보관하고, 급격한 온도 변화를 피해야 한다. 또한 초콜릿을 봉지나 밀봉용기에 보관하여 외부 요인의 영향을 최소화해야 한다.

(5) 응고점

단일 트리글리세리드의 응고점과 융점은 같지만 대부분의 유지는 여러 종류의 트리글리세리드로 구성된 혼합 트리글리세리드여서 응고점이 융점과 일치하지 않는다. 한 예로 야자유의 응고점은 14~25℃, 융점은 20~28℃이다.

(6) 발연점, 인화점, 연소점

발연점(smoke point)은 유지를 가열했을 때 표면에 푸른 연기가 발생하는 온도를 뜻한다(표 3-7). 인화점(flash point)은 발연점 이상으로 가열하여 유지에서 발생된 증기가 공기와 만나 발화되는 온도를 말하며, 연소점(fire point)은 인화점 이상에서 유지의 연소가 지속되는 온도를 의미한다.

유지를 가열할 때 나는 푸른 연기의 성분은 아크롤레인(acrolein)으로, 이것은 고온에서 유지가 분해되면서 생성된 글리세롤이 탈수되며 생기는 휘발성의 자극성 냄새물질이다(그림 3-8). 아크롤레인이 생성된 단계에 이른 유지는 음식의 풍미를 저하시키고 건강에 유해하므로 튀김요리를 할 때는 유지의 온도를 발연점보다 낮게 유지하고 발연점이 높은 유지를 사용하는 것이 좋다.

유지의 발연점은 유리지방산의 함량이 높을수록, 장시간 가열할수록, 불순물 함량이 많을수록, 유지가 노출된 표면적이 넓을수록 낮아진다.

표 3-7 유지의 발연점

유지의 종류	발연점(℃)	유지의 종류	발연점(℃)
해바라기유(비정제)	107	참기름(비정제)	177
해바라기유(정제)	232	참기름(정제)	232
대두유(비정제)	160	야자유(비정제)	177
대두유(정제)	232	야자유(정제)	232
옥수수유(비정제)	160	올리브유(엑스트라버진)	191
옥수수유(정제)	232	올리브유(버진)	216
버터	177	팜유	235

출처: Smoke Points of Oils-Vegetarian health institute

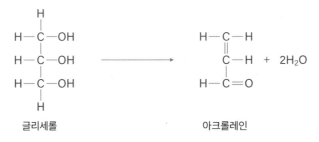

글리세롤   아크롤레인

그림 3-8 아크롤레인의 생성

(7) 가소성

일정 수준 이상의 압력 또는 힘을 고체에 가하면 변형이 일어나는데, 그 후 해당 압력을 제거해도 고체가 원래 상태로 되돌아가지 않고 변형된 상태가 유지되는 성질을 가소성

(plasticity)이라고 한다. 가소성을 지닌 대표적인 유지로는 마가린, 쇼트닝, 버터, 라드가 있다.

고체 상태인 대부분의 지방에도 녹는점이 다양한 트리글리세리드가 혼합되어 있어서, 실제로는 액체와 고체 상태의 지질이 공존하지만 이 액체지방이 밖으로 흘러나오지 않고 망상 구조 속에 함유되어 고체 형태로 보이게 된다. 가소성을 지닌 유지는 빵이나 크래커 등에 눌러서 펴 바를 수 있고, 밀가루 반죽에 첨가하면 원하는 형태로 성형할 수 있어 제과 제빵에서 중요하게 사용된다.

> **한걸음더 ∘ 유지의 쇼트닝성**
>
> 밀가루 반죽에 유지를 첨가하면 유지가 밀가루의 글루텐 망상 구조 형성을 방해하여 글루텐 길이가 짧아지게 되는데, 이러한 유지의 성질을 쇼트닝성(shortening)이라고 한다. 쇼트닝, 라드, 마가린, 버터 등이 이러한 쇼트닝성을 지니고 있으며, 쇼트닝성을 가진 유지는 제품에 푸석푸석하고 부서지는 조직감을 부여한다. 이러한 특성은 파이, 비스킷, 페이스트리 등의 제조에 매우 중요하게 쓰인다.

2) 화학적 성질

표 3-8 유지의 화학적 시험법

시험법명	측정 목적	정의	비고
검화가	지방산의 분자량	유지 1g을 검화하는 데 필요한 KOH의 mg 수	저급지방산의 함량이 높을수록 검화가가 높음
산가	유리지방산의 양	유지 1g 중의 유리지방산을 중화하는 데 필요한 KOH의 mg 수	산패된 유지의 산가가 높음
요오드가	지방산의 불포화도	유지 100g에 첨가되는 요오드의 g 수	불포화도가 클수록 요오드가가 높음
아세틸가	유리수산기 (-OH)의 양	무수초산으로 아세틸화시킨 유지 1g을 가수분해하여 얻은 아세트산을 중화하는 데 필요한 KOH의 mg 수	산패된 유지의 아세틸가가 높음

(계속)

시험법명	측정 목적	정의	비고
라이헤르트-마이슬가	수용성·휘발성 지방산의 양	유지 5g을 검화하고 산성에서 증류 후 얻은 수용성 휘발성 지방산을 중화하는 데 필요한 0.1N KOH의 mL 수	버터의 위조 검정에 이용
폴렌스케가	불용성 휘발성 지방산의 양	유지 5g 중의 불용성 휘발성 지방산을 중화하는 데 필요한 0.1N KOH의 mL 수	야자유와 다른 유지의 구별에 이용

(1) 검화가

검화가(saponification value)는 유지 1g을 검화하는 데 필요한 수산화칼륨(KOH)의 mg 수를 나타낸 것으로, 비누화가라고도 부른다(그림 3-9). 여기서 검화는 유지에 알칼리 용액을 넣고 가열하면 글리세롤과 지방산염(비누)이 생성되는 것을 말한다.

검화가는 분자량이 작은 저급지방산이 많을수록 높고, 분자량이 큰 고급지방산이 많을수록 낮다. 일반적인 유지의 검화가는 180~200 정도이다(표 3-9).

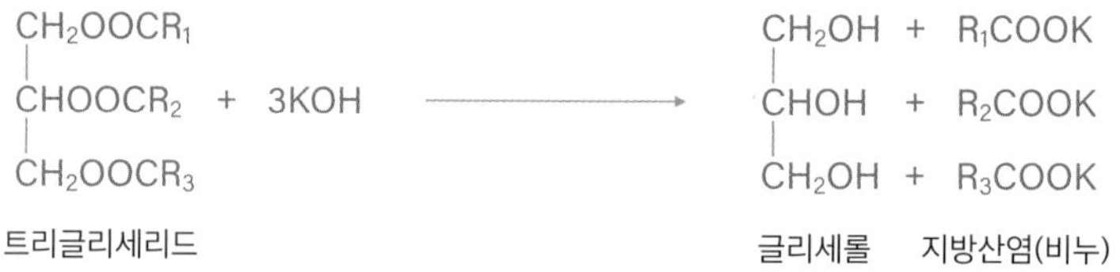

$$
\begin{array}{ll}
CH_2OOCR_1 & CH_2OH + R_1COOK \\
| & | \\
CHOOCR_2 + 3KOH \longrightarrow & CHOH + R_2COOK \\
| & | \\
CH_2OOCR_3 & CH_2OH + R_3COOK
\end{array}
$$

트리글리세리드   글리세롤   지방산염(비누)

그림 3-9 유지의 검화

표 3-9 유지의 검화가

유지	검화가	유지	검화가
야자유	253~262	대두유	189~194
버터	210~230	참기름	188~193
팜유	200~205	해바라기유	188~193
쇠기름	196~200	올리브유	185~196
돼지기름	195~203	유채유	168~179

출처: 이서래·신효선, 최신 식품화학, 신광출판사, 1997

(2) 산가

산가(acid value)는 유지 1g 중의 유리지방산을 중화하는 데 필요한 수산화칼륨의 mg 수를 말한다(그림 3-10). 일반적인 식용유지의 산가는 1.0 이하이며, 가열·가공·저장 등의 과정에서 유지 중의 유리지방산의 함량이 증가하므로 산가가 높은 것은 유지의 산패 및 품질의 척도로 이용된다.

$$R-COOH + KOH \longrightarrow R-COOK + H_2O$$

그림 3-10 유지의 산가 측정 반응

(3) 요오드가

불포화지방산의 이중결합 부위는 요오드와 같은 할로겐 원소나 수소가 쉽게 첨가 반응을 일으켜 단일결합으로 변하여 포화지방이 된다. 유지 100g에 첨가되는 요오드의 g 수를 요오드가(iodine value)라고 한다(그림 3-11). 요오드가가 130 이상인 유지를 건성유, 100~130인 유지를 반건성유, 100 이하인 유지를 불건성유라고 한다(표 3-10).

요오드가는 유지의 불포화도를 나타내는 척도가 되며 일반적으로 불포화지방산이 많은 식물성 유지의 요오드가가 높다. 요오드가가 높은 유지는 이중결합이 많아 산화가 잘 일어나기 때문에 요오드가가 감소하며, 유지를 수소화시켜서 마가린이나 쇼트닝과 같은 경화유를 만들면 불포화지방산이 포화지방산으로 변하므로 마찬가지로 요오드가가 낮아진다.

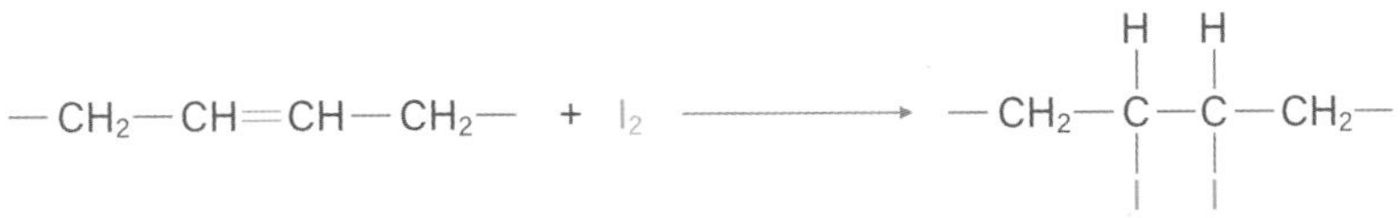

$$-CH_2-CH=CH-CH_2- + I_2 \longrightarrow -CH_2-\overset{\overset{\displaystyle H}{|}}{C}-\overset{\overset{\displaystyle H}{|}}{C}-CH_2-$$

그림 3-11 유지의 요오드 반응

표 3-10 유지의 요오드가

분류	유지	요오드가
건성유	들기름	189~197
	아마인유	170~203
	대구간유	142~176
반건성유	옥수수유	107~128
	참기름	104~120
	면실유	100~115
불건성유	올리브유	75~94
	라드	45~70
	쇠기름	33~47
	버터	26~40

출처: Oil Palm Knowledge Base
　　　Council of Scientific Industrial Research, The wealth of India. Raw material, 1996

(4) 아세틸가

아세틸가(acetyl value)는 유지 중에 존재하는 수산기(-OH)의 양을 나타낸다. 아세틸가는 무수초산(acetic anhydride) 등으로 수산기를 아세틸화시킨 유지 1g을 가수분해하여 얻은 아세트산의 중화에 필요한 수산화칼륨(KOH)의 mg 수로 표시한다. 신선한 유지의 아세틸가는 낮지만, 산패될수록 유지의 아세틸가는 상승한다. 따라서 디글리세리드와 모노글리세리드를 많이 함유한 유지일수록 아세틸가가 높아진다.

(5) 라이헤르트-마이슬가

라이헤르트-마이슬가(Reichert-Meissl value)는 유지 5g을 비누화하고 황산으로 처리한 후 증류하여 얻은 수용성 휘발성 지방산을 중화하는 데 필요한 0.1N 수산화칼륨(KOH)의 mL 수를 뜻한다(그림 3-12). 라이헤르트-마이슬가를 통해 물에 잘 녹는 부티르산($C_{4:0}$), 카프로산($C_{6:0}$)과 물에 약간 녹는 카프릴산($C_{8:0}$), 카프르산($C_{10:0}$)의 양을 알 수 있다. 버터의 라이헤르트-마이슬가는 26~32로 다른 유지에 비해 높은 편이다. 야자유는 5~9, 마가린은 0.55~5.5이므로 라이헤르트-마이슬가는 버터의 위조 검정에 이용된다.

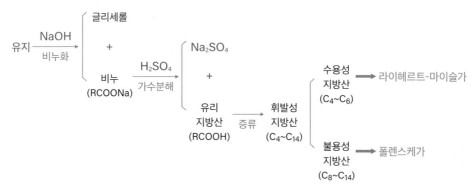

그림 3-12 라이헤르트-마이슬가 및 폴렌스케가

출처: Deelstra, H., Thorburn Burns, D. and Walker, M. J., The Adulteration of Food, 2014

(6) 폴렌스케가

폴렌스케가(Polenske value)는 유지 5g 중 불용성 휘발성 지방산을 중화하는 데 필요한 0.1N 수산화칼륨(KOH)의 mL 수를 뜻한다(그림 3-12). 폴렌스케가는 물에 잘 녹지 않는 라우르산($C_{12:0}$), 미리스트산($C_{14:0}$), 물에 약간 녹는 카프릴산($C_{8:0}$), 카프르산($C_{10:0}$)의 양을 측정하게 된다. 버터의 폴렌스케가는 1.5~3.5이고, 불용성 휘발성 지방산이 많은 팜유는 16.8~18.2여서 버터 중 팜유의 혼입을 검사할 수 있다.

3) 유지의 유화성

유화액(emulsion)은 물과 기름처럼 섞이지 않는 두 가지 액체가 분리되지 않고 잘 혼합되어 있는 형태를 말한다. 유화제는 친수성기와 소수성기를 모두 지니고 있어서, 친수성기는 물과 결합하고 소수성기는 기름과 결합함으로써 물과 기름이 잘 분산되어 유화상태로 있을 수 있도록 돕는 역할을 한다. 유화제로 사용할 수 있는 것에는 레시틴, 모노글리세리드, 다이글리세리드, 담즙산, 단백질 등이 있다.

지질의 유화는 수중유적형(O/W, Oil in Water)과 유중수적형(W/O, Water in Oil)의 두 가지로 나누어진다(그림 3-13). 수중유적형은 물에 기름이 분산되어 있는 형태로 우유, 마요네즈, 아이스크림 등이 대표적인 수중유적형 식품이다. 유중수적형은 기름에 물이 분산되어 있는 형태이며 버터, 마가린 등이 대표적인 유중수적형 식품이다.

유화액은 안정성에 따라 프렌치드레싱과 같이 유화제 없이 물과 기름으로만 이루어져 분리된 상태로 존재하므로 흔들어서 섞은 후 사용해야 하는 일시적 유화액, 샐러드드레싱과 같이 점도가 높아서 유화상태가 일정 기간 지속되는 반영구적 유화액, 마요네즈와 같이 점성이 높고 유화제를 통해 안정적으로 유화되어 유화상태가 장기간 유지되는 영구적 유화액으로 나누어진다.

| 유화제의 구조 | 수중유적형(O/W) | 유중수적형(W/O) |

그림 3-13 유화제의 구조 및 유화액의 종류

4. 유지의 가공

1) 유지의 정제

원료 유지에는 레시틴, 색소, 알데히드, 케톤, 유리지방산과 같은 바람직하지 않은 물질들이 들어 있다. 따라서 기포가 생기고, 색깔을 띠거나 불쾌한 냄새를 내며, 발연점이 낮은 문제 등이 생기게 되므로 탈검·탈산·탈색·탈취의 정제과정을 거쳐 식용유지로 사용한다. 탈검은 레시틴과 같은 인지질, 단백질 등의 검질물질을 제거하는 과정이고, 탈산은 유리지방산을 제거하는 과정이다. 탈색은 유지가 바람직하지 않은 색을 띠게 하는 카로티노이드나 클로로필 같은 지용성 색소를 제거하는 과정이며, 탈취는 알데히드나 케톤 등을 제거하여 불쾌취를 없애는 공정이다.

주로 차가운 상태로 이용하는 샐러드유는 미리 냉각하여 고체화된 침전물을 제거함으로써 냉장보관 등의 저온에서도 혼탁해지지 않도록 탈랍(dewaxing)이라는 추가적인 정제과정을 거치며, 이를 동유처리(winterization)라고도 부른다.

2) 경화

불포화지방산에 니켈이나 백금 등을 촉매로 하여 수소를 첨가하면 이중결합 부위에 수소가 들어가 포화지방산으로 바뀌어 유지가 액체에서 고체로 변화되는데, 이러한 과정을 경화 (hardening) 또는 수소화(hydrogenation)라고 한다(그림 3-14). 액체인 식물성 기름을 경화 과정을 이용하여 제조한 대표적인 유지로는 마가린과 쇼트닝이 있다.

경화과정을 통해 불포화지방이 포화지방으로 변화되면 산화 안정성은 향상되나, 건강에 악영향을 미치는 트랜스지방산이 생성될 수 있어 경화 유지에 대한 우려가 증가하고 있다.

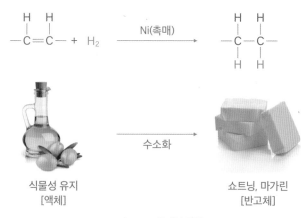

식물성 유지
[액체]

쇼트닝, 마가린
[반고체]

그림 3-14   유지의 경화

3) 에스테르 교환 반응

트리글리세리드 분자 내에서 또는 다른 트리글리세리드 분자 간에 지방산의 위치를 바꾸어 지방산의 조성을 바꿈으로써 유지의 물리적·화학적 특성을 변화시키는 것을 에스테르 교환 반응이라고 한다(그림 3-15). 이 반응을 통해 유지의 물성을 용도에 맞게 변화시킬 수 있으므로, 라드의 품질 특성을 개선하거나 가소성의 범위를 다양화하여 원하는 정도의 가소성을 지닌 마가린, 쇼트닝 등을 만들 수 있다.

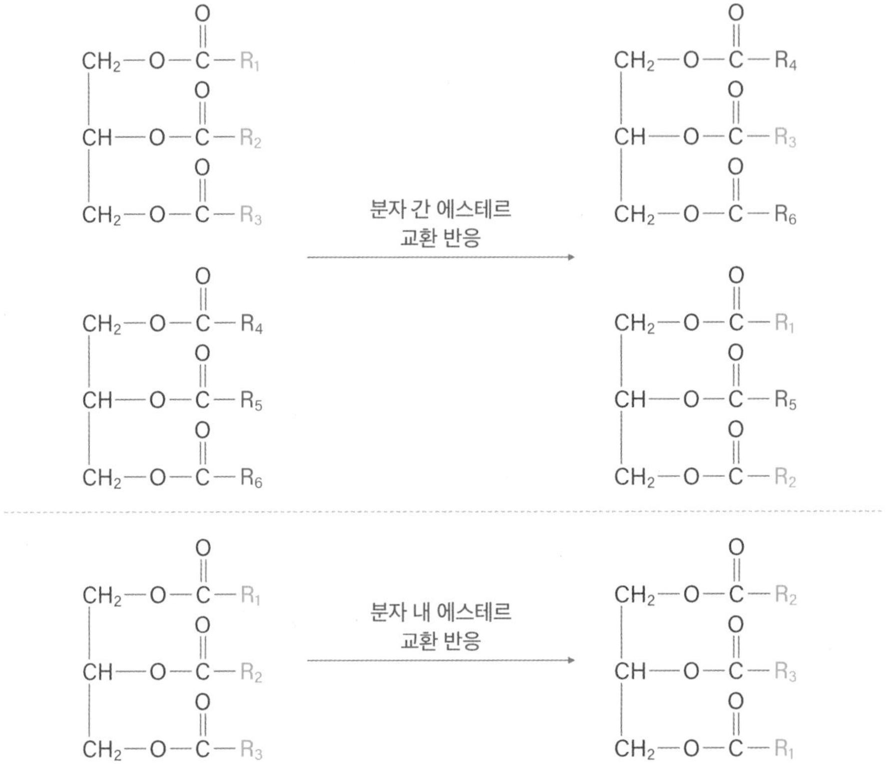

분자 간 에스테르
교환 반응

분자 내 에스테르
교환 반응

그림 3-15   에스테르 교환 반응

5. 유지의 산패

유지의 산패(rancidity)는 유지의 저장 및 가공 중 다양한 요인에 의해 불쾌한 냄새와 맛이
발생하거나 바람직하지 않은 색의 변화, 점성 증가, 품질이 저하되는 현상을 말한다. 유지
의 산패는 독성물질 생성, 영양가 감소, 소화율 감소 등을 유발하여 건강상의 위해가 되기도
한다.

산패는 크게 산화적 산패와 비산화적 산패로 나누어진다. 산화적 산패에는 자동산화에

의한 산패, 가열에 의한 산패, 효소에 의한 산패가 있으며 비산화적 산패에는 가수분해에 의한 산패와 케톤 생성형 산패가 있다.

1) 자동산화에 의한 산패

자동산화(autoxidation)는 유지가 저장 중에 산소를 자연적으로 흡수하고 이 산소에 의해서 유지가 산화되는 것을 말한다.

(1) 유도기간

저장 중인 유지는 산소를 흡수하는 속도가 초기에는 일정하고 매우 느린데, 이 기간이 지나면 속도가 급증하게 된다. 이처럼 저장 초기에 산소 흡수속도가 느린 일정 기간을 유도기간(induction period)이라고 한다(그림 3-16). 이는 산소 흡수가 급격하게 일어나기 전까지로 유지의 산패가 개시되기까지의 기간이라고 할 수 있다.

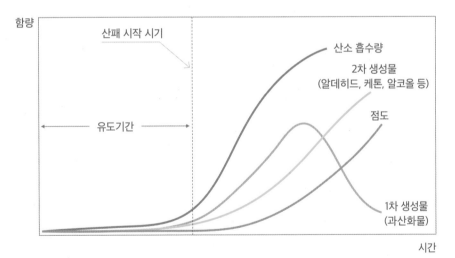

그림 3-16 유지의 자동산화과정 중 주요 성분의 생성

(2) 자동산화

유도기간 이후에는 유지가 공기 중의 산소를 급격히 흡수하여 자동산화가 진행되고 과산화물이 생성된다. 과산화물은 산패취를 유발하는 휘발성의 카보닐 화합물 등 저분자 물질로 분해되어 산패 후기에는 과산화물이 감소한다. 자동산화과정 중에 생성된 라디칼들은 서로 중합되어 고분자의 중합체를 형성함으로써 유지의 점도가 증가하게 된다. 자동산화에 의한 산패는 개시 단계, 전파 단계, 종결 단계를 거쳐 일어난다(그림 3-17).

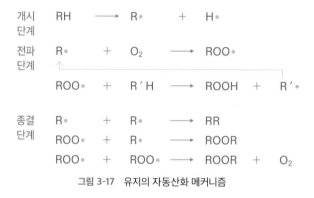

그림 3-17 유지의 자동산화 메커니즘

① 개시 단계

개시 단계(initiation step)에서는 금속, 빛, 열 등에 의해 활성화된 지방산으로부터 수소라디칼(H ·)이 떨어져나가 지방산의 유리라디칼(R ·)이 생성된다.

② 전파 단계

생성된 유리라디칼은 산소와 결합하여 퍼옥시라디칼(peroxyradical, ROO ·)이 된다. 퍼옥시라디칼은 활성이 크고 불안정한 물질이므로 다른 지방산 분자를 공격해 수소라디칼을 빼앗아 과산화물(hydroperoxide, ROOH)이 된다. 수소라디칼을 빼앗긴 다른 지방산은 새로운 라디칼(R′ ·)이 되어 또 다른 지방산 분자의 수소라디칼을 빼앗는 일련의 과정이 반복되면서 산화 반응이 연쇄적으로 일어난다. 이러한 전파(연쇄) 단계(propagation step)에서의 반응은 더 이상 산화될 지방산이 없을 때까지 계속된다.

③ 종결 단계

전파과정에서 생성된 다양한 라디칼들이 서로 결합하여 활성이 없는 안정한 중합체(poly-mer)를 형성함으로써 산화 반응이 종결(termination step)된다. 이때 생성된 이량체(dimer), 삼량체(trimer) 등의 중합체는 유지의 점도를 높인다. 또한 생성되었던 과산화물은 산패된 유지에 이취를 유발하는 알데히드나 케톤과 같은 카보닐 화합물, 알코올 등의 저분자 물질들로 분해되므로 산패 후기에는 오히려 과산화물의 양이 감소한다.

2) 가수분해에 의한 산패

가수분해에 의한 산패는 유지가 수분, 효소, 산, 알칼리에 의해 글리세롤과 유리지방산으로 분해되어 불쾌한 냄새와 맛을 유발하는 것을 말한다. 수분에 의한 가순분해 산패의 예로는 물의 함량이 많고 물과 접촉면이 큰 우유의 유지방이 가수분해되어 산패되는 경우가 있고, 수분을 함유한 유화식품인 치즈 및 버터에서도 이러한 현상이 발생한다. 효소에 의한 가수분해 산패는 동식물 자체가 가지고 있는 지질 가수분해효소인 리파아제(lipase)에 의해 발생한다. 예로 올리브유, 미강유 등의 식물성 유지와 어유 착유 시 일어나는 산패가 있다.

3) 가열산화에 의한 산패

산소가 있는 환경에서 유지를 고온에서 가열할 때 산패가 일어나는 현상을 가열산화라고 한다. 가열산화는 자동산화 반응과 함께 가열에 의한 변화가 동시에 일어나며 높은 온도에서 일어나는 반응이므로 산화속도가 빠르다. 열분해와 산화가 모두 발생하므로 유리지방산, 카보닐 화합물, 중합체 등이 만들어진다.

유지는 가열에 의해 유리지방산과 글리세롤로 가수분해되는데, 유리지방산은 유지의 발연점을 저하시키고 글리세롤은 아크롤레인으로 더 분해되어 자극적인 냄새를 유발한다. 이때 산화 반응에 의해 다양한 라디칼과 과산화물이 생성된다. 라디칼은 고분자의 중합체를 형성하여 유지의 점도를 증가시키고, 과산화물은 케톤, 알데히드, 알코올 등으로 분해되어 산패취를 낸다. 가열산화에 의해 산패된 유지는 점도 증가, 거품 발생, 갈색~흑색으로 짙어짐, 불쾌한 냄새, 소화율 저하 등의 특성을 나타내며 과산화물 및 분해산물로 인해 독성이 생겨 설사를 유발할 수 있다.

이러한 가열산화에 의한 산패는 고온에서 가열하는 튀김의 기름과 이러한 유지를 이용하여 조리·가공하는 튀김음식에서 흔하게 발생한다. 장시간, 고온에서, 여러 번 가열할수록 산패의 정도는 심해진다.

4) 변향

변향(flavor reversion)은 유지 저장 시 정제 전의 유지가 가지고 있던 냄새가 복원되는 현상을 말한다. 이는 유지의 산패가 일어나기 전에 발생하거나 산패되기 쉬운 어떤 유지에서는 발생하지 않고, 산패에 의한 냄새와는 확연히 달라 산패와 뚜렷하게 구별된다. 콩기름의 콩비린내나 풋내를 정제과정에서 제거하였으나 저장 중에 이러한 냄새가 다시 나는 경우가 대표적인 예이다. 리놀렌산의 함량이 높은 유지에서 변향이 잘 일어난다고 보고되었으며, 아마인유에서도 변향이 관찰되었다.

5) 유지의 산화에 영향을 미치는 인자

(1) 불포화도
유지의 산화는 유지를 구성하고 있는 지방산의 불포화도가 높을수록 촉진된다. 즉, 포화지방산보다는 불포화지방산이 많을수록, 불포화지방산 중에서는 이중결합이 많을수록 산화가 잘 일어난다. 따라서 산화속도는 EPA($C_{20:5}$) > 리놀렌산($C_{18:3}$) > 리놀레산($C_{18:2}$) > 올레산($C_{18:1}$) > 스테아르산($C_{18:0}$) 순으로 정리할 수 있다.

(2) 산소 농도
산소가 충분한 경우 유지의 산화속도는 산소 농도와 관계가 없다. 그러나 산소 농도가 매우 낮을 경우에는 산화속도가 산소 농도에 비례한다.

(3) 온도

온도가 상승함에 따라 유지의 산화속도가 증가한다. 온도가 10℃ 상승할 때마다 산화속도는 2~3배 빨라진다.

(4) 광선

유지에 광선을 조사하면 자유라디칼 생성이 활발해지고 유도기가 짧아지며 과산화물의 분해가 증가하여 유지의 산화가 촉진된다. 모든 광선이 유지의 산화에 관여하나, 특히 파장이 짧은 자외선에 의한 산화속도의 증가가 활발하다.

(5) 금속

철, 구리, 망간, 코발트, 니켈 등의 금속은 유리라디칼을 생성하여 자동산화의 연쇄 반응을 촉진하고 과산화물의 분해를 증가시켜 유지의 산화속도를 빠르게 한다.

(6) 수분

일반적으로 수분활성도가 낮아질수록 유지의 산화는 감소되나, 산소와 유지의 접촉을 차단하고 있던 단분자층의 수분까지 제거되면 오히려 유지의 산화가 촉진된다.

(7) 효소

리파아제(lipase), 포스포리파아제(phospholipase), 에스테라아제(esterase)와 같은 지질 가수분해효소에 의해 유리지방산이 발생하여 유지의 산화가 증가된다.

(8) 헤마틴 화합물

헤모글로빈, 미오글로빈, 시토크롬과 같은 헤마틴 화합물은 유지의 산화를 증가시킨다. 이들은 육류의 산화를 유발하는 주요 인자 중 하나이다.

6) 유지의 산패도 측정방법

유지의 산패를 측정할 때는 유지의 산소 흡수량, 산화과정의 1차 산화생성물인 과산화물 함량, 2차 산화생성물인 과산화물의 분해산물 함량 등을 통해 판정하는 물리적 · 화학적 방법을 많이 사용한다. 냄새나 맛 등을 평가하는 관능검사를 통해 산패를 측정하기도 한다.

(1) 물리적 방법
유지와 산소를 밀폐된 용기에 넣고 산패에 소모된 산소의 양을 측정함으로써 산패 유도기간을 알 수 있는 산소 흡수량(산소 흡수속도) 측정법이 있다.

(2) 화학적 방법
유지의 산패도를 측정하는 대표적인 방법은 다음과 같다.

표 3-11 유지 산패의 대표적 측정방법

측정법	측정 목적
과산화물가	과산화물
TBA가	말론알데히드
카보닐가	카보닐 화합물
활성산소법	유도기간
랜시매트법	유도기간

① 과산화물가

과산화물가(peroxide value)는 유지 1kg 중에 생성된 과산화물의 mg당량을 나타낸다. 유지의 산화가 진행됨에 따라 과산화물의 함량이 늘어나다가 이후 알데히드와 케톤 등의 2차 생성물로 분해되어 산패 후기에는 과산화물의 양이 감소하므로, 유지의 초기 산패에 유용한 지표이다.

② TBA가

TBA가(thiobarbituric acid value)는 유지 산화에 의해 생성된 말론알데히드와 TBA 시약이 결합함으로써 만들어진 적색의 복합체를 약 538nm의 파장에서 흡광도를 이용하여 측정한 값이다. TBA가는 유지가 산화됨에 따라 계속 증가한다. 당류와 같이 알데히드를 가진 다른 물질에 의해서도 적색이 발현되어 TBA가를 높일 수 있다.

③ 카보닐가

카보닐가(carbonyl value)는 유지 산화의 최종 과정에서 과산화물의 분해로부터 생성된 알데히드나 케톤과 같은 카보닐 화합물의 양을 측정하여 유지의 산패 정도를 측정하는 것이다. 카보닐가는 유지가 산화됨에 따라 계속 상승한다.

④ 활성산소법

활성산소법(AOM, Active Oxygen Method)은 유지를 97℃ 물에 중탕하면서 일정한 속도의 공기를 불어넣어 산패를 유도하고, 정기적으로 과산화물가를 측정하여 유지의 산패 유도기간을 알아내는 방법이다.

⑤ 랜시매트법

랜시매트법(rancimat method)은 유지를 랜시매트라는 기계에서 100℃로 유지시키면서 공기를 주입하여 만들어진 유지 산화물의 전기전도도를 측정하여 산패 유도기간을 측정하는 방법이다.

(3) 관능적 방법

관능적 방법으로는 시료를 60~65℃의 오븐에 넣고 수시로 관능검사를 실시하여 산패의 발생 및 유도기간을 측정하는 오븐시험법(oven test)이 있다.

7) 항산화제

항산화제(antioxidant)는 산화방지제라고도 하며, 유지의 산화를 억제해주는 물질이다. 항산화제는 자동산화과정에서 생성된 여러 종류의 유리라디칼에 수소 원자를 제공하여 반응성이 없는 안정한 물질로 만들어 라디칼을 제거함으로써 자동산화의 연쇄 반응을 억제한다. 이때 항산화제 자체도 라디칼이 되어 항산화력을 잃지만 지방산의 유리라디칼보다 활성이 훨씬 작으며 상승제 존재 시 상승제로부터 수소를 제공받아 항산화력이 복원될 수 있다.

항산화제는 천연 항산화제와 합성 항산화제로 분류된다. 천연에 존재하는 항산화제로는 토코페롤(비타민 E), 고시폴, 세사몰, 오리자놀, 레시틴, 폴리페놀 화합물 등이 대표적이고 화학적 합성품인 항산화제로는 BHA, BHT, EDTA, TBHQ, PG 등이 있다(표 3-12). 식품의약품안전처에서는 2018년 1월부터 식품첨가물의 분류 체계를 천연·합성으로 하지 않고 용도 중심으로 변경하였으므로 ≪식품첨가물공전≫에서는 천연 산화방지제와 합성 산화방지제를 구분하지 않고 있다.

또 자신은 항산화능력이 없거나 미약하지만 항산화제와 병용함으로써 항산화제의 효과를 상승시켜주는 물질을 상승제(synergist)라고 하며 대표적으로 아스코르브산(비타민 C, ascorbic acid), 구연산(citric acid), 사과산(malic acid), 인산(phosphoric acid), 주석산(tartaric acid), 피트산(phytic acid) 등이 있다.

표 3-12 **항산화제의 종류 및 특성**

항산화제		특성
천연	토코페롤 (tocopherol, 비타민 E)	• 식물성 기름에 함유 • 토코페롤 4종의 항산화력은 $\delta > \gamma > \beta > \alpha$ 순
	고시폴 (gossypol)	• 면실유에 함유 • 항산화능을 지니고 있으나 독성물질임
	세사몰 (sesamol)	• 참기름에 함유 • 항산화성분인 세사몰린, 세사민, 세사몰이 함유되어 있음. 특히, 세사몰의 항산화력이 강함

(계속)

	항산화제	특성
천연	오리자놀 (oryzanol)	• 미강유에 함유
	레시틴 (lecithin)	• 난황 및 대두유에 함유
	폴리페놀 화합물 (polyphenolic compounds)	• 채소, 과일, 차 등 식물성 식품에 함유 • 퀘르세틴(양파), 카테킨(차), 루틴(메밀) 등
합성	부틸히드록시아니솔 (BHA, butylated hydroxyanisole)	• 사용 가능 제품: 식용유지류, 버터류, 어패 건제품·염장품·냉동품, 추잉껌, 체중조절용 조제식품, 시리얼류, 마요네즈
	디부틸시드록시톨루엔 (BHT, butylated hydroxytoluene)	• 사용 가능 제품: 식용유지류, 버터류, 어패 건제품·염장품·냉동품, 추잉껌, 체중조절용 조제식품, 시리얼류, 마요네즈
	터셔리부틸히드로퀴논 (TBHQ, *tert*-butylhydroquinone)	• 사용 가능 제품: 식용유지류, 버터류, 어패 건제품·염장품·냉동품, 추잉껌
	몰식자산프로필 (PG, Propyl Gallate)	• 사용 가능 제품: 식용유지류, 버터류
	EDTA (Ethylenediaminetetraacetic acid)	• 사용 가능 제품: 소스, 마요네즈, 통조림식품, 병조림식품, 음료류, 마가린, 오이초절임, 양배추초절임, 건조과일류, 서류 가공품, 땅콩버터

천연 항산화제

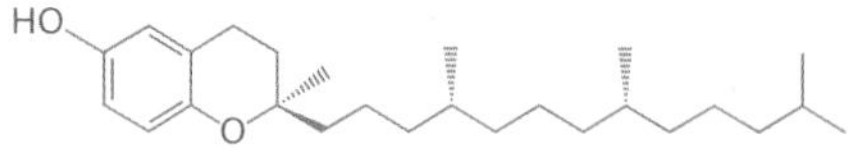

토코페롤(δ-Tocopherol)

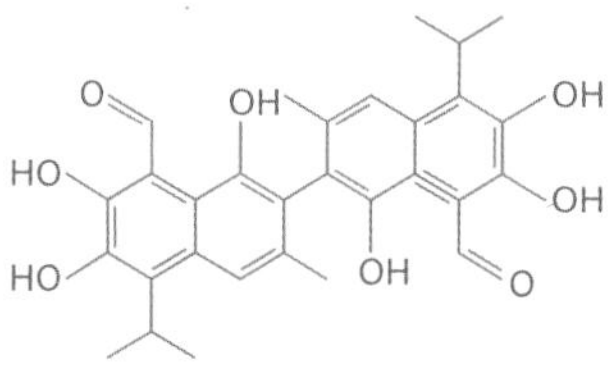

고시폴(Gossypol)

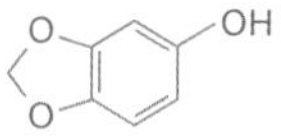

세사몰(Sesamol)

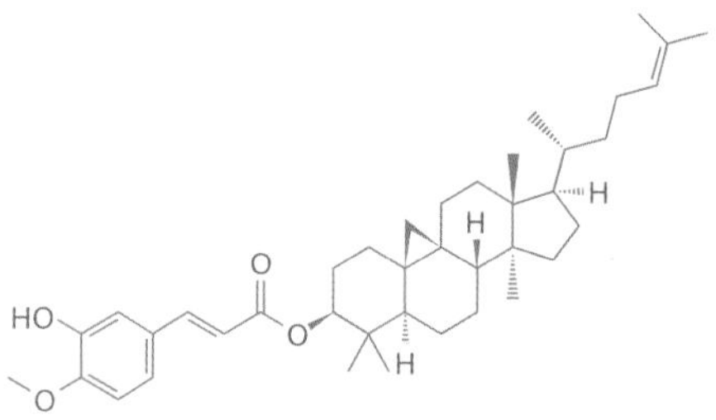

오리자놀(Oryzanol)

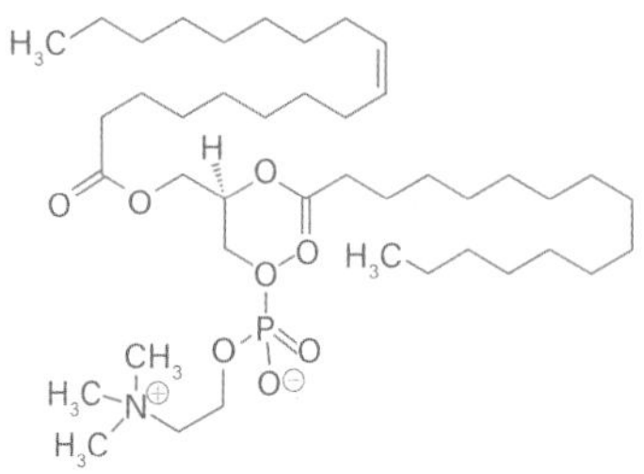

레시틴(Lecithin)

합성 항산화제

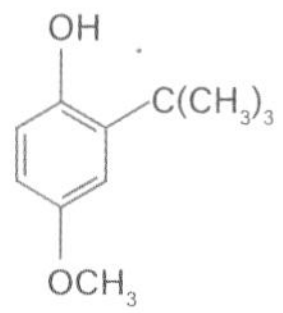

BHA(Butylated hydroxyanisole)

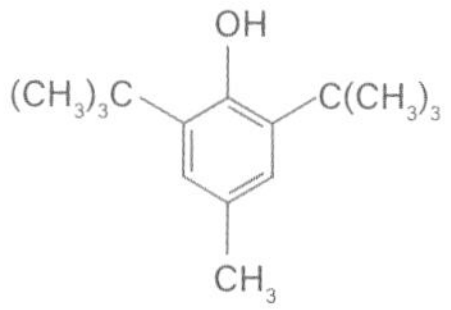

BHT(Butylated hydroxytoluene)

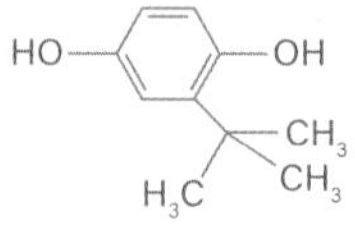

TBHQ(*tert*-Butylhydroquinone)

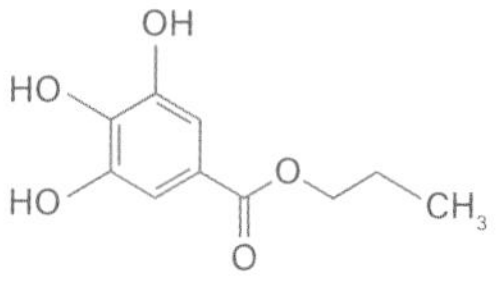

PG(Propyl Gallate)

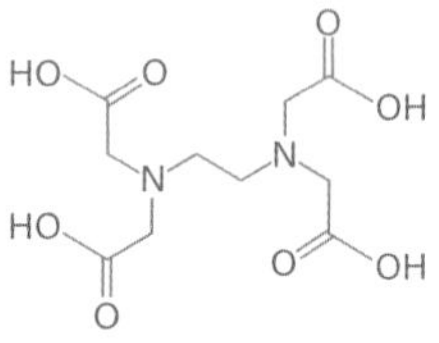

EDTA(Ethylenediaminetetraacetic acid)

그림 3-18 항산화제의 화학적 구조

단백질

단백질(protein)은 우리 몸을 구성하고 있는 영양소 중 수분에 이어 두 번째로 많이 차지하고 있는 영양소이다. '첫 번째', '주된', '가장 중요한'이라는 의미를 가진 그리스어 '프로테이오스(proteios)'에서 유래된 단백질은 생명 유지에 필수적인 영양소이다. 단백질은 아미노산이라는 기본 물질들이 펩티드(peptide) 결합으로 만들어진 고분자 화합물로, 구성하는 아미노산의 종류와 양에 따라 수많은 종류의 단백질이 생성된다. 이러한 단백질은 우리 몸의 구성성분, 에너지원뿐만 아니라 효소, 호르몬, 항체, 신경전달물질 등 다양한 생리활성을 담당하고 있다. 그러나 인간은 이러한 단백질을 구성하는 아미노산의 절반 가까이를 스스로 합성할 수 없기 때문에 반드시 식품을 통해서 섭취해주어야 한다. 그러므로 인간이 필요로 하는 아미노산의 종류와 양을 충분히 갖추고 있는 단백질 식품의 섭취가 중요하다.

1. 아미노산

단백질은 탄수화물과 지질처럼 탄소, 수소, 산소로 구성되어 있으나 이들과 달리 질소를 함유하고 있는 것이 특징이다. 질소 함량은 단백질의 종류에 따라 다소 차이는 있지만 평균적으로 16%(질소계수 6.25)를 함유하고 있다. 식품 중 질소를 함유하는 화합물은 단백질 외에도 유리아미노산, 아미드, 핵산의 염기류, 타우린, 오르니틴 등의 비단백태 질소화합물들도 질소를 함유하고 있다. 식품의 질소량을 측정하여 질소계수를 곱하면 단백질량을 계산할 수 있다. 단백질은 모든 식품에 함유되어 있으나 식물성 식품보다는 동물성 식품에 더 많이 함유되어 있다.

단백질은 아미노산으로 구성되어 있으며, 20여 개의 서로 다른 아미노산이 세포의 유전정보에 따라 배열된다. 이에 따라 아미노산의 순서, 길이, 종류가 달라지고, 아미노산 사슬 사이의 다양한 결합들에 의해 입체 구조를 형성한다. 이러한 구조적 특성으로 인해 각각의 단백질 고유의 기능을 가지게 된다. 그러나 단백질 고유의 특성을 갖게 하는 입체 구조는 다양한 물리적 · 화학적 요인들에 의해 구조의 변화가 일어나게 되어 본래 가지고 있던 고유의 특성을 잃어버리게 된다.

아미노산(amino acid)은 단백질을 구성하는 기본 단위 물질이다. 자연계에 존재하는 아미노산은 약 500여 종에 달하지만, 그중에서 약 20여 종의 아미노산이 대부분의 단백질을 구성하고 있다. 그 밖의 아미노산을 비단백태 아미노산 또는 비단백태 질소화합물이라고 하며 그 구조는 매우 다양하다.

1) 아미노산의 구조

아미노산은 탄소 원자에 아미노기와 카르복실기, 수소원자와 곁사슬이 사면체상으로 결합되어 있는 구조이다. 자연계에 존재하는 아미노산은 한 분자 내에 산성을 나타내는 카르복실기(-COOH) 1개와 염기성인 아미노기($-NH_2$) 1개가 탄소에 결합되어 있는 아미노카르복실산이다. 아미노기가 붙어 있는 탄소의 위치에 따라 α-아미노산, β-아미노산, γ-아미노산으로 분류되지만 천연 단백질을 구성하고 있는 아미노산은 대부분 α-형이다. 곁가지인 R 부분에 따라 아미노산의 종류가 다르며 아미노산의 성질과 기능이 달라진다. 글리신을 제외한 대부분의 아미노산은 모두 부제탄소를 갖고 있기 때문에 L-형과 D-형의 두 입체 이성체가 존재한다. 신체나 식품단백질을 구성하는 아미노산은 대부분 α-L-아미노산이다. 아미노산의 구조는 그림 4-1과 같다.

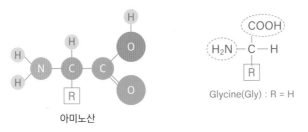

Glycine(Gly) : R = H

아미노산

그림 4-1 아미노산의 구조

2) 단백질을 구성하는 아미노산

단백질을 구성하는 아미노산은 약 20여 종으로 곁사슬 R 부분에 결합하는 물질에 따라 아미노산의 구조가 달라지며, 이들 아미노산은 다양한 기준으로 분류할 수 있다. 아미노산은 체내 합성 여부에 따라 체내에서 합성되는 아미노산을 불필수아미노산, 체내에서 합성되지 못하거나 부족한 아미노산을 필수아미노산(essential amino acid)이라고 한다. 필수아미노산으로는 페닐알라닌(phenylalanine), 트레오닌(threonine), 발린(valine), 메티오닌(methionine), 히스티딘(histidine), 이소루신(isoleucine), 루신(leucine), 트립토판(tryptophan) 등이 있다. 성장기 어린이와 회복기 환자에게는 아르기닌(Arg, arginine)도 필수아미노산에 해당된다.

인간은 생명 유지와 성장을 위한 단백질을 합성하기 위해 모든 세포 내에 아미노산풀(amino acid pool)을 가지고 있다. 이 아미노산풀에는 단백질 합성에 필요한 모든 아미노산이 채워져야 하나, 필수아미노산은 체내 합성이 되지 않기 때문에 반드시 식품섭취를 통해서 공급되어야 한다. 따라서 단백질의 영양가는 섭취한 필수아미노산 중에서 가장 부족한 필수아미노산에 의해 결정이 된다. 이렇게 식품에 함유된 단백질에 들어 있는 필수아미노산 함량이 기준 단백질의 필수아미노산 조성과 비교하여 상대적으로 가장 적게 들어 있는 아미노산을 '제한아미노산'이라고 한다.

이 외에도 아미노산은 곁가지에 따라 탄화수소를 가진 경우 지방족 아미노산, 벤젠고리를 가진 경우 방향족 아미노산, 헤테로 고리를 가진 복소환 아미노산(heterocyclic amino acid)으로 분류할 수 있다. 가지 구조의 치환기를 가진 곁가지 아미노산, 황을 함유한 황함 아미노산, 수산기(-OH)를 가진 히드록시 아미노산, 이미노기(=NH)를 가진 이미노산(imino acid) 등으로 분류되기도 한다. 또한 분자 중에 존재하는 카르복실기와 아미노기의 수에 따라 2개의 카르복실기, 1개의 아미노기를 가진 산성 아미노산, 2개의 아미노기 또는 다른 염기성기, 1개의 카르복실기를 가진 염기성 아미노산 및 아미노기와 카르복실기를 하나씩 가지고 있는 중성 아미노산으로도 분류할 수 있다. 아미노산의 종류와 구조는 표 4-1과 같다.

표 4-1 아미노산의 종류와 구조

분류		종류	구조	등전점	특성
지방족 아미노산	중성 아미노산	글리신 (Gly, G)	$NH_2-\underset{\underset{H}{\vert}}{\overset{\overset{COOH}{\vert}}{C}}-H$	6.0	• 분자량이 가장 작은 아미노산 • 부제탄소가 없음 • 이성체가 존재하지 않는 유일한 아미노산 • 동물성 단백질에 많이 함유 • 젤라틴, 피브로인 등에 존재 • 단맛 • 조개, 새우, 게 등의 감칠맛 성분 • 생체 내에서 세린으로부터 생합성
		알라닌 (Ala, A)	$NH_2-\underset{\underset{CH_3}{\vert}}{\overset{\overset{COOH}{\vert}}{C}}-H$	6.0	• 대부분의 단백질에 존재 • 당신생의 전구체, 질소운반체 • 혈액 중 가장 많은 아미노산 • 트립토판의 분해산물 • 동물성 식품, 특히 수산물에 많이 들어 있음
		세린 (Ser, S)	$HN_2-\underset{\underset{CH_2OH}{\vert}}{\overset{\overset{COOH}{\vert}}{C}}-H$	5.7	• 세리신, 카제인, 난황 단백질에 함유 • 인지질 합성 • 수산기 함유 • 생체 내에서 글리신과 상호 교환 • 퓨린, 크레아틴, 포르피린 등의 합성에 관여
		트레오닌 (The, T)	$NH_2-\overset{\overset{COOH}{\vert}}{C}-H$ $H-\underset{\underset{CH_3}{\vert}}{C}-OH$	5.7	• 필수아미노산 • 동물성 단백질에 많음 • 피브리노겐(혈액)에 존재 • 수산기 함유
	곁가지 아미노산	발린 (Val, V)	$NH_2-\overset{\overset{COOH}{\vert}}{C}-H$ $\underset{CH_3 \quad CH_3}{CH}$	6.0	• 필수아미노산 • 콩나물에 유리상태로 존재 • 단백질에 들어 있는 양은 비교적 적음 • 판토텐산 및 페니실린의 전구체 • 소수성
		루신 (Leu, L)	$NH_2-\overset{\overset{COOH}{\vert}}{C}-H$ CH_2 $\underset{CH_3 \quad CH_3}{CH}$	6.0	• 필수아미노산 • 대부분의 단백질에 존재 • 우유, 치즈에 함유 • 소수성
		이소루신 (Ile, I)	$NH_2-\overset{\overset{COOH}{\vert}}{C}-H$ CH_2 CH_3	6.0	• 필수아미노산 • 생체 내 골격근 중에 많음 • 소수성 • 지방족 아미노산

(계속)

분류		종류	구조	등전점	특성
지방족 아미노산	산성 아미노산	아스파르트산 (Asp, N)	COOH NH₂—C—H CH₂ COOH	2.8	• 글로불린에 많음 • 아스파라거스, 카제인, 발아 콩류에 많음 • 요소의 생합성, 당신생의 전구체, TCA 회로, 피리미딘의 전구체
		글루탐산 (Glu, E)	COOH NH₂—C—H CH₂ CH₂ COOH	3.2	• 곡류, 대두에 많음 • Na-글루탐산은 조미료의 주성분 • 아미노기의 전자공여체(donor)로서 아미노산의 동화, 이화에 중요 • 요소회로, 아르기닌, 프롤린 생합성에 관여
		아스파라진 (Asn, D)	COOH NH₂—C—H CH₂ C NH₂	5.4	• β-아미드 • 가수분해되면 아스파르트산과 암모니아 생성 • 두류, 감자, 사탕무 등의 발아 때 많이 생성 • 단맛
		글루타민 (Gln, Q)	COOH NH₂—C—H CH₂ CH₂ C O NH₂	5.7	• γ-아미드 • 식물성 식품에 많음 • 사탕무의 즙, 포유동물의 혈액 • 퓨린 핵 생성에 관여 • 글루탐산과 암모니아로부터 합성됨
	함황 아미노산	메티오닌 (Met, M)	COOH NH₂—C—H CH₂ CH₂ S CH₃	5.7	• 필수아미노산 • 단백질 내 함량 적음 • 알부민(혈청), 카제인(우유)에 많음 • 대두의 제1 제한아미노산 • 메틸기 공여체 • 시스테인의 전구체
		시스테인 (Cys, C)	COOH NH₂—C—H CH₂ SH	5.1	• 체내에서 메티오닌에 의해 생성 • 타우린의 전구체 • 환원제 글루타티온 합성 • -SH기가 2개 연결되어 시스틴 합성 • 시스테인의 황원자가 셀레늄 원자로 치환된 셀레노시스테인(selenocystein) 생성: 방사선 방어작용, 항암작용, 글루타티온 과산화효소 성분

(계속)

분류		종류	구조	등전점	특성
지방족 아미노산	함황 아미노산	시스틴 (Cys ㅣ Cys, C)	COOH NH₂–C–H CH₂ S–S H–C–NH₂ CH₂ COOH	5.1	• 이황화 결합 • 대부분의 단백질에 함유 • 대사 이상 시 시스틴뇨증 발생
	염기성 아미노산	리신 (Lys, K)	COOH NH₂–C–H CH₂ CH₂ CH₂ CH₃ NH₂	9.7	• 필수아미노산: 생체 내에서 생합성되지 않음 • 알부민, 히스톤, 근육단백질 등에 많음 • 동물성 단백질에 많고 곡류에 부족: 곡류가 주식인 동양인들에게 부족하기 쉬움 • 퓨린, 카르니틴의 생합성 • 비오틴, 리포산, 피리독살인산 관여효소의 보조효소 성분
		아르기닌 (Arg, R)	COOH NH₂–C–H CH₂ CH₂ CH₂ N–H C=NH NH₂	10.8	• 필수아미노산(어린이) • 구아니딘기(guanidine, -NHC)를 가진 염기성이 가장 높은 아미노산 • 생선단백질(히스톤, 프로타민)에 많음 • 에너지 대사, 요소 합성
		히스티딘 (His, H)	COO⁻ H₃N⁺–C–H CH₂ C–NH⁺ CH HC–N	7.6	• 필수아미노산: 생체 내 합성이 비교적 느림 • 헤모글로빈 생성에 특히 중요한 기능, 백혈구 생성 촉진 • 탈탄산 반응으로 히스타민이 되면 식중독 원인물질이 됨 • 이미다졸핵
방향족 아미노산		페닐알라닌 (Phe, P)	COO⁻ H₃N⁺–C–H CH₂	5.5	• 필수아미노산 • 대부분의 단백질에 존재 • 헤모글로빈, 오브알부민에 많음 • 티로신의 전구체: 관련 효소 결합으로 유전적 대사질환인 페닐케톤뇨증 발생 • 카테콜아민, DOPA, 멜라닌, 티록신, 에피네프린, 노르에프네프린 합성 • 인공감미료 아스파탐의 원료 • 벤젠핵 • 소수성

(계속)

분류	종류	구조	등전점	특성
방향족 아미노산	티로신 (Tyr, Y)		5.7	• 티로시나아제의 작용으로 멜라닌 생성 • 대부분의 단백질에 존재 • 페닐알라닌으로부터 생합성됨: 관련 효소 결함 시 페닐케톤뇨증 발생 • 카테콜아민, 티록신 합성 • 소수성
복소환 아미노산	트립토판 (Tro, W)		5.9	• 필수아미노산 • 효모, 견과류에 많음 • 동물성 단백질과 곡류단백질에 적게 들어 있음 • 옥수수 단백질인 제인(zein)에는 함유되지 않음 • 신경전달물질(세로토닌), 니아신의 전구체 • 인돌핵 • 소수성
	프롤린 (Pro, P)		6.3	• 알코올에 녹기 쉬운 유일한 아미노산 • 수용성 • 콜라겐, 프롤라민에 많음 • 이미노산

출처: 조신호 외, 식품화학, 교문사, 2013
      이주희 외, 꼭 알아야 할 생화학, 교문사, 2017

3) 단백질을 구성하지 않는 아미노산

단백질을 구성하지는 않지만 유리형 또는 비타민 등의 특수한 화합물의 구성성분으로 존재하는 아미노산이 있다. 이러한 아미노산은 생물체에서 대사 조절 및 호르몬 작용 등의 생리활성을 하며, 식품에서는 풍미를 내는 데 중요한 역할을 한다.

표 4-2 단백질을 구성하지 않는 아미노산 및 관련 물질(비단백태 질소화합물)

명칭	소재와 역할
오르니틴 (ornithine)	• 간에서 요소 회로를 통해 요소 생성에 관여 • 동식물 조직, 항생물질 등에 존재 • 아르기닌으로부터 만들어짐
시트룰린 (citrulline)	• 간에서 요소 회로를 통해 요소 생성에 관여 • 동식물 조직, 특히 수박 과즙에 많이 들어 있음 • 아르기닌의 가수분해에 의해 생성
크레아틴 (creatine)	• 메티오닌, 아르기닌, 글리신으로부터 합성 • 척추동물의 근육에서 에너지 저장, 전달 • 근육활동
베타 알라닌 (β-alanine)	• 자연계에 존재하는 유일한 β-아미노산 • 판토텐산, 코엔자임 A의 구성성분 • 카르노신(carnosine) 합성에 관여 • 근육 속에 유리상태 또는 디펩티드로 존재
감마 아미노부틸산 (GABA, γ-aminobutyric acid)	• 감자, 사과 속에서 발견 • 뇌 속에 존재 • 신경전달물질로 신경세포 간의 신호 전달 조절 • 혈압강하 작용
카나바닌 (canavanine)	• 작두콩에서 추출된 유리아미노산 • 아르기닌과 유사한 구조
알린 (allin)	• 마늘에 존재하는 성분으로, 마늘의 매운 냄새와 매운맛 성분인 알리신의 전구체
호모세린 (homoserine)	• 콩류에 존재 • 메티오닌 대사 부산물 • 혈중 농도 증가 시 혈관계질환 위험 증가
타우린 (taurine)	• 오징어, 문어, 조갯살, 담즙에 존재 • 말린 오징어의 표면을 하얗게 만듦 • 메티오닌, 시스테인으로부터 합성
테아닌 (theanine)	• 녹차, 차의 감칠맛 • 글루탐산의 에틸아미드(ethyl amide)
디히디록시페닐알라닌 (DOPA, dihydroxyphenylalanine)	• 티로신 산화로 생성된 멜라닌 색소 전구체 • 중추신경계의 신경전달물질은 도파민으로 변환
티록신 (thyroxine)	• 갑상선에 존재하는 갑상선 호르몬

출처: 조신호 외, 식품화학, 교문사, 2013

4) 아미노산의 성질

(1) 용해성

아미노산은 열에 안정적이고 융점이 높으며 아미노산의 용해도는 용액의 pH에 따라 다르다. 대체로 물과 같은 극성 용매에 잘 녹으며 묽은산이나 알칼리, 염류용액에 잘 녹지만, 루신, 티로신, 시스틴과 같은 아미노산은 물에 잘 녹지 않는다. 아미노산은 에테르, 클로로포름 같은 비극성 유기용매에도 잘 녹지 않는다. 아미노산은 알코올에도 녹지 않으나 예외적으로 프롤린, 히드록시프롤린은 알코올에 잘 녹는다.

(2) 전기적 성질(양성물질)

아미노산은 염기성기($-NH_2$, 아미노기)와 산성기($-COOH$, 카르복실기)를 모두 한 분자 내에 가지고 있어, 두 이온이 분자 내에 염을 형성하는 양성 화합물이다. 아미노산은 용액의 pH에 따라 양전하와 음전하로 하전되는 성질이 있어 양쪽 전하를 동시에 갖게 되어 양성이온(zwitter ion)의 상태로 존재하므로 양성전해질(ampholyte)이라고도 한다.

아미노산 종류에 따라 특정 pH에서 아미노산의 양전하와 음전하가 상쇄되어 전하가 0이 되는데, 이때의 pH를 등전점(pI, isoelectric point)이라고 한다. 아미노산은 각각의 고유의 등전점을 가지고 있다. 이는 아미노산 고유의 성질을 나타내는 기준이 된다. 아미노산의 등전점은 아미노산의 구조와 곁가지에 붙은 기능기들의 차이에 따라 다르다. 일반적으로 중성 아미노산은 pH 7 부근의 약산성에, 산성 아미노산은 산성 쪽, 염기성 아미노산은 알칼리성의 등전점을 가진다. 등전점에서 아미노산은 침전되기 쉽고, 용해도, 삼투압, 점도 등은 최소가 되며 기포성, 흡착성은 최대가 된다.

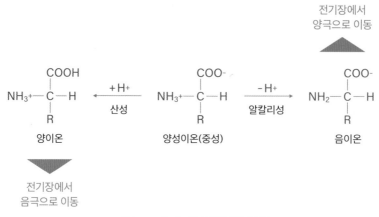

그림 4-2 아미노산의 양성전해질 성질

(3) 광학적 성질

천연 단백질을 구성하는 아미노산 중에서 부제탄소가 없는 글리신을 제외한 아미노산은 부제탄소를 알파 탄소(α-C) 위치에 갖게 되어 최소 2개 이상의 광학 이성질체가 존재한다. 대부분의 단백질을 구성하는 아미노산은 L-형 아미노산으로 생물체에서 단백질 합성 및 세포 대사에 참여하는 아미노산의 기본 구조이다. D-형 아미노산은 특정 환경에서 발견될 수 있는데 미생물의 세포벽 구성성분이나 일부 세균이 생산하는 항생물질에서 발견되고 있다.

(4) 자외선 흡수성

아미노산은 가시광선을 흡수하는 성질을 가지고 있다. 대부분의 아미노산은 210nm 근처의 파장에서 자외선을 흡수하며, 이황화 결합(-S-S-) 구조를 가지고 있는 시스틴은 238nm에서 자외선을 약하게 흡수한다. 트립토판, 티로신, 페닐알라닌 같은 방향족 아미노산은 형광성을 나타내며 280nm 부근에서 자외선을 흡수하는 특성을 가지고 있다. 이 중에서 티로신은 모든 단백질에 함유되어 있으므로 식품 중의 단백질 함량을 알아내는 방법으로 280nm 파장에서의 흡광도를 측정하는 방법이 널리 사용된다.

표 4-3 아미노산의 맛

감미(단맛)	고미(쓴맛)	신미(신맛)	지미(감칠맛)
• 글리신 • 알라닌 • 세린 • 프롤린 • 리신 염산염* • 트레오닌*	• 페닐알라닌* • 트립토판* • 메티오닌* • 이소루신* • 루신* • 발린* • 히스티딘* • 아르기닌*	• 아스파르트산 • 글루탐산 • 아스파라긴 • 히스티딘 염산염	• 글루탐산나트륨염 (GMP) • 아스파르트산 나트륨염

* 필수아미노산
출처: 황인경 외, 기초가 탄탄한 식품학, 수학사, 2013

(5) 맛

대부분의 단백질은 맛을 가지고 있지 않지만 분해산물인 아미노산은 종류에 따라 특유의 맛을 가지고 있다. 이는 식품의 맛에 크게 영향을 끼치며, 음식의 맛을 증진시키는 용도로도 사용된다. 아미노산은 광학 구조에 따라 맛의 차이가 나타나며, 분자량이 작은 알라닌, 세린, 발린 등은 단맛을 내고 분자량이 상대적으로 큰 루신, 이소루신, 페닐알라닌, 트립토판, 히스티딘, 메티오닌 등의 아미노산은 쓴맛을 낸다. 감칠맛을 내는 아미노산은 글루타민산, 아스파르트산이 유명하며, 특히 글루타민산의 나트륨(MSG, monosodium glutamate)은 조미료로 사용된다. 아미노산의 맛은 표 4-3과 같다.

(6) 화학적 반응

아미노산의 화학 반응은 매우 다양하며 주로 아미노산의 작용기인 카르복실기와 아미노기, 곁사슬에 있는 기능기에 의한 반응이다. 대표적인 화학 반응은 다음과 같다.

① 펩티드(peptide) 형성 반응

펩티드 결합은 한 아미노산의 α-위치의 아미노기와 다른 아미노산의 α-위치의 카르복실기가 축합하여 한 분자의 물이 빠져나가면서 형성된 아미드(amide) 결합(-CO-NH-)을 말하며, 이때 생성된 생성물을 펩티드라고 한다. 펩티드의 양쪽 말단에는 유리상태의 아미노기와 카르복실기가 하나씩 존재하며, 아미노기 쪽을 아미노기 말단(N-말단), 카르복실기

쪽을 카르복실기 말단(C-말단)이라고 한다. R_1, R_2,...는 각 아미노산 고유의 곁사슬을 나타낸다.

펩티드 결합은 탄소와 질소 사이의 매우 강한 공유결합으로 가열이나 묽은산, 묽은 알칼리에는 분해되지 않고 강한 산이나 알칼리, 분해효소 등에 의해 끊어진다. 그러나 곁사슬 결합은 정도에 따라 쉽게 결합하거나 떨어지기도 한다. 아미노산 2개가 펩티드 결합을 하면 디펩티드(dipeptide), 3개가 결합하면 트리펩티드(tripeptide), 10개 이상이 결합하면 폴리펩티드(polypeptide)라고 한다. 대부분의 단백질은 수백에서 수천 개의 아미노산으로 구성되어 있기 때문에 단백질도 폴리펩티드라고 할 수 있으나, 대체로 분자량이 10,000 이상을 단백질, 그 이하를 폴리펩티드로 구분하기도 한다. 생명체의 펩티드 결합을 하는 아미노산의 종류와 배열순서는 유전자의 DNA 정보에 의해 결정되기 때문에 각 단백질은 고유의 아미노산 배열을 갖게 되며 이렇게 펩티드 결합만으로 된 단백질의 구조를 '1차 구조'라고 한다. 펩티드 결합과 펩티드는 그림 4-3과 같다.

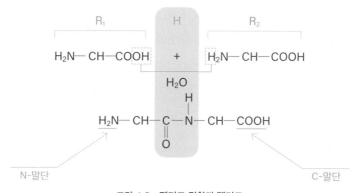

그림 4-3 펩티드 결합과 펩티드

② 탈탄산 반응

아미노산이 이산화탄소의 형태로 카르복실기를 제거하고 아민(amine)을 생성하는 반응으로 동물조직에서는 간, 신장, 뇌에서 일어난다. 탈탄산 반응은 미생물, 특히 부패세균에 의해서도 일어난다. 생성된 아민류들은 강한 생리작용을 가지고 있어 호르몬 또는 신경전달물질 등으로 작용할 수 있다. 식품에서는 고등어와 같은 해수어의 히스티딘이 이 반응을 거쳐 히스타민이 생성되는데 이 성분은 단백질 부패취의 원인이며 알레르기성 식중독을 일으킬 수 있다.

③ 아질산과의 반응

아미노산의 α-위치의 아미노기가 아질산과 반응하면 질소가스를 정량적으로 발생시킨다. 이러한 원리를 통해서 아미노태 질소를 정량하는 방법이 '판슬라이크(Van Slyke) 아미노태 질소 정량법'이다. 그러나 이 방법은 이미노기(-NH)를 가지고 있는 프롤린과 히드록시프롤린과는 반응하지 않는다.

④ 포름알데히드와의 반응

아미노산의 α-위치의 아미노기가 포름알데히드와 반응하면 시프트염기(Schiff's base)를 형성하게 된다. 이는 비효소적 갈변 반응인 메일라드 반응(maillard reaction)의 첫 단계이기도 하다. 포몰(fomol) 적정법은 이러한 원리를 이용해서 단백질의 양을 측정하는 방법이다. 프롤린과 히드록시프롤린은 포름알데히드와도 반응하지 않는다.

⑤ 염의 형성

아미노산의 아미노기가 해리된 암모늄(ammonium)이온은 양전하를, 카르복실기가 해리된 카르복실레이트(carboxylate)는 음전하를 가진 형태로 각각 음이온, 양이온과 염을 형성한다. 일부는 불용성 염을 형성하기 때문에 아미노산의 분리에 이용된다.

⑥ 탈아미노 반응

아미노산의 아미노기는 산화제에 의해 쉽게 아미노기가 떨어져 나가며 남은 탄소 골격을 α-케토산(α-keto acid)이라고 한다.

2. 단백질의 구조

고분자 화합물인 단백질은 20여 종의 L-아미노산이 펩티드 결합으로 연결된 폴리펩티드 사슬이 안정된 입체 구조를 형성하면서 식품으로서의 다양한 물성과 더불어 다양한 생리적 활성을 갖게 되는 물질이다. 단백질의 구조는 네 가지로 분류할 수 있다. 1차 구조는 폴리펩티드 사슬이 생체에서 유전자의 DNA 정보에 의해 아미노산의 종류와 배열순서대로 결정되는 구조이다. 유전정보에 의해 1차 구조의 폴리펩티드 사슬이 결정되면 여러 요인들에 의해 폴리펩티드 사슬이 구부러지고 꼬이면서 2차 구조가 만들어지는데 알파-나선 (α-helix) 구조, 베타-병풍(β-pleated sheet) 구조, 불규칙(random coil) 구조 등의 형태가 있다. 3차 구조는 이들 구조가 다양한 결합에 의해 휘어지고 구부러지면서 구상 및 섬유상의 복잡한 입체 구조를 가지게 되는 구조이다. 4차 구조는 3차 구조의 단백질이 소단위로 모여서 물리적·화학적 반응에 의해 연결되어 특정한 생물학적 기능을 수행하는 집합체를 형성하는 구조이다.

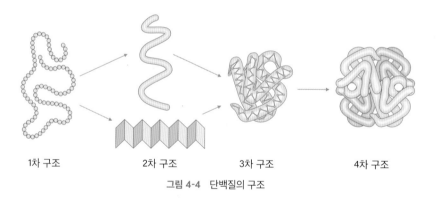

1차 구조　　　　　2차 구조　　　　　3차 구조　　　　　4차 구조

그림 4-4　단백질의 구조

1) 1차 구조

단백질의 1차 구조(primary structure)는 아미노산이 펩티드 결합으로 연결된 상태이다. 대부분의 단백질은 100~500개의 아미노산으로 구성되어 있으며, 아미노산이 고유한 유전정

보에 의해 펩티드 결합으로 연결되어 특정한 서열을 지닌 사슬을 형성하게 된다. 단백질의 1차 구조는 단백질의 정확한 분자량을 결정하고, 아미노산의 배열순서는 2차, 3차 구조 형성에 중요한 역할을 한다. 즉, 폴리펩티드 사슬의 길이와 아미노산 배열순서는 단백질의 이화학적·생물학적 성질 및 기능을 결정하는 중요한 구조이다.

2) 2차 구조

단백질의 2차 구조(secondary structure)는 1차 구조의 단백질이 한 아미노산과 인접한 아미노산의 곁사슬 간의 수소결합에 의해 펩티드 사슬의 구조의 형태가 꼬이거나 접히면서 형성된다.

(1) α-나선(α-helix) 구조
α-나선 구조는 폴리펩티드 사슬 내의 수소결합에 의해 사슬이 나선형으로 꼬여 있는 구조이다. 폴리펩티드 사슬의 첫 번째 펩티드 결합의 카보닐기(-C=O)와 네 번째 펩티드 결합의 이미노기(-NH)가 수소결합을 하면서 서로 잡아당기기 때문에 폴리펩티드 사슬이 오른쪽으로 나선모양으로 감는 구조이다. 한 번 회전하는 데 3.6개의 아미노산 잔기가 소요되며 대단히 안정된 구조이다. 미오신, 헤모글로빈, 피브린, 케라틴 등의 단백질이 α-나선 구조를 많이 가지고 있다.

(2) β-병풍(β-pleated sheet) 구조
β-병풍 구조는 2개 이상의 폴리펩티드 사슬 사이에 수소결합이 형성되어 일정한 각도로 꺾여 입체적으로 주름을 잡으며 늘어진 구조이다. 병풍을 반쯤 접어놓은 것과 비슷한 모양으로, 플리티드 시트 구조(pleated sheet structure, 병풍 구조) 또는 β-구조라고도 부른다. 인접한 두 가닥의 폴리펩티드 사슬의 방향이 서로 평행하는 것을 평행(parallel) β-구조, 서로 역행하는 것을 역평행(antiparallel) β-구조라고 한다. 섬유상단백질이나 열변성단백질 등에서 볼 수 있다.

(3) 불규칙 코일(random coil) 구조

불규칙 코일(랜덤 코일) 구조는 α-구조, β-구조 외에 규칙성이 없는 구조 부분을 말한다. 주 사슬이 특정한 수소결합을 형성하지 않는 불규칙한 구조로 폴리펩티드 사슬이 흐트러진 실처럼 복잡하게 구부러지고 휘어져 있다. 대체로 단백질 변성 시 나타난다.

3) 3차 구조

단백질의 3차 구조(tertiary structure)는 2차 구조의 폴리펩티드의 아미노산의 R-기 간에 수소결합이나 이황화 결합, 이온결합, 킬레이트 결합, 정전기적 인력, 소수결합 등에 의해 구부러지고 겹쳐진 입체적 형태의 구조를 갖게 된다. 3차 구조는 소수성 곁사슬은 안쪽으로, 바깥쪽은 친수성의 치환기로 덮인 것과 같은 형태로 폴립펩티드 사슬이 실뭉치 모양과 비슷하며 3차 구조의 입체 구조 유지에는 소수결합이 큰 역할을 한다. 3차 구조 형성에 관여하는 결합들은 펩티드 결합 이외에는 대체로 결합력이 약하기 때문에 주변 환경의 물리적 · 화학적 요인에 따라 단백질 구조가 쉽게 변하게 된다. 3차 구조는 형태에 따라 섬유상단백질과 구상단백질로 나눌 수 있다.

(1) 섬유상단백질(fibrous protein)

폴리펩티드 사슬이 수소결합, 이황화 결합에 의해 일정한 방향으로 규칙적인 배열을 하여 긴 섬유모양의 구조를 갖는 단백질로 주로 동물의 결합조직에서 많이 볼 수 있다.

(2) 구상단백질(globular protein)

폴리펩티드 사슬이 구부러지고 겹쳐지면서 전체적으로 구형의 모양을 갖는 단백질이다. 식품 중의 영양과 관련된 대부분의 단백질이 여기에 해당되며, 세포 내 효소들도 대체로 구형을 이루고 있다. 구상 단백질은 비교적 물에 잘 용해되나 열에 의해 응고 · 변성되면 용해성이 감소하고 효소단백질은 특유의 생리활성 기능이 상실된다.

4) 4차 구조

단백질의 4차 구조(quarternary structure)는 단백질의 기능을 수행하기 위한 입체 구조이다. 3차 구조의 단백질이 소단위(subunit)가 되어 여러 개가 모여서 이루어진 구조로 새로운 생리활성을 가진 단백질을 형성하게 된다. 가장 대표적인 예로 헤모글로빈을 들 수 있다. 이러한 4차 구조의 단백질은 생명체를 구성하고, 신체 대사를 유지하는 데 중요한 역할을 한다.

3. 단백질의 분류

단백질은 수백 개 이상의 아미노산으로 이루어진 고분자 화합물이며 종류도 많고, 구조도 매우 복잡하다. 그러므로 조성 및 용해도와 같은 이화학적 성질과 급원의 종류, 구조와 형태, 기능 등에 의해 다양하게 분류될 수 있다.

1) 이화학적 성질에 의한 분류

(1) 단순단백질
단순단백질은 아미노산만으로 구성된 단백질을 말하며, 구성하는 아미노산의 조성과 구조에 따라 특정 용매에 대한 용해도, 침전성, 열에 대한 응고성 등 여러 특성으로 분류할 수 있다. 단순단백질의 종류는 표 4-4와 같다.

표 4-4 단순단백질의 종류

분류	분류					특성	예
분류	물	염류	묽은산	묽은알칼리	알코올	열응고	특성	예
알부민 (albumin)	○	○	○	○	-	○	• 동식물에 가장 널리 존재 • 분자량이 비교적 적은 편 • 특히, 약산성(pH 4~6)에서 쉽게 응고 • 황산암모늄 포화용액에 의해 침전	• 오브알부민(ovalbumin, 난백) • 락트알부민(lactalbumin, 유즙) • 미오겐(myogen, 근육) • 세럼알부민(serumalbumin, 혈청) • 류코신(leucosin, 밀) • 리신(ricin, 피마자) • 레규멜린(legumelin, 완두)
글로불린 (globulin)	-	○	○	○	-	○	• 동식물에 널리 존재 • 글리신, 글루탐산, 아스파르트산이 많음 • 알부민과 같이 존재하는 경우가 많음 • 황산암모늄 반포화 용액에 의해 침전	• 세럼글로불린(serumglobulin, 혈청) • 오보글로불린(ovoglobulin, 난백) • 락토글로불린(lactoglobulin, 유즙) • 피브리노겐(fibrinogen, 혈청) • 미오신(myosin, 근육) • 글리시닌(glycinin, 대두) • 레규민(legumin, 완두) • 에데스틴(edestin, 대마) • 튜베린(tuberin, 감자)
글루텔린 (glutelin)	-	-	○	○	-	-	• 식물계에만 존재 • 가열에 응고되지 않음 • 글리신과 글루탐산이 다량 함유 • 곡류의 종자에 많이 함유되어 있음	• 호르데닌(hordenin, 보리) • 글루테닌(glutenin, 밀) • 오리제닌(oryzenin, 쌀)
프롤라민 (prolamine)	-	-	○	○	○	-	• 70~80% 알코올에 가용 • 가열에 응고되지 않음 • 글루탐산과 프롤린이 다량 함유 • 곡물의 종자에 많이 함유	• 호르데인(hordein, 보리) • 글리아딘(gliadin, 밀) • 제인(zein, 옥수수)
알부미노이드 (albumi-noid)	-	-	-	-	-	-	• 경단백질 • 동물체의 보호조직에 존재 • 강산, 강알칼리에 용해되나 변성됨 • 트립토판, 티노신, 시스틴 함량이 낮아 영양가가 낮음	• 콜라겐(collagen, 피부) • 엘라스틴(elastin, 힘줄) • 케라틴(keratin, 머리, 손톱) • 피브로인(fibroin, 명주실)

(계속)

분류	분류						특성	예
	물	염류	묽은 산	묽은 알칼리	알코올	열 응고		
프로타민 (prota-mine)	○	○	○	○	–	–	• 핵산과 결합 • 아르기닌에 많음 • 핵단백질의 구성성분 • 열에 응고되지 않음 • 알칼로이드 시약에 의해 침전 • 주로 어류에서 발견됨	• 살민(salmin, 연어의 정액) • 클루페인(clupein, 청어의 정액) • 스코브린(scobrin, 고등어의 정액) • 스튜린(sturin, 상어의 정액)
히스톤 (histone)	○	○	○	–	–	–	• 동물의 체세포와 정자의 핵 • 히스티딘, 아르기닌이 많음 • 염기성이 강함 • 가열에 응고되지 않음 • 알칼로이드 시약에 의해 침전 • 핵단백질의 구성성분	• 적혈구 히스톤 • 흉선 히스톤 • 간장 히스톤

출처: 조신호 외, 식품화학, 교문사, 2013

(2) 복합단백질

복합단백질은 단순단백질이 인산, 지질, 당질, 색소, 금속, 핵 등의 비단백성 물질과 결합한 것이다. 복합단백질은 '보결분자단'이라고 불리는 비단백성 물질들의 종류에 따라 인단백질, 지단백질, 당단백질, 색소단백질, 금속단백질, 핵단백질로 분류한다. 복합단백질의 종류는 표 4-5와 같다.

표 4-5 복합단백질의 종류

분류	비단백 부분	특성	함유된 곳
인단백질 (phospho-protein)	인산	• 인산이 에스테르 형태로 결합되어 있음 • 인산을 약 1% 정도 함유 • 주로 동물성 식품에 존재	• 카제인(casein, 유즙) • 비텔린(vitellin, 난황) • 비텔리닌(vitellinin, 난황)
지단백질 (lipoprotein)	지질	• 인지질(레시틴, 세파린 등)이 결합된 것이 많음 • 거의 모든 동식물 세포에 들어 있음 • 유화력	• 리포비텔레닌(lipovitellenin, 난황) • 리포비텔린(lipovitellin, 난황)

(계속)

분류	비단백 부분	특성	함유된 곳

당단백질
(glyco-
protein)
	탄수
	화물
		• 뮤코이틴황산, 콘드로이틴
		황산, 만노스, 갈락토스, 글
		루코사민 등이 결합
		• 조직이나 장내의 윤활작
		용, 동식물 세포 및 조직의
		보호작용, 점성이 있음
			• 뮤신(mucin)
			  - 아세트산에 침전
			  - 동물의 점액, 타액, 소화액, 난백, 곡류 등
			• 뮤코이드(mucoid)
			  - 아세트산에 침전되지 않음
			  - 난백, 혈청, 연골 등

색소단백질
(chromo-
protein)
	색소	• 헴, 클로로필, 카로티노이
		드, 플라빈 등이 결합
		• 산소 운반, 호흡, 산화·환
		원 반응에 관여
		• 식품의 색에 영향을 끼침
		• 동식물 세포, 체액 등에 존
		재
			• 헴단백질: 헤모글로빈(hemoglobin), 미오글로
			  빈(myoglobin), 카탈라아제(catalase), 시토크롬
			  (cytochrome), 과산화효소(peroxidase) 등
			• 클로로필단백질: 필로클로린(phyllochlorin)
			• 카로티노이드단백질: 로돕신(rhodopsin), 아스타
			  잔틴(astaxanthin), 피코에리트린(phycoerythrin)
			• 플라빈단백질 : yellow enzyme(우유, 혈액, 조직)

금속단백질
(metallo-
protein)
	금속	• 철, 구리, 아연 등 금속이
		비단백질임
			• 철
			  - 페리틴(ferritin, 철 저장)
			  - 트랜스페린(transferrin, 철 운반)
			• 구리
			  - 식물조직 산화효소: 폴리페놀옥시다제
			    (polyphenol oxidase), 아스코르비나제
			    (ascorbinase), 티로시나아제(tyrosinase)
			  - 헤모시아닌(hemocyanin, 연체동물 혈액)
			• 아연 : 인슐린(insulin)

핵단백질 (nucleo- protein)	핵산	• 단백질은 히스톤이나 프로 타민이 핵산(DNA, RNA) 과 결합 • 동식물의 세포의 주성분, 식품의 맛과 관련	• 세포핵의 구성, 동물체의 흉선(적혈구, 백혈구), 정 액, 어류의 정자, 세균, 배아, 효모 등에 함유

출처: 조신호 외, 식품화학, 교문사, 2013

(3) 유도단백질

유도단백질은 단순단백질이나 복합단백질이 가열, 동결, 건조, 알칼리, 효소 등과 같은 물리
적 · 화학적 요인들에 의해 변성되거나 분해된 것이다. 제1차 유도단백질은 단순단백질과
복합단백질이 변성된 것으로 분자량은 변하지 않고 2차, 3차 구조에 변화가 생기면서 성질
이 달라졌기 때문에 변성단백질이라고 한다. 변성단백질은 대부분 응고되기 때문에 제1차
유도단백질을 '응고단백질'이라고도 한다. 제2차 유도단백질은 제1차 유도단백질이 효소에
의해 가수분해되어 아미노산이 되기 전까지 생성되는 다양한 크기의 단백질 분해산물들을

표 4-6 유도단백질의 종류

분류	단백질명	특성
제1차 유도단백질	파라카제인	• 유즙의 카제인이 레닌이라는 효소에 의해 응고된 것
	젤라틴 (gelatin)	• 콜라겐을 물로 장시간 끓여 변성시킨 것으로 온수에만 녹고 찬물에서는 젤화됨
	프로티안 (protean)	• 수용성 단백질(주로 글로불린)이 변성되어 불용성으로 변한 것
	메타프로틴 (metaprotein)	• 단백질이 변성된 것에 다시 묽은산이나 알칼리를 작용시켜 재변성시킨 것
	응고단백질	• 알부민, 글로불린 등의 단백질이 가열, 자외선, 알코올 등에 의해 변성되어 응고된 것 • 물, 염류, 묽은산, 묽은 알칼리에 녹지 않음
제2차 유도단백질	1차 프로테오스 (proteose)	• 진한 질산에 침전되고 황산암모늄에는 반포화 용액에 의해 침전 • 열에 의해 응고되지 않음, 수용성
	2차 프로테오스 (proteose)	• 1차 프로테오스보다 더 분해된 것으로 황산암모늄에는 포화용액에 의해 침전 • 열에 의해 응고되지 않음, 수용성
	펩톤 (peptone)	• 프로테오스보다 가수분해가 더 진행된 것 • 간혹 간단한 폴리펩티드가 혼합됨 • 콜로이드성 소실 • 황산암모늄 포화용액에 의해 침전 • 열에 의해 응고되지 않음, 수용성
	펩티드 (peptide)	• 단백질의 가수분해가 가장 많이 진행된 유도단백질 2~3개의 아미노산이 펩티드 결합을 한 상태 • 열에 의해 응고되지 않음, 수용성

출처: 조신호 외, 식품화학, 교문사, 2013

말하며, '분해단백질'이라고도 한다. 유도단백질의 종류는 표 4-6과 같다.

2) 형태에 의한 분류

단백질은 형태에 따라 섬유상단백질과 구상단백질로 나눌 수 있다. 섬유상단백질은 폴리펩티드 사슬이 긴 섬유모양의 형태로 보통의 용매에는 잘 녹지 않는다. 구조단백질인 콜라겐, 손톱이나 발톱, 머리카락을 구성하는 엘라스틴과 케라틴 등이 대표적인 섬유상단백질이다.

구상단백질은 폴리펩티드 사슬이 소수결합, 이황화 결합, 이온결합 등의 다양한 결합 등에 의해 구부러지고 겹쳐지면서 전체적으로 둥글둥글한 모양을 가지는 구상의 단백질이다. 구상단백질은 소수성질을 가진 부분들이 내부로 향하고, 친수성향을 가진 것들이 외부를 둘러싸고 있기 때문에 대체로 물에 대한 용해성이 좋은 편이다. 알부민, 글로불린, 펩티드계 호르몬, 효소단백질 등이 대표적인 구상단백질이다.

3) 급원에 의한 분류

단백질은 급원식품에 따라 동물성 단백질과 식물성 단백질로 나눌 수 있다. 동물성 단백질은 대부분 필수아미노산의 종류와 양이 충분히 함유된 완전단백질(complete protein)로 생물가가 높은 육류, 난류, 어류, 우유단백질이 있다.

식물성 단백질은 필수아미노산 중 몇 종류의 양이 불충분한 제한아미노산(limiting amino acid)을 함유한 부분적 불완전단백질(partial incomplete protein)로 곡류단백질과 두류단백질이 있다. 예외적으로 대두단백질인 글리시닌(glycinine)은 식물성 단백질로서는 완전단백질에 속하며, 동물성 단백질인 젤라틴과 옥수수단백질인 제인(zein)은 필수아미노산이 1개 이상 결핍되어 있고 생물가가 낮은 불완전단백질(incomplete protein)이다.

표 4-7 단백질의 분류

이화학적 성질	급원	형태	구조	영양	생물학적 기능
• 단순단백질 • 복합단백질 • 유도단백질	• 식물성 단백질 • 동물성 단백질	• 구상단백질 • 섬유상단백질	• 1차 구조 단백질 • 2차 구조 단백질 • 3차 구조 단백질 • 4차 구조 단백질	• 완전단백질 • 부분적 불완전 단백질 • 불완전단백질	• 효소단백질 • 구조단백질 • 운반단백질 • 방어단백질 • 운동단백질 • 조절단백질 • 영양단백질 • 저해단백질

4. 단백질의 성질과 정색 반응

1) 단백질의 성질

(1) 분자량

단백질은 탄수화물, 지방 등과 다른 유기화합물에 비해 분자량이 커서 대부분 분자량이 수만에서 수백만에 이르는 고분자 화합물이다. 단백질의 종류에 따라 분자의 크기와 분자량이 매우 다양하며, 그 구조는 복잡하고 정제하기 어렵다. 단백질은 수용액 상태에서 친수성콜로이드 성질을 띠며, 동물의 세포막이나 식물의 세포벽, 셀로판 등의 반투막을 통과하지못한다. 단백질 용액 중에서 섞여 있는 무기염과 같은 저분자물질들을 반투막을 통해 제거하는 것을 '투석'이라고 하며, 이 과정을 통해 단백질을 정제할 수 있다. 단백질 분자는 형태에 따라 구상단백질과 섬유상단백질이 있으며, 크기는 대체로 $60 \sim 70 \mu m$ 정도이다.

(2) 용해성

단백질은 종류에 따라 물, 염류, 알코올, 알칼리 등에 대한 용해도가 다르지만 친수성기를가지고 있어 물과 수소결합을 하여 수화되고, 용매 중에 분산되어 친수성 콜로이드 용액을형성한다. 다양한 용매에 따른 단백질의 용해도는 단백질을 분류하는 기준이 되기도 한다.

단백질의 용해성은 등전점에서 가장 낮고, 단백질의 농도, pH, 공존하는 염류 등에 따라 현저하게 달라진다. 알부민은 순수한 물에 녹지만 대부분의 단백질은 물보다는 묽은 중성염류 용액에 잘 녹는다. 단백질에 저농도(2~3%)의 중성염을 첨가하면 중성염의 해리로생성된 이온이 단백질 분자의 이온화된 기능기과 반응하여 단백질 분자 사이의 인력을 감소시켜 용해도가 증가되는데 이것을 '염용효과(salting-in effect)'라고 한다. 그러나 고농도의 중성염을 첨가하게 되면 용해도가 감소하여 침전하는데 이것을 '염석효과(salting-out effect)'라고 한다. 이는 중성염들이 물속에서 해리되어 생성된 이온들이 수화되는 데 물분자가 사용되기 때문에 상대적으로 단백질의 수화에 필요한 물 분자를 빼앗기는 결과가 초래되어 단백질이 침전되기 때문이다. 이러한 단백질의 염석현상은 단백질의 정제방법으로이용되기도 한다. 중성염류 중에서도 1가 이온보다 2가 또는 3가 이온이 염석효과가 크다.

(3) 등전점

단백질은 최소 수십 개 이상의 아미노산로 구성된 고분자 화합물이다. 아미노산은 산성의 카르복실기와 알칼리성의 아미노기를 가지고 있는 양쪽성 전해질로 펩티드 결합에 관여하는 것 외에도 산성 아미노산이나 염기성 아미노산 등의 곁사슬에 유리상태의 카르복실기나 아미노기를 여러 개 가질 수 있다. 그러므로 단백질도 아미노산처럼 용액의 pH에 따라 산성에서는 양전하인 $-NH_3^+$기의 수가 증가하고, 알칼리에서는 음전하인 $-COO^-$기가 증가한다. 그러나 특정 pH에서 양전하와 음전하의 양이 같아져서 전체적으로 전기적으로 중성이 되는데, 이때의 pH를 등전점이라고 한다. 대부분의 식품단백질의 등전점은 pH 4~6 범위이며, 등전점에서 용해도가 낮아서 침전되기 쉽기 때문에 단백질의 분리 및 정제에 많이 이용된다. 등전점에서는 용해도 외에도 삼투압, 점도, 팽윤 등은 최소가 되고, 흡착성, 기포성, 탁도, 침전성 등은 최대가 된다.

(4) 침전성

단백질은 양전하와 음전하를 가진 양성 화합물로 양이온이나 음이온과 염을 형성하게 된다. 아연, 철, 구리, 수은, 카드뮴, 납 등의 금속 양이온, 알코올, 아세톤 등의 유기용매나 다양한 유기침전에 의해 불용성의 염을 형성하여 침전한다. 단백질의 종류가 다른 단백질 상호 간의 작용에 의해서도 염이 형성되어 침전된다. 이러한 단백질의 침전성은 단백질의 분리 정제에 이용된다.

(5) 응고성

단백질은 다양한 물리적 · 화학적 요인들에 의해 변성되면 대부분 응고된다. 열을 가하면 보통 60~70℃에서 응고되고, 알코올을 다량 가하면 침전을 일으킨다. 글루텔린과 프롤라민 계열의 단백질과 젤라틴은 가열에 의해 응고되지 않는다. 단백질은 산에 의해서도 응고되는데, 약산을 가할 경우 응고되지만 강산에는 용해된다. 우유의 인단백질인 카제인은 산과 레닌(rennin)이라는 효소에 의해서도 응고된다.

(6) 전기영동

단백질은 등전점을 기준으로 산성에서는 양으로 하전되고 알칼리성에는 음으로 하전된다. 이때 단백질 용액에 전기장을 걸어주면 양으로 하전된 단백질은 음극으로, 음으로 하전된 단백질은 양극으로 이동하며, 등전점에서는 이동하지 않는다. 이러한 현상을 전기영동이라고 한다. 전기영동 시 단백질의 이동 정도는 단백질 고유의 특징으로 단백질에 따라 다르기 때문에, 단백질의 분리 및 정제, 순도 검정 등에 사용될 수 있다.

(7) 결정성

식물성 단백질은 대체로 결정이 잘되지만 상대적으로 동물성 단백질은 결정이 잘되지 않는다. 그러나 헤모글로빈, 혈장 알부민, 난백 알부민 등의 일부 동물성 단백질은 결정이 된다. 결정이 형성되면 X-선 회절법과 핵자기공명(NMR) 분석으로 단백질의 구조를 분석할 수 있다.

2) 단백질의 정색 반응

단백질은 구성하는 아미노산의 종류나 펩티드 결합 여부와 수에 따라 특성 시약과 반응하여 정색 반응을 하는 특성을 가지고 있다. 이러한 원리를 이용하여 단백질의 특성을 파악할 수 있다. 단백질의 주요 정색 반응은 표 4-8과 같다.

표 4-8 단백질의 정색 반응

종류	반응 아미노산	반응색
밀론(Millon) 반응	• 티로신과 같은 페놀기를 가진 아미노산	적색
크산토프로테인 (Xanthoprotein) 반응	• 티로신, 트립토판, 페닐알라닌과 같이 벤젠고리를 가지고 있는 아미노산	황색
닌히드린(Ninhydrin) 반응	• α-아미노기를 가진 화합물 • 모든 아미노산, 펩티드, 아민, 암모니아, 단백질 등	청자색~적자색
뷰렛(Biuret) 반응	• 2개 이상의 펩티드 결합을 가진 화합물 • 트리펩티드 이상의 폴리펩티드나 단백질 • 아미노산의 종류에 따라 특유한 색을 나타냄: 히스티딘(청색), 히드록시프롤린(오렌지색)	적자색~청자색
홉킨스 콜 (Hopkins-Cole) 반응	• 인돌기와 반응 • 분자 내 트립토판이 존재하는 단백질	보라색 고리
황(S) 반응	• 황화수소(-SH)와 반응 • 시스테인, 시스틴을 함유한 단백질 • 메티오닌은 반응하지 않음	흑색 침전
사카구치(Sakaguchi) 반응	• 구아니딘(guanidine)기와 반응 • 아르기닌을 함유한 단백질	적색

5. 단백질의 변성

단백질은 유전정보에 의해 아미노산의 결합으로 연결된 1차 구조를 기반으로 하며, 이온 결합, 수소결합, 이황화 결합, 소수결합 등을 통해 형성되는 2차 구조와 3차 구조를 가진 다. 그리고 3차 구조를 기본 단위로 하며, 새로운 생리활성을 가진 4차 구조 등 고유의 형 태와 성질을 가진 고차 구조를 가지고 있다. 이러한 단백질의 활성형태인 고차 구조의 입 체 구조가 외부로부터의 물리적·화학적·효소적 작용을 받아 2차, 3차의 고차 구조가 파 괴되어 펩티드 결합의 1차 구조로 풀어지면서 고유의 특성이 변화되는 것을 단백질의 변성 (denaturation)이라고 한다. 4차 구조만 변화되었을 경우는 소단위(subunit)의 해리 또는 회 합이라고 한다.

변성은 단백질의 변화에서 가장 중요한 것으로 변성된 단백질은 본래의 형태를 잃고 생 리활성, 점도, 맛, 색, 향 등에 변화가 생기게 된다. 식품의 가공, 저장 및 조리과정에서 단백질의 변성이 자주 일어나기 때문에, 이에 영향을 주는 요인을 정확히 이해하면 식품을 보다 효과적으로 활용할 수 있다. 대체로 식품의 단백질이 변성되면 이용성이 높아지나, 체내단백질이 변성되면 효소작용, 호르몬의 생리작용, 면역성 등의 생리적 기능이 손실되어 생명에 위험을 초래할 수 있다.

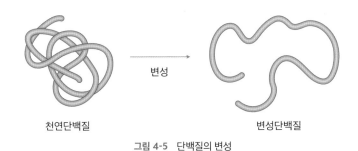

변성

천연단백질　　　　　　　　　　　　　　　변성단백질

그림 4-5 단백질의 변성

1) 물리적 변성 요인

(1) 가열에 의한 변성

가열에 의한 변성은 식품의 조리, 가공과정에서 가장 일반적으로 나타나는 변성현상이며, 이는 식품단백질의 변성 중에서 가장 흔하게 나타나는 것이다. 단백질을 가열하면 단백질 내의 수소결합이 파괴되어 2차 구조 및 3차 구조가 변형되어 용해도가 감소하여 침전되는 경우가 많고, 효소의 경우 활성이 감소하게 된다.

　대부분의 단백질은 가열에 의해 응고되지만 콜라겐은 가열에 의해 변성되고 물에 수화되어 젤라틴으로 변하며 젤화된다. 단백질은 보통 60~70℃ 부근에서 변성이 일어나지만 변성을 일으키는 온도와 변성이 일어난 후의 단백질의 상태는 단백질의 종류와 조건 등에 따라 다르다. 대체로 가용성 단백질인 알부민과 글로불린 계열의 단백질이 가장 열변성이 잘 일어난다. 열변성에 영향을 주는 인자로는 온도, 수분, 전해질 및 수소이온 농도를 들 수 있다. 단백질 열변성에 영향을 주는 요인들은 표 4-9와 같다.

표 4-9 **단백질의 열변성에 영향을 주는 요인들**

요인	특징
온도	• 보통 60~70℃ 부근에서 변성(단백질의 종류에 따라 다름) • 온도가 높아질수록 변성속도가 빨라짐 • 우유단백질은 육제품과 난제품의 단백질보다 열에 안정하여 140℃ 정도에서 변성되어 응고
수분	• 열변성에서 필수적인 인자로서 단백질이 가열되면 수분의 분자운동이 왕성하게 일어나 단백질 펩티드 사이의 수소결합을 쉽게 파괴할 수 있음 • 수분이 많으면 낮은 온도에서 열변성이 일어나고, 수분이 적으면 높은 온도에서 응고
전해질	• 염화물, 황산염, 인산염, 젖산염 등의 전해질 첨가 시 변성온도가 낮아지고 속도가 빨라짐 • 이온의 전하가 큰 전해질일수록 단백질의 변성에 큰 영향을 끼침 • 글로불린(콩단백질)은 가열만으로 응고되지 않고 70℃ 이상에서 $MgCl_2$, $CaSO_4$를 가하면 응고
pH	• 수소이온 농도가 대상단백질의 등전점에 가까울수록 변성이 잘되어 응고 • 등전점 쪽의 산성 pH에서 더 빨리 열변성이 일어남 • 달걀요리나 생선요리 시 식초를 사용할 경우 응고가 더 빨리 일어남
환원당	• 가장 흔한 비효소적 갈변 반응인 메일라드 반응은 당류와 단백질의 반응으로 반응속도는 가열온도에 비례 • 환원당이 존재할 경우에 반응속도가 증가하여 필수아미노산이 파괴됨
설탕	• 단백질의 열응고를 방해하기 때문에 설탕이나 포도당 첨가 시 응고온도가 높아짐 • 설탕 농도 증가 시 응고온도도 높아짐: 당이 응고된 단백질을 용해시킴(단백질의 해교작용)

(2) 동결에 의한 변성

동결은 단백질식품의 중요한 저장법이다. 대부분의 단백질은 동결과 해동이 반복되더라도 크게 변성되지 않는다. 식육, 어육, 채소와 같이 비교적 수분이 많고 부패하기 쉬운 식품의 저장법으로서 가장 중요하다. 그러나 동물성 단백질은 단백질의 종류에 따라 동결 시 변성이 일어나기도 한다.

동결변성이 일어나는 이유는 첫째, 식품 중의 수분이 동결에 의해 얼음결정이 되면 수분에 용해되어 있던 수용성 염류나 산류들이 농축되고 단백질 분자가 서로 결합하는 염석효과에 의해 변성된다.

둘째, 식품 중 분산매로 작용하는 수분이 얼음결정이 되어 일부 승화되어 빠져나가면서 탈수가 일어나고 단백질 입자가 서로 가까워져서 단백질 분자 사이에 결합이 일어나 응집되어 변성이 일어난다. 어육류 단백질의 변성은 대체로 0~-5℃(최대 빙결정 생성대)에서 잘 일어나고, -20℃ 부근에서 변성속도가 감소하게 된다. 변성된 단백질은 효소작용이 쉬워서 부패가 빠르다. 빙결정을 최소화하고 변성시간을 단축하기 위해 육류를 저온으로 급속 동결하는 것이 좋다. 동결식품 해동 시 변성단백질의 펩티드 결합이 절단되고 다시 배열되면서 물과의 친화성을 잃는다. 이로 인해 식품은 원상태 때와 같이 물에 분산되기 어려워져 식품의 보수성이 저하되고 수분은 드립(drip)이 되어 유출되기 때문에 10℃ 부근의 공기 중에서 완만하게 해동하는 건식해동이 좋다. 동결 시 건조에 의한 지방의 산화로 변색을 일으키고 단백질이 변성되는 동결화상이 발생할 수 있기 때문에 고기를 냉동할 때는 표면에 공기 접촉을 차단해야 한다.

(3) 건조에 의한 변성

단백질은 건조에 의해 변성되면 딱딱해지고 건조한 어육은 물에 담가도 흡수성이 나빠 본래의 상태로 되돌아가지 않는다. 어육을 건조하면 근육섬유를 형성하고 있는 섬유상의 폴리펩티드 사슬 사이의 수분이 제거되어 인접한 폴리펩티드 사슬이 가까워지고 결합을 이루며 견고한 구조로 변한다. 건조에 의한 식품단백질의 변성은 식품의 등온흡습곡선과 등온탈습곡선이 일치하지 않는 이력현상(hysteresis effect)의 주된 원인이기도 하다.

(4) 표면장력에 의한 변성

단백질을 빠른 속도로 저으면 단일 분자막의 상태로 얇은 막을 형성하고, 표면장력에 의해 변성되어 응고된다. 이러한 현상을 단백질의 계면변성이라고 한다. 달걀흰자를 세게 저으면 거품이 생성되고 거품 표면에 분산된 단백질이 표면장력에 의해 변성되어 점성을 띠며 단단해져서 안정된 기포를 형성하게 된다. 단백질의 계면변성에 의한 기포 형성능과 기포 안정성 성질은 제과제빵, 디저트, 맥주 등 다양한 식품에서 응용되고 있다.

(5) 광선 및 기타 요인에 의한 변성

단백질은 광선에 의해 입체 구조를 형성하는 3차 구조의 결합이 절단되어 변성된다. 방사선, X-선은 물론이고 자외선에 의해서도 변성이 일어나는데, 특히 등전점 부근에서 변성이 현저하게 일어난다. 단백질은 이 외에도 고압력, 초음파 등에 의해 변성을 일으키게 된다.

2) 화학적 변성 요인

(1) pH에 의한 변성
단백질은 음전하와 양전하를 모두 가지고 있는 양성 화합물로 등전점보다 높거나 낮은 pH에서는 전체적으로 음전하나 양전하를 갖게 된다. 그러므로 단백질 용액에 산이나 알칼리를 가하면 전하가 변하기 때문에 단백질의 2차, 3차 구조에 관여하는 이온결합에 변화가 생겨 단백질이 응고된다. 요구르트, 치즈, 초절임 식품 등은 산의 첨가에 의한 변성을 이용한 식품들이다.

(2) 염류에 의한 변성
어육단백질에 소량의 중성염을 가하면 단백질 분자 사이의 인력이 약화되어 용해도가 증가하게 되는데 이러한 염용효과의 원리를 이용한 것이 어묵이다. 다량의 중성염을 가하면 물이 염을 용해하는 데 사용되어 단백질을 용해하기에는 부족하게 된다. 이로 인해 단백질의 수화가 감소되고, 해리된 염류이온에 의해 단백질 분자 사이의 반발력이 감소되면서 단백질이 응집되어 침전되는 염석효과가 나타난다. 이러한 원리를 이용한 것이 두부이다.

(3) 유기용매에 의한 변성
알코올, 아세톤과 같은 유기용매들은 알코올의 탈수작용에 의해 단백질이 변성되고 침전현상이 나타나는데 이 현상은 등전점 부근에서 가장 잘 일어난다. 이러한 원리를 이용하여 우유의 신선도를 판정한다. 우유의 신선도가 떨어지게 되면 산성 물질이 생성되면서 pH가 등전점 부근으로 되기 때문에 알코올 첨가 시 침전을 일으키기 때문이다. 따라서 알코올을 우유에 첨가했을 때 침전물이 많이 생성되는 경우 변질이 많이 진행되었다고 할 수 있다.

(4) 금속이온에 의한 변성
단백질의 변성을 일으키는 금속이온 중에서 2가, 3가의 금속이온이 가장 잘 알려져 있다. 칼슘이온(Ca^{+2})이나 마그네슘 이온(Mg^{+2})은 대두단백질인 글리시닌에 결합하여 분자 사이의 가교를 형성하게 되어 열에 의해 응고되지 않는 글리시닌이 응고된다. 이런 원리로 제조되는 것이 두부이다. 과일, 채소로 조림요리를 할 때 백반을 사용하면 모양이 잘 유지되는데 이는 백반 속의 알루미늄 이온(Al^{+3})이 단백질을 응고시키기 때문이다. 수은, 납, 카드뮴 등과 같은 중금속들은 단백질과 착화합물을 생성한다.

3) 효소에 의한 변성

단백질은 효소에 의해 변성이나 가수분해된다. 우유에 레닌(rennin)이라는 효소를 가하면 우유단백질의 대부분을 차지하는 구상단백질인 카제인이 응고되어 커드를 형성하게 된다. 이는 카제인 미셀 구조에서 수용성의 κ-카제인이 바깥쪽, 불용성의 α-카제인과 β-카제인이 내부에 있는 구조로 안정화된 미셀 구조를 형성한다. 레닌에 의해 κ-카제인이 일부 분해되어 ρ-κ-카제인이 되면서 미셀의 안정화된 구조가 깨지고 우유 속 칼슘이온이 결합하여 염을 형성하여 침전하게 된다. 이러한 원리를 이용하여 치즈를 제조한다.

4) 변성단백질의 성질

단백질이 변성되면 본래 가지고 있던 생물학적 특성을 상실하게 된다. 변성으로 인해 단백질의 폴리펩티드 사슬의 내부의 소수성 부분이 표면으로 드러나게 되면서 용해도가 떨어지고 결정성의 붕괴가 일어나지만 반응에 관여하지 않았던 여러 기능기들이 풀린 구조의 표면으로 노출되면서 반응성이 증가한다. 또한 단백질 분해효소가 작용할 수 있는 표면적이 넓어져 소화율이 증가하는 장점이 생긴다. 그러나 지나치게 가열하면 소화율이 떨어지게 된다. 변성단백질은 자외선에 대한 흡광도가 단파장 방향으로 이동하는데 이를 변성청색이동이라고 한다. 기존의 단백질이 가지고 있던 생물학적 특성이 상실되기 때문에 단백질성 독성물질을 함유하고 있는 식품들은 가열처리 시 독성을 제거할 수 있다. 변성단백질은 이외에도 반응성과 점성이 증가한다. 단백질의 변성은 대부분 비가역적 변성이다.

6. 단백질의 분해

단백질은 광선, 산, 알칼리 또는 효소들에 의해 분해를 일으키는 경우가 있다. 트립토판은 빛에 매우 불안정하기 때문에 광분해되고 착색되어 식품을 갈색으로 변하게 하는 원인이 되기도 한다.

메티오닌, 시스틴, 시스테인, 알라닌 등의 아미노산은 자외선 조사 시 광분해가 잘 일어난다. 식품단백질은 식품 자체에 함유되어 있는 효소들에 의한 자가소화에 의해 분해될 수도 있다. 육류는 도살 후 어느 정도 시간이 지나면 자기가 가지고 있는 단백질 분해효소에 의해 자가소화가 일어나 펩티드, 아미노산이 유리되어 맛이 더 좋아지게 되는데, 이러한 과정을 자가숙성이라고 한다. 그러나 자가소화된 단백질은 미생물이 번식하기 쉽기 때문에 부패가 빨리 일어나게 되므로 주의해야 한다.

7. 단백질의 품질평가

단백질은 종류에 따라 영양적 가치가 차이 난다. 단백질을 구성하고 있는 아미노산의 조성과 함량, 소화흡수율에 의해 품질이 결정된다. 대체로 동물성 단백질이 식물성 단백질에 비해 필수아미노산의 함량과 조성이 좋아 영양학적으로 우수하다고 할 수 있다. 단백질의 품질을 평가하는 방법에는 실험동물에 직접 단백질을 섭취시켜서 측정하는 생물학적인 방법과 필수아미노산 함량과 이상적인 필수아미노산 분포도와 조성을 비교하여 추정하는 화학적인 방법이 있다.

1) 생물학적 방법

(1) 체중 증가에 의한 방법
① 단백질 효율(PER, Protein Efficiency Ratio)
섭취한 단백질에 대한 체중 증가량의 비율로 구하며, 어린 동물에게만 유용한 방법이다.

$$PER = \frac{\text{일정한 사육기간의 체중 증가량(g)}}{\text{일정한 사육기간의 단백질 섭취량(g)}}$$

② 진정단백질 효율(NPR, Net Protein Ratio)

무단백질 사료군의 체중 감소량을 적용하여 단백질 효율을 보완한 것이다.

$$NPR = \frac{\text{단백질 사료군의 체중 증가량 - 무단백질 사료군의 체중 감소량}}{\text{단백질 섭취량(g)}}$$

(2) 질소출납법

① 생물가(BV, Biological Value)

체내에 흡수된 질소량과 체내에 유지된 질소량의 비율을 구하는 것이다. 즉, 식품에 들어 있는 단백질이 체내의 단백질로 얼마나 잘 전환되는지를 측정하는 것이다. 섭취한 식품단백질의 아미노산 조성이 신체가 요구하는 아미노산 조성과 비슷할수록 이용률이 높아진다. 달걀, 우유, 육류 등의 동물성 단백질 식품은 생물가가 높고, 옥수수, 밀가루와 같은 식물성 단백질 식품은 생물가가 낮다. 예외적으로 식물성 식품인 대두단백질은 생물가가 높고, 동물성 단백질인 젤라틴은 생물가가 낮다.

$$BV = \left(\frac{\text{보유된 질소량}}{\text{흡수된 질소량}}\right) \times 100$$

$$= \left\{\frac{\text{식이}}{\text{질소량}} - \left(\frac{\text{소변}}{\text{질소량}} + \frac{\text{대변}}{\text{질소량}}\right) \div \frac{\text{식이}}{\text{질소량}} - \frac{\text{대변}}{\text{질소량}}\right\} \times 100$$

② 단백질 실이용률(NPU, Net Protein Utilization)

섭취한 단백질이 체내에서 이용된 비율로 소화흡수율을 고려한 것이다.

$$\text{NPU} = \frac{\text{보유된 질소량}}{\text{섭취된 질소량}} = \text{생물가} \times \text{소화흡수율}$$

2) 화학적 방법

(1) 화학가

화학가(chemical score)는 평가하려는 식품단백질의 각 아미노산의 함량을 기준단백질(달걀 단백질)의 필수아미노산의 함량과 비교하여 그 함량이 가장 적은 필수아미노산과 기준단백질 중의 해당 아미노산의 비율로 계산한다.

$$\text{화학가} = \frac{\text{식품단백질 g당 제1 제한아미노산의 mg}}{\text{기준단백질 g당 위와 같은 아미노산의 mg}} \times 100$$

(2) 단백가

단백가(protein score)는 식품단백질의 제1 제한아미노산의 함량을 국제연합 식량농업기구(FAO)에서 정한 기준단백질의 같은 아미노산의 함량으로 나눈 값의 백분율을 의미한다. 인체의 단백질 필요량에 근거한 아미노산 필요량을 기준으로 하여 평가하고자 하는 단백질의 필수아미노산 중 가장 상대적으로 적은 필수아미노산의 비율을 말한다.

$$\text{단백가} = \frac{\text{식품단백질 g당 제1 제한아미노산의 mg}}{\text{기준단백질 g당 위와 같은 아미노산의 mg}} \times 100$$

단백질은 필수아미노산 함량이 부족할수록 품질이 낮기 때문에 제한아미노산이 서로 다른 식품을 같이 섭취함으로써 단백질의 품질을 향상시킬 수 있다. 이것을 단백질의 보완효과라고 한다. 예를 들어, 리신이 제한아미노산인 쌀과 메티오닌이 제한아미노산인 콩을 섞어 먹거나, 리신이 제한아미노산인 밀로 만든 식빵을 완전단백질 식품인 우유와 같이 먹는 것이 있다.

8. 핵산

핵산은 염기(purine 또는 pyrimidine)와 오탄당(ribose, deoxyribose)의 결합물인 뉴클레오시드(nucleoside)에 하나 이상의 인산기가 결합된 뉴클레오티드(nucleotide)가 연결된 고분자 화합물이다. 리보스가 결합된 뉴클레오티드만으로 연결된 핵산을 리보핵산(RNA)이라고 하고, 데옥시리보스가 결합된 뉴클레오티드 고분자 화합물을 데옥시리보핵산(DNA)이라고 한다. 핵산은 생체 내에서 고에너지의 저장, 운반체로서 작용하거나 보조효소로서 작용을 한다. 질소 원자를 가지고 있는 염기는 퓨린계와 피리미딘계로 구분하며, 퓨린계 염기로는 아데닌, 구아닌, 크산틴, 히포잔틴, 피리미딘계 염기로는 티민, 시토신, 우라실이 있다. 퓨린계 염기 중에서 아데닌과 구아닌은 리보핵산과 데옥시리보핵산 구성 염기이고, 피리미딘계 염기 중에서 티민과 시토신은 데옥시리보핵산, 시토신과 우라실은 리보핵산의 구성 염기이다.

일부 핵산들이 감칠맛을 내는 것으로 잘 알려져 있는데 퓨린계 염기들이 감칠맛을 낸다. 핵산 관련 물질이 감칠맛을 갖기 위한 화학조건으로는 퓨린환의 6 위치에 OH기를 가지며 리보스의 5′ 위치에 인산기가 있을 때 감칠맛이 좋아진다. 감칠맛의 크기는 구아노신 5′-모노포스페이트(guanosine 5′-monophosphate, GMP) > 이노신 5′-모노포스페이트(inosine 5′-monophosphate, 5′-IMP) > 잔토신 5′-모노포스페이트(xanthosine 5′-monophosphate, 5′-XMP) 등의 순서로 강하다. 핵산의 구성은 그림 4-6과 같다.

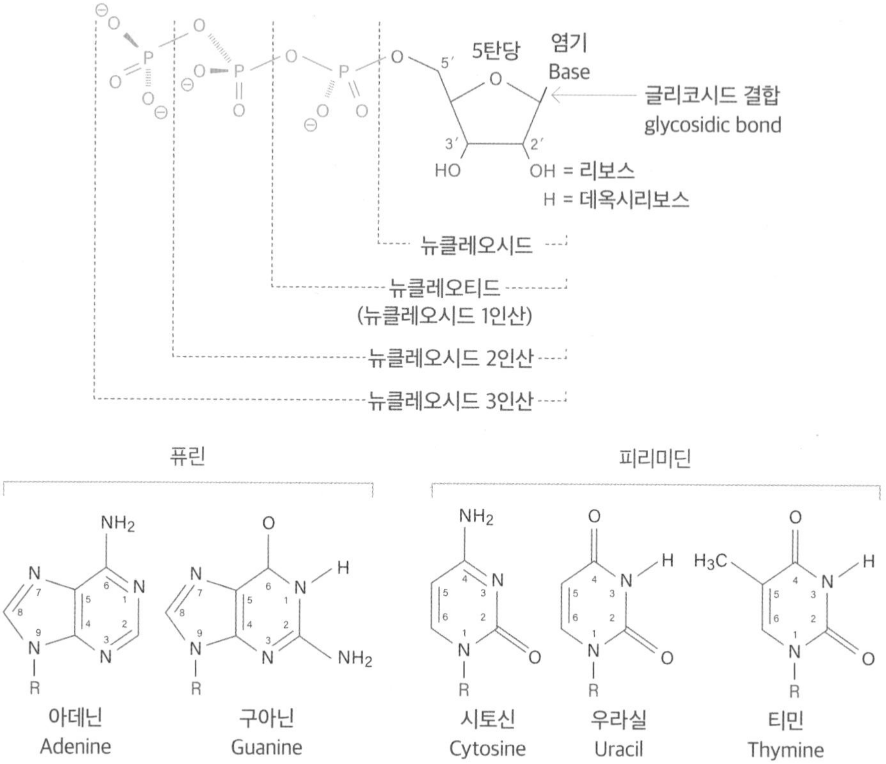
5탄당
염기
Base
글리코시드 결합
glycosidic bond
HO
OH = 리보스
H = 데옥시리보스
뉴클레오시드
뉴클레오티드
(뉴클레오시드 1인산)
뉴클레오시드 2인산
뉴클레오시드 3인산
퓨린
피리미딘
아데닌
Adenine
구아닌
Guanine
시토신
Cytosine
우라실
Uracil
티민
Thymine

그림 4-6 핵산의 구성

CHAPTER
05

효소

효소는 생명체에서 일어나는 다양한 화학 반응에 촉매로 작용하는 생체촉매이다. 동물, 식물, 미생물의 세포 내에서 영양소들을 생명 유지를 위해 필요한 에너지로 만들거나 물질들을 합성하는 많은 화학 반응들에 단계적·특이적으로 관여하여 화학 반응속도를 증가시키는 촉매제 역할을 한다. 즉, 기질(substrate)을 다른 물질(product)로 전환하는 작용을 한다. 이러한 효소는 아미노산이 펩티드 결합되어 있는 단순단백질이지만 많은 효소들이 비단백질 물질과 함께 복합단백질로 구성되어 있다. 식품에 존재하는 효소는 동물의 사후강직이나 숙성, 과일과 채소의 숙성 등 식품의 품질의 변화에 큰 영향을 미친다. 효소는 특이성을 가지고 있어서 식품의 특정 성분만을 변화시키는 역할을 한다.

식품에 존재하는 효소들은 식품성분들을 대상으로 하여 여러 가지 화학 반응을 촉매하기 때문에 효소가 불활성화되는 조건이 되기 전까지는 지속적으로 작용한다. 이러한 효소의 작용이 식품가공이나 저장에 유리할 수도 있고 불리할 수도 있기 때문에 효소활성에 영향을 끼치는 조건을 조정하여 효소활성을 조절할 수 있다. 식품의 조리·가공과정에서도 효소를 이용하는 경우가 많은데, 예를 들어 치즈 제조에 사용되는 레닌과 과일주스의 청정제로 사용되는 펙틴 분해효소, 식혜나 엿을 만드는 데 사용되는 β-amylase 등이 있다.

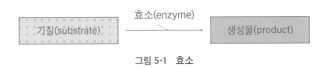

그림 5-1 효소

1. 효소의 특성

효소는 대부분 아미노산이 펩티드 결합으로 된 단백질로 구성되어 있다. 이를 단백질 부분의 일부가 비단백질 부분인 조효소(coenzyme)나 보결분자단(prosthetic group), 금속이온(metal ion)과 같은 보조인자(cofactor)가 결합된 복합단백질과 그렇지 않은 단순단백질로 나눌 수 있다. 효소의 촉매활성은 효소단백질 표면 활성 부위의 구조에 의존하는데 일반적인 단백질이 그러하듯이 효소도 열, 강산, 강염기, 금속 등에 의해 변성되어 효소의 촉매적 활성을 잃어버리게 된다. 효소가 보조인자와 결합하여 완전한 효소의 활성을 나타낼 때 이

것을 완전효소(holoenzyme)라고 하며 단백질 부분을 결손효소(apoenzyme)라고 한다.

결손효소는 효소의 특이성을 결정하는 요소이며 열에 불안정한 것이 많으나, 보조인자들은 분자량이 적고 열에 안정한 것이 많은 편이다. 조효소는 비타민으로부터 만들어지는 것이 많기 때문에 필요한 비타민이 부족할 경우 조효소가 만들어지지 않아 체내 대사에 관여하는 효소활성이 정상적으로 이루어지지 못하여 문제가 발생하게 된다. 인산염, 리보스, 뉴클레오티드 등과 같은 보결분자단들은 단백질에 단단히 결합되어 간단히 해리되지 않으며, 금속이온으로는 Ca^{+2}, Mg^{+2}, Fe^{+2}, Cu^{+2} 등과 같은 양이온과 I^-, Cl^- 등과 같은 음이온들이 있다. 이 보조인자들은 효소에 결합하여 기질이 반응하기 쉽게 하거나 하전된 전이상태를 안정화하거나 산화·환원 반응을 촉매하거나 특정 기능기의 일시적인 운반체 작용 등의 다양한 기능을 한다.

효소는 반응하는 물질과 결합하여 작용을 하는데 이 반응물질을 기질이라고 하며, 효소가 기질과 결합하여 효소-기질 복합체를 형성한 후 생성물을 만들게 된다. 효소가 특정 기질과의 반응에만 선택적으로 작용하는 특이성을 나타내는데, 이를 효소의 기질 특이성이라고 한다. 또한 하나의 효소가 한 종류의 화학 반응만 촉매하는 것을 효소의 작용 특이성이라고 한다. 이때 효소와 기질의 결합은 열쇠와 자물쇠의 관계와 비슷하기 때문에 결합 부위 구조가 일치하지 않으면 효소-기질 복합체가 만들어지지 않는다고 하는 자물쇠-열쇠 모델이 오랫동안 효소의 기질 특이성이나 반응 특이성을 설명하는 데 사용되어 왔다.

그러나 이 메커니즘은 단백질 입체 구조의 유연성을 고려하지 않은 것으로 최근에는 효소와 기질이 결합하면 효소의 활성 부위가 일정한 모양으로 고정되어 있는 것이 아니라 기질과 결합하기 위해 효소 자체의 입체 구조적 변화가 생겨 기질과의 사이에 여러 개의 약한 상호작용이 새롭게 형성된다는 유도적합 모델(induced-fit model)이 제안되고 있다. 즉, 효소의 기질 결합 부위가 입체적 유연성으로 특이적이고 정확하게 재배열되어 기질과 정확하게 들어맞게 된다는 것이다.

2. 효소활성에 영향을 주는 요인

1) 온도

단백질로 되어 있는 효소의 활성은 온도와 밀접한 관계에 있다. 효소의 작용은 낮은 온도에서는 효소의 반응속도가 매우 낮거나 정지되는 경우도 있지만, 점차 온도가 상승함에 따라 효소 반응속도가 증가한다. 하지만 특정 온도 이상이 되면 효소 단백질의 열변성으로 인하여 효소의 구조에 변화가 생기면서 효소의 촉매활성을 잃게 되어 효소의 반응속도가 감소한다. 효소의 급원에 따라 다소 차이가 있지만, 대부분의 효소들은 30~44℃에서 최대 활성을 나타내며, 효소가 최고의 반응속도를 나타내는 온도범위를 최적온도라고 한다. 식혜 제조에 사용되는 당화효소인 β-amylase는 최적온도가 60℃이며, 겨자의 배당체인 시니그린 (sinigrin)을 톡 쏘는 매운맛을 내는 알릴이소티오시아네이트(allylisothiocyanate)로 만드는 미로시나아제(myrosinase)는 최적온도가 38℃이다. 효소단백질은 대체로 45~50℃에서 열변성이 일어나기 시작하며 70℃ 또는 이상의 고온에서는 효소가 불활성화된다. 식품 중에 존재하는 수많은 효소들은 식품의 품질을 상승시키기도 하지만 저하시키기도 한다. 대체로 식품을 가공조리할 때 열처리하는 경우가 많다. 효소에 의해 식품의 색, 맛, 풍미, 질감, 산패, 영양가 감소 등의 품질 변화가 일어날 경우 가열처리를 함으로써 효소를 불활성화시킬 수 있을 뿐만 아니라 미생물을 살균·멸균할 수 있다.

그림 5-2 효소활성과 온도의 관계

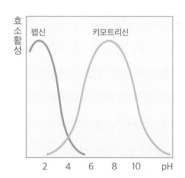

그림 5-3 효소활성과 pH의 관계

2) pH

효소의 반응속도는 pH에 의해서도 영향을 크게 받는다. 효소의 주성분인 단백질은 아미노기(+), 카르복실기(-) 전하 모두를 가지고 있는 양성 화합물로서 효소 반응 용액의 pH에 따라서 이온화상태가 변화하여 효소 표면 단백질의 구조가 변하게 된다. 일반적으로 강산이나 강알칼리에서 변성되어 불활성화된다. 효소는 온도와 마찬가지로 일정한 pH 범위 내에서 최고의 활성도를 나타낸다. 모든 효소들이 작용 최적 pH가 있으며, 효소마다 조금씩 다르긴 하지만 대부분 효소들의 최적 pH는 4.5~7.5 범위 안에 있다. 그러나 예외적으로 위에서 단백질을 소화시키는 효소 펩신의 최적 pH는 pH 1.8, 요소회로에 관여하는 아르기나아제(arginase)의 최적 pH는 pH 10이다.

3) 기질 농도 및 효소 농도

기질 농도와 효소 반응속도와의 관계에서 기질의 농도가 증가할수록 효소 반응속도는 증가하지만, 어느 정도의 기질 농도에 도달하면 기질 농도가 높아져도 반응속도는 더 이상 올라가지 않고 평형을 유지하게 된다. 효소 농도에 제한이 있어서 기질 농도가 낮을 때는 기질 농도가 효소의 반응속도에 미치는 영향이 크지만, 기질 농도가 높을 때는 영향을 크게 미치지 않는다. 효소와 기질의 반응에서 모든 효소가 기질과 복합체를 형성하고 있을 때 효소 반응은 효소 고유의 촉매 반응에만 영향을 받기 때문에 일정한 반응속도가 나타나며, 이때의 반응속도를 최대 속도(V_{max})라고 한다. 효소가 최대 반응속도의 절반으로 될 때의 기질 농도를 K_m이라고 한다. K_m은 효소의 기질에 대한 친화력을 나타내기 때문에 이 수치가 작을수록 효소의 기질에 대한 친화성이 크다고 할 수 있다.

효소 농도와 효소 반응속도와의 관계에서도 기질 농도가 충분한 효소 반응 초기에는 효소 농도에 비례하여 반응속도가 증가하지만, 효소 반응속도는 어느 시점에서 평형에 도달하게 되며 더 이상 증가하지 않는다. 기질 농도를 제한받는 경우에는 지속적으로 반응속도가 증가하지 않기도 하지만, 기질 농도가 충분하더라도 반응 생성물이 축적되어 효소작용을 억제하는 경우도 있다.

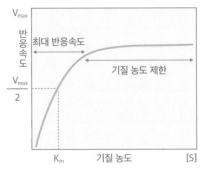

그림 5-4 기질 농도에 따른 반응속도

4) 금속이온

금속이온은 효소의 보조인자에 해당되며 금속이온의 종류에 따라 효소의 촉매활성을 촉진하는 활성제로 사용되거나 저해제로 사용된다. 나트륨, 칼륨, 구리, 철, 망간 등과 같은 금속이온은 효소를 활성화하는 보조인자로 작용한다. 해당과정에 관여하는 헥소키나아제(hexokinase)는 마그네슘에 의해 효소활성이 촉진되고, 아르기나아제(arginase)는 망간, 카르복실라아제(carboxylase)는 망간과 마그네슘에 의해 효소활성이 촉진된다. 수은, 납, 은 등의 중금속이온은 대부분 효소를 불활성화시키는 저해제로 작용한다.

5) 효소 저해제

효소 저해제는 효소의 작용을 방해하여 촉매 반응속도를 감소시키는 물질들을 말한다. 저해제는 크게 가역적 저해제(reversible inhibitor)와 비가역적 저해제(irreversible inhibitor)로 구분된다. 가역적 저해제는 효소와 저해제가 가역적으로 결합하여 효소활성을 저해하여 기질의 효소에 대한 친화도를 떨어뜨리나 투석 등의 방법으로 저해제를 제거하면 효소활성이 다시 회복된다. 이러한 가역적 저해제는 작용기전에 따라 경쟁적 저해(competitive inhibition), 비경쟁적 저해(noncompetitive inhibition), 불경쟁적 저해(uncompetitive inhibition)로 구분된다.

(1) 가역적 저해제

① 경쟁적 저해

경쟁적 저해는 저해제가 기질과 구조가 비슷하여 효소의 활성 부위에 결합함으로써 효소-저해제 복합체를 형성하여 효소 반응을 저해하는 기전이다. 기질의 농도를 높여주면 시간이 걸리더라도 효소 반응 최대 속도에 도달할 수 있기 때문에 저해가 회복될 수 있다.

② 비경쟁적 저해

비경쟁적 저해는 저해제가 효소의 활성 부위와는 다른 부위에 결합하기 때문에 이 저해제는 효소와 효소-기질 복합체 모두에 결합할 수 있다. 즉, 저해제의 결합으로 인해 기질과 효소의 결합이 방해받지 않아 효소와 기질 간의 친화성은 변화가 없지만, 효소의 최대 반응속도는 감소한다.

③ 불경쟁적 저해

불경쟁적 저해는 저해제가 기질이 결합하는 효소의 활성 부위와는 다른 부위에 결합하는 것은 비경쟁적 저해와 같으나, 차이점은 효소-기질 복합체에만 결합한다는 것이다. 불경쟁적 저해는 효소가 1개 이상의 기질과 결합하는 반응에서 나타나며 기질 농도를 증가시키면 최대 속도는 증가하나, 저해제의 영향을 극복하기는 불가능하다.

(2) 비가역적 저해제

비가역적 저해제는 저해제가 제거되어 다시 효소활성이 회복되는 가역적 저해와 달리 저해제가 효소활성 부위와 매우 안정한 공유결합을 하여 강하게 결합되기 때문에 해리되지 않는다. 즉, 저해제가 효소의 촉매활성에 필요한 기능기를 영구적으로 불활성화시켜 효소가 기질과 결합할 수 없게 됨으로써 효소활성을 잃게 되는 것이다.

식품 중에는 효소의 활성을 저해하는 저해제가 들어 있는 경우가 있다. 두류, 쌀, 옥수수, 감자, 사탕무에 트립신(trypsin)과 키모트립신(chymotrypsin)에 저해작용을 하는 트립신 저해제(trypsin inhibitor)가 존재한다. 또한 오보뮤코이드(ovomucoid), 오보인히비터(ovoinhibitor)는 난백의 트립신 저해제로 작용한다. 이러한 저해제는 가열하면 대부분 저해제로서의 활성을 잃게 되므로 크게 문제되지 않는다.

3. 식품효소의 종류와 특성

1) 가수분해효소(Hydrolase)

가수분해효소는 물 분자의 도움을 받아 기질(고분자 화합물)의 큰 분자를 가수분해하여 저분자량 화합물로 분해하는 효소로 다양한 종류의 공유결합 분해를 촉매한다. 영양소의 소화, 식품의 조리, 가공, 저장과 밀접한 관계를 가지고 있다.

(1) 탄수화물 분해효소

① 알파-아밀라아제(α-amylase)

전분의 내부에서 α-1,4 글리코시드 결합을 불규칙하게 절단하여 덱스트린을 생성하는 효소이다. 내부에서부터 자르기 때문에 endo형 효소라고 한다. 동물의 소화효소로 주로 존재하며, 식물에서는 맥아 중에 들어 있고, 곰팡이와 세균에 의해서도 생산된다. α-1,6 글리코시드 결합은 절단하지 못하기 때문에 일부 α-한계 덱스트린(α-limit dextrin)을 형성한다. 전분이 점성이 높고 불투명한 호화액 상태에서 점성이 낮은 투명한 용액으로 되기 때문에 액화효소라고도 한다. 효소활성은 pH 4.7~6.9, 50℃ 부근에서 가장 크다. 식품산업에 이용되는 알파-아밀라아제는 대부분 미생물에서 생산된다.

② 베타-아밀라아제(β-amylase)

전분의 비환원성 말단에서부터 α-1,4 글리코시드 결합을 이당류 단위로 절단하여 다량의 맥아당과 소량의 β-한계 덱스트린(β-limit dextrin)을 생성하는 효소이다. 말단에서부터 분해하기 때문에 exo형 효소라고 하며, 단맛이 증가하기 때문에 당화효소라고도 한다. 식물의 조직 중에 분포하고 있으며 고구마, 맥아 등에 많이 존재한다. 전분으로 맥아당 시럽을 생산할 때 이용된다. 효소 활성은 pH 4~6 부근에서 가장 크다.

③ 글루코아밀라아제(glucoamylase)

전분의 비환원성 말단에서부터 α-1,4 글리코시드 결합과 α-1,6 글리코시드 결합을 포도당 단위로 분해하는 효소이다. 말단에서부터 분해하기 때문에 exo형 효소라고 하며, 전분에서 포도당을 생산할 때 이용된다. 세균과 곰팡이가 생산하며 최적 pH는 4~5이다.

④ 풀루라나아제(pullulanase)

풀루라나아제는 아밀로펙틴, 올리고당의 α-1,6 글리코시드 결합을 선택적으로 가수분해하는 효소이다. 미생물이나 식물에서 주로 발견된다. 글루코아밀라아제에 비해 α-1,6 글리코시드 결합을 가수분해하는 속도가 빠르기 때문에 전분으로부터 포도당을 생산할 때 글루코아밀라아제와 함께 사용하면 반응시간이 크게 단축된다.

⑤ 말타아제(maltase)

맥아당의 α-1,4결합을 가수분해하여 포도당으로 분해하는 효소이다.

⑥ 락타아제(lactase)

유당의 β-1,4결합을 가수분해하여 포도당과 갈락토스로 분해하는 효소이다.

⑦ 수크라아제(sucrase)

서당의 α-1,1결합을 가수분해하여 포도당과 과당으로 분해하는 효소이다.

⑧ 프로토펙티나아제(protopectinase)

불용성인 프로토펙틴(protopectin)을 가수분해하여 수용성인 펙틴(pectin)으로 변화시키는 효소로 식물조직을 연화하는 효소이다.

⑨ 펙틴에스테라아제(pectin esterase)

펙틴 분자에서 메틸에스테르(methyl ester) 부분을 가수분해하는 효소로 펙타아제(pectase)라고도 한다. 즉, 펙틴을 펙트산(pectic acid)으로 전환하는 효소로 펙틴의 기본 골격에는 영향을 주지 않는다.

⑩ 폴리갈락투로나아제(polygalacturonase)

펙트산(pectic acid)의 갈락투론산(galacturonic acid)의 α-1,4 글리코시드 결합을 가수분해하는 효소이다. 과일이 과숙되면 조직이 물러지거나 절임식품의 연부현상을 일으키는 효소이다. 펙티나아제(pectinase)라고도 하며 고등식물과 미생물에 널리 분포되어 있다. 식품산업에서 펙틴 에스테라아제와 함께 과일주스의 혼탁을 청징화하거나 과즙의 추출 등에 사용된다.

(2) 지질 분해효소

지질 분해효소(lipase)는 화합물의 에스테르 결합을 가수분해하여 산과 알코올을 생성한다. 짧은 사슬 지방산과 글리세롤로 구성된 중성지방을 분해하는 에스터 가수분해효소(esterase), 긴 사슬 지방산과 글리세롤로 구성된 중성지방을 분해하는 리파아제(lipase), 인지질을 분해하는 포스포리파아제(phospholipase), 콜레스테롤 에스테르류를 분해하는 콜레스테롤 에스테라아제(cholesterol esterase)가 있다.

리파아제는 지질 소화효소로서 중요한 역할을 하지만 유리지방산을 생성하기 때문에 유지식품에서는 산패의 원인이 된다. 묵은쌀에서 좋지 않은 냄새가 나거나 냉장고에 저장된 모유에서 산패취가 나는 것도 이 때문이다.

(3) 단백질 분해효소

단백질 분해효소(protease)는 식품산업에서 치즈, 단백질 가수분해산물 생산, 육류 연화, 맥주 및 와인 제조 시 혼탁 방지 등의 용도로 널리 사용되고 있다. 단백질 분해효소는 단백질의 펩티드 결합을 가수분해하여 펩티드나 아미노산을 생성하는 효소이다.

단백질 분해효소는 작용하는 펩티드 위치와 효소의 활성 부위에 존재하는 작용기에 따라 분류된다. 분해하는 펩티드 결합위치에 따라 단백질 내부의 펩티드 결합을 불규칙적으로 분해하는 엔도펩티다아제(endopeptidase)와 펩티드 사슬의 끝에서부터 아미노산 단위로 분해하는 엑소펩티다아제(exopeptidase)로 분류되며, 효소의 활성부위 잔기에 따라 세린계,

시스테인계, 산성계, 금속계 단백질 분해효소로 구분할 수 있다.

동물성 단백질 분해효소로는 동물의 소화관에서 분비되는 펩신(pepsin), 트립신(trypsin), 키모트립신(chymotrypsin), 아미노펩티다아제, 카르복시펩티다아제, 디펩티다아제 등은 소화효소로 잘 알려져 있으며, 반추동물의 제4위장에서 분비되는 레닌(rennin)은 치즈 제조에 사용된다. 식물성 단백질 분해효소에는 브로멜린(bromelin), 파파인(papain), 피신(ficin), 액티니딘(actinidin)이 각각 파인애플, 파파야, 무화과, 키위에 들어 있으며, 이들은 육가공 공정에서 육류를 연화하는 연육제로 많이 사용된다.

2) 산화환원효소(oxidoreductse)

산화환원효소는 물질의 산화-환원 반응을 촉진하는 효소이며, 수소원자나 전자를 다른 기질로 이동시키거나 산소원자의 기질로의 첨가반응을 촉매한다. 탈수소효소, 환원효소, 산화효소 등으로 나눌 수 있으며, 주로 세포 내에서 영양소를 산화적으로 분해하여 에너지를 생성하는 데 관계하므로 호흡효소라고도 한다. 보결분자단으로서 철과 구리를 함유하는 효소들이 있다.

(1) 리폭시게나아제

리폭시게나아제(lipoxigenase)는 불포화지방산을 산화시켜 과산화물(hydroperoxide)을 생성하는 효소로 콩과 식물에 주로 함유되어 있다. 최적 pH가 6.5 정도이며 낮은 온도에서도 식물성 유지의 산패를 유발한다. 식품에서 일어나는 리폭시게나아제에 의한 반응은 대체로 식품의 품질을 저하시키는 작용을 한다. β-카로틴, 비타민 A 등의 영양소를 파괴하고 불쾌취의 생성에도 관여한다. 콩나물을 삶을 때 뚜껑을 자주 열면 이 효소가 작용하여 비린내가 나게 된다. 두류를 데치는 일은 이 효소에 의해 생성될 수 있는 불쾌취 생성을 방지하는 데 필수적이다. 클로로필, 안토시아닌 등의 색소를 파괴하고 향미도 손상시키기 때문에 과일이나 채소를 저장할 때 데치기를 하면 효소가 불활성화된다.

(2) 폴리페놀 산화효소

폴리페놀 산화효소(polyphenoloxidase)는 산소가 존재할 때 카테콜(catechol), 카테킨류, 플라보노이드류 등의 폴리페놀 화합물을 산화시키는 효소이다. 모든 식물체에 존재하지만 사과, 복숭아, 찻잎 등에 주로 존재하며 과일의 단면이나 찻잎의 갈변현상에 관여하는 효소이다. 최적 pH는 5~6이며, 구리와 철에 의해 활성화된다.

(3) 티로시나아제

티로시나아제(tyrosinase)는 폴리페놀 산화효소 중의 하나로 감자의 효소적 갈변 반응에 관여하는 효소이다. 방향족 아미노산인 티로신을 산화시켜 갈색의 멜라닌 색소를 형성하는 구리를 함유한 산화효소이다. 버섯류, 채소, 과일, 특히 감자류에 많이 존재한다.

(4) 퍼옥시다아제

퍼옥시다아제(peroxidase)는 과산화효소로 식물조직 중에 널리 존재하며, 식물조직의 발육과 성숙에 중요한 역할을 한다. 과일, 채소류의 데치기 정도와 쌀의 신선도를 판정하는 데 이용된다.

(5) 아스코르브산 산화효소

아스코르브산 산화효소(ascorbic acid oxidase)는 식품 중의 비타민 C를 산화시키는 효소이며 양배추, 오이, 호박, 당근 등에 함유되어 있다. 과일 및 채소의 저장 중 비타민 C의 활성을 낮추거나 아스코르브산에 의한 갈변 반응의 원인이 된다. 이 효소를 함유한 식품들과 혼합한 조리를 할 경우 비타민 C의 파괴가 일어날 수 있다.

(6) 카탈라아제

카탈라아제(catalase)는 두 분자의 과산화수소를 물과 산소로 전환하는 효소로 보결원자단으로 헴(heme)을 함유하고 있다. 동물, 식물 및 미생물에 널리 존재하며 pH 3~9 정도의 비교적 넓은 범위에서 활성을 가지고 있다. 내열성이 높아 채소류의 데치기 공정의 완료 여부를 판정하는 지시효소로도 이용되며, 식품의 산화 및 갈변을 억제하는 용도로 사용된다.

3) 전이효소(transferase)

전이효소는 특정 기질의 작용기(메틸기, 아미노기, 인산기 등) 또는 원자단을 한 화합물로부터 다른 화합물로 전달하는 반응을 촉매하는 효소를 말한다. 전이효소의 종류로는 아미노기 전이효소(amino transferase), 헥소키나아제(hexokinase), 알돌기 전이효소(transaldolase) 등이 있다.

4) 제거효소(lyase)

제거효소는 기질로부터 카르복실기, 알데히드기, 물, 암모니아 등을 가수분해에 의하지 않고 분리하여 이중결합을 만들거나 반대로 이중결합에 이들을 첨가하는 반응을 촉매하는 효소이다. 제거효소의 종류로는 피루브산 탈탄산효소(pyruvate decarboxylase), 글루탐산 탈탄산효소(glutamate decarboxylase) 등이 있다.

5) 이성화효소(iomerase)

이성화효소는 기질분자의 분해, 전위, 산화 반응이 따르지 않는 분자 내 상호 변화인 이성화 반응을 촉매하는 효소이다. 즉, 기질분자 내의 위치적 · 구조적 상호 간의 전환을 촉매하는 효소이다. 대표적인 효소는 포도당을 과당으로 이성질화하는 반응을 촉매하여 고과당 시럽 제조에 쓰이는 포도당 이성화효소(glucose isomerase)이다.

6) 합성효소(synthetase)

합성효소는 ATP 등의 피로인산(pyrophophoric acid) 결합의 분해와 함께 2개의 분자를 결합하는 반응을 촉매하는 효소이다. 연결효소(ligase)라고도 하며 고에너지 화합물을 이용하여 분자를 결합한다.

CHAPTER

06

비타민과 무기질

비타민은 영양소 중에서 우리 몸에 가장 적게 들어 있으며, 신체조직을 구성하는 데 기여도가 낮고, 에너지원으로도 활용되지 않는다. 그러나 신체 전반의 영양소 대사과정에 관여하는 조절영양소로서 성장과 발달, 생식 등 정상적인 대사활동을 위해 소량이지만 필수적인 역할을 하는 유기화합물이므로 부족할 경우 각기 다른 결핍증상이 나타난다. 비타민의 존재를 알지 못했던 시대에는 비타민 결핍증이 인류를 괴롭히는 심각한 질병이었다. 대부분의 비타민은 체내에서 합성되지 않거나 합성되더라도 부족하기 때문에 반드시 식품으로 섭취해야 하는 필수영양소이다.

무기질은 비타민과 같이 조절영양소로서 필수적인 역할을 하지만 비타민과 다른 점은 우리 몸의 구성성분으로서도 중요한 역할을 한다는 것이다. 비타민이 용해성에 따라 구분된다면 무기질은 체내 존재량과 하루 섭취기준에 따라 다량무기질과 미량무기질로 구분할 수 있다. 일부 체내 합성이 가능한 비타민과 달리, 무기질은 체내에서 합성되지 않기 때문에 반드시 식품으로 섭취해야 하는 필수영양소이다.

1. 비타민

비타민은 동물의 성장, 신체 유지, 번식 등 정상적인 대사활동을 위해 필수적인 유기화합물이다. 신체에서 필요로 하는 비타민양은 미량이지만 대부분의 비타민은 체내에서 합성되지 않거나 합성되더라도 부족하기 때문에 식품으로 섭취해야 하며, 부족할 경우 결핍증이 발생하는 필수영양소이다. 비타민은 신체 전반의 영양소 대사과정에 관여하는 효소들과 밀접한 관련이 있다. 비타민이 이 효소들의 보조효소로 작용하기 때문에 섭취 부족 시 해당 비타민을 보조효소로 사용하는 효소들의 활성에 문제가 생겨 그 효소가 관여하는 대사과정에서 문제가 생기기 때문에 결핍되는 비타민에 따라 각기 다른 결핍증상이 나타나기도 한다.

지금까지 알려진 비타민은 주로 용해성에 따라 물에 녹는 수용성 비타민과 지방과 지용성 용매에 용해되는 지용성 비타민으로 분류된다. 동물의 생명 유지에 필수적인 유기화합물인 비타민은 대체로 외부환경에 불안정하기 때문에 식품을 가공하거나 저장하는 과정 중에 손실되는 경우가 많다. 특히, 수용성 비타민이 지용성 비타민에 비해 조리나 가공 중에 더 많이 손실되며, 비타민 부족 시 결핍증이 잘 발생하기 때문에 이러한 손실된 비타민을 보충하기 위해 합성비타민을 많이 사용하고 있다. 비타민은 다른 영양소에 비해 체내에 존재하는 양이 적지만, 필요량 이상 섭취할 경우 수용성 비타민은 소변, 땀, 대변 등으로 많이 배설되는 반면, 체내 저장력이 있는 지용성 비타민은 과다 섭취할 경우 독성이 나타날 수 있다. 특히, 합성비타민으로 식품에 첨가되거나 영양보충제로 섭취하는 경우 그러한 중독 증상은 더 심각하게 나타날 수 있다. 그러므로 비타민의 섭취량은 섭취하는 사람의 신장, 체중, 연령, 성별, 건강상태, 생활습관 등에 따라 차이가 날 수 있으나 한국인 영양섭취기준에서 제시된 1일 권장섭취량을 섭취해주면 좋다.

그 밖의 비타민의 종류로는 비타민과 구조가 유사하나 체내에 흡수되어서야 비로소 활성화되어 비타민 효력을 가지는 유기화합물로 알려진 비타민 전구체(provitamin)가 있다. 대표적인 비타민 전구체로는 비타민 A의 전구체인 카로티노이드(carotenoid), 비타민 D의 전구체인 에르고스테롤(ergosterol), 7-데히드로콜레스테롤(7-dehydrocholesterol) 그리고 비타민 B_3(니아신)의 전구체인 트립토판 등이 있다. 항비타민(antivitamin, antagonist)은 화학 구조가 비타민과 비슷하여 체내에서 비타민이 관여하는 작용을 방해하여 비타민의 결핍

표 6-1 **지용성 비타민과 수용성 비타민의 비교**

성질	지용성 비타민	수용성 비타민
용해성	기름 및 유기용매에 용해	물에 용해
흡수, 운반	담즙에 의한 유화 및 지질과 함께 림프관으로 흡수, 운반 시 운반체 필요	물과 함께 문맥으로 흡수
저장	과잉 섭취하면 간과 지방조직에 저장	과잉 섭취 시 소변으로 배설
배출	담즙을 통해 서서히 배출	소변으로 빠르게 배출
결핍	결핍증이 천천히 나타남	결핍증이 신속히 나타남
섭취	매일 섭취하지 않아도 무방	매일 섭취해야 함
원소 조성	C, H, O로 구성	C, H, O, S, Co 등에 함유
비타민 전구체	전구체가 존재	전구체가 존재하지 않음
조리 시 변화	조리 시 산화를 통하여 약간의 손실이 일어나지만 조리하는 물에 용해되지는 않음	조리하는 물에 용해되어 조리 손실이 나타나는 것이 문제

증을 유발하는 유기화합물로, 대표적으로 비오틴의 항비타민인 난백의 아비딘이 있다.

1) 지용성 비타민

지용성 비타민의 기능과 특성은 표 6-2와 같다.

표 6-2 **지용성 비타민의 기능과 특성**

종류	주된 기능	안정성	결핍증	과잉증	급원식품
비타민 A	• 암 적응, 상피세포 분화, 성장 촉진, 항암, 면역	• 열에 비교적 안정 • 빛, 공기 중의 산소에 의해 산화	• 야맹증, 각막연화증, 모낭각화증	• 임신 초기 유산, 기형아 출산 • 탈모, 착색, 식욕상실 등	• 우유, 버터, 달걀 노른자, 간 등 • 녹황색 채소
비타민 D	• 칼슘, 인의 흡수 촉진, 석회화, 뼈 성장	• 열에 안정	• 구루병, 골연화증, 골다공증	• 연조직 석회화, 식용부진, 구토, 체중 감소 등	• 난황, 우유, 버터, 생선, 간유, 효모, 버섯 등
비타민 E	• 항산화제, 동물의 생식기능, 노화 지연	• 산소, 열에 안정 • 불포화지방산과 공존 시 쉽게 산화	• 용혈성 빈혈(미숙아), 신경계 기능 저하, 망막증, 불임(쥐)	• 지용성 비타민 흡수 방해 • 소화기장애	• 식물성 기름, 어유 등
비타민 K	• 혈액 응고, 뼈기질 단백질 합성	• 열, 산에 안정 • 알칼리, 빛, 산화제 불안정	• 지혈시간 지연 • 신생아 출혈	• 합성 메나디온의 경우 간독성이 나타남	• 푸른잎채소 • 장내 미생물에 의해 합성

(1) 비타민 A

비타민 A(retinol)는 동물성인 레티노이드(retinoid)와 식물성인 프로비타민 A(provitamin A)인 카로티노이드로 구성되는 담황색의 결정으로 구조상 불포화 특성을 가지고 있다. 동물성 식품에서의 레티노이드는 레티놀(retinol), 레티날(retinal), 레티노익산(retinoic acid)으로 존재한다. 식물성 식품에서는 베타이오논링(β-ionone ring) 구조를 가진 카로티노이드의 경우 체내에서 비타민 A로 전환되는 비타민 전구체로 프로비타민 A라고도 한다. 대표적인 프로비타민 A로는 베타-카로틴(β-carotene), 알파-카로틴(α-caraotene), 감마-카로틴(γ-carotene), 크립토잔틴(cryptoxanthin) 등이 있으며 이 중 β-카로틴의 활성이 가장 좋다.

비타민 A는 동물성 식품에서 대부분 레티닐 에스터(retinyl ester)로서 지방산과 결합하여 저장된다. 소화관 내에서도 담즙의 도움으로 지방과 함께 흡수되고 소화관 점막에서 간으로 운반될 때도 지단백질과 함께 운반되며, 체내에서 저장될 때도 지방산과 결합되어 저장된다. 그러나 체내에서 표적기관으로 이동할 때는 레티놀 결합단백질과 결합하여 이동하므로 단백질 섭취가 부족할 경우에도 비타민 A 결핍증이 나타날 수 있다.

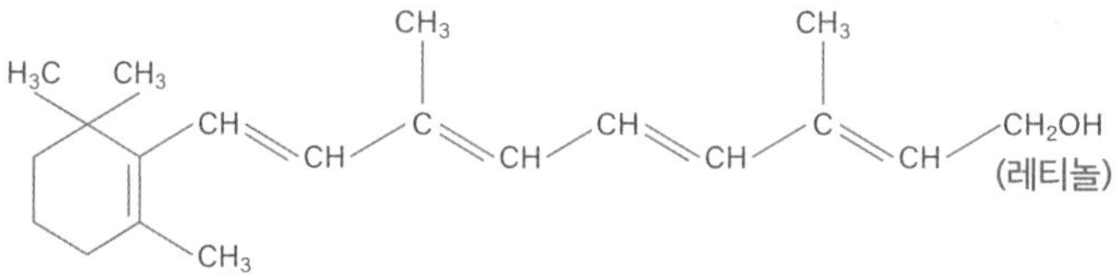

그림 6-1 레티놀의 구조

비타민 A는 어두운 곳의 시각기능에 필수성분으로 눈의 망막에 있는 간상세포에서 옵신(opsin)이라는 단백질과 결합하여 약한 빛을 감지하고, 어두운 곳의 시각기능에 필수물질인 로돕신(rhodopsin)을 합성한다. 비타민 A는 상피세포의 분화, 성장 촉진, 생식 및 면역반응을 증가시키는 역할을 하며, 프로비타민 A는 항암작용 및 항산화작용을 하는 것으로 보고되고 있다. 비타민 A 결핍증으로는 야맹증, 상피세포 각질화, 각막연화증, 실명, 면역력 저하, 성장 지연 등의 증상이 있다. 비타민 A는 정량의 10~15배 섭취 시 독성을 나타내는데, 임신 초기 다량의 비타민 A 섭취 시 자동유산, 기형아 출산, 출산아의 영구적 학습장애 등이 나타날 수 있다. 프로비타민 A는 많이 섭취해도 과잉증이 나타나지 않으나 피하에 축적되어 피부가 황색으로 변할 수 있디. 그러나 섭취를 중지하면 시간이 지나면서 본래의 색으로 되돌아온다.

비타민 A는 버터, 달걀노른자, 간, 치즈, 버터 등의 동물성 식품(레티닐 에스테르 형태로 90% 이상 존재)에 많이 함유되어 있다. 프로비타민 A는 녹황·적색 채소 및 과일, 해조류 등의 식물성 식품에 많이 함유되어 있으며 동물성 급원인 비타민 A에 비해 흡수율이 1/3 정도로 낮은 편이다. 열, 산이나 알칼리에서는 비교적 안정하나 이중결합을 많이 가지고 있어 빛, 공기 중의 산소에 의하여 쉽게 분해된다. 그러므로 식품가공 중 비교적 안정하지만, 산소가 있을 때 고온에서 가열하게 되면 손실될 수 있다. 비타민 A 함량은 국제단위

(IU, International Unit) 또는 레티놀 당량(RE, Retinol Equivalent), 레티놀 활성당량(RAE, Retinol Activity Equivalent)으로 표시하고 있다.

(2) 비타민 D

비타민 D(calciferol)는 식물성 식품 중의 에르고스테롤로부터 비타민 D_2(ergocalciferol)가, 동물 피하조직 중의 7-데히드로콜레스테롤로부터 비타민 D_3(cholecalciferol)의 형태로 자외선 조사에 의해 합성된다. 비타민 D는 햇빛을 받으면 피부에서 충분히 생합성될 수 있기 때문에 식품으로 섭취하는 양이 비교적 적다. 비타민 D는 뼈의 석회화에 관여하는 칼슘과 인의 흡수율을 높이고 혈중 칼슘 농도의 항상성에 관여하는 부갑상선 호르몬에 의해 활성이 조절되기 때문에 프로호르몬이라고도 한다.

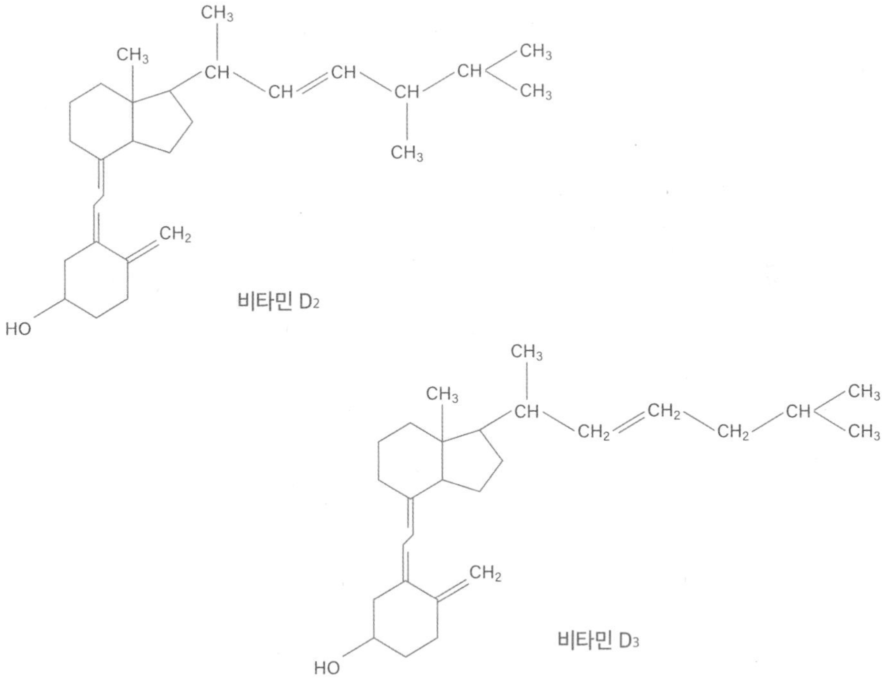

그림 6-2 비타민 D의 구조

비타민 D는 칼슘과 인의 소장에서의 흡수와 신장에서의 재흡수를 도와주고, 혈액 중 칼슘과 인의 농도를 일정하게 유지시키며, 골격건강과 상피조직의 건강에 영향을 미친다. 그러므로 결핍 시 골격의 석회화에 문제가 생겨 구루병(rickets), 골연화증(osteomalacia), 골다공증(osteoporosis) 등과 같은 골격계질환이 발생하고 혈액 내 칼슘 농도 감소로 인한 근육경련(tetany)이 발생할 수 있다. 자외선에 의해 합성되기 때문에 적당한 태양광선에 노출되면 결핍증이 잘 나타나지 않으나, 지방 섭취가 부족하거나 야간 근무자나 지하에 오래 머물러서 햇빛에 노출되는 시간이 부족한 사람, 노령화되면서 비타민 D 합성 능력이 떨어지게 되는 경우 결핍증이 나타날 수 있다. 과량 섭취 시 고칼슘혈증으로 심장, 폐, 신장 등 연조직의 석회화, 식욕부진, 구토, 체중 감소 등이 나타날 수 있으며, 지용성 비타민 중 과량 섭취 시 독성이 가장 강하다.

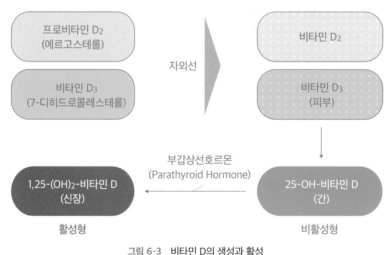

그림 6-3 비타민 D의 생성과 활성

비타민 D를 많이 함유하고 있는 식품은 적은 편이나, 난황, 우유, 버터, 생선, 간유, 비타민 D 강화우유, 효모 등이 비교적 좋은 급원식품이다. 비타민 D는 열과 산화에 안정한 편이지만 알칼리성에는 불안정하여 쉽게 분해되며 산성에서도 서서히 분해된다. 일반적인 식품의 가공과 저장과정에서는 거의 손실되지 않는다.

(3) 비타민 E

비타민 E(tocopherol)는 항산화 활성을 가지고 있는 영양소이다. 불포화지방산, 인지질, 비타민 A의 산화를 막아주어 세포막의 산화적 손상을 지연시켜 항노화인자라고 하며, 생식과 관계가 있어 항불임인자로도 불리고 있다. 자연계에서 α, β, γ, δ-토코페롤과 4종류의 토코트리에놀(tocotrienol)의 형태로 존재하며, 이 중에서 α-토코페롤이 가장 많고 생물학적 활성이 가장 크다.

비타민 E는 생체 내에서 세포막의 과산화 반응을 억제하여 세포막 보호작용을 통해 신경세포와 근육세포의 손상을 방지하는 항산화제로 비타민 C나 엽산 등에 의해 환원되어 재사용되기 때문에 비타민 E의 결핍증은 비교적 나타나지 않는 편이다. 이러한 항산화작용으로 면역작용, 심혈관질환 예방, 노화 지연, 항암효과 등의 다양한 기능에 관여하기 때문에 정상적인 식생활로는 결핍증이 잘 나타나지 않지만 결핍되면 적혈구가 파괴되거나 신경계 기능 저하, 망막증, 근무력증이 나타나며, 쥐에서는 불임이 나타날 수 있다. 다량 섭취 시 다른 지용성 비타민의 흡수를 방해하며 무기력증, 피로감, 메스꺼움, 설사 등의 소화기장애가 나타나기도 하나, 다른 지용성 비타민에 비해서는 과잉증이 비교적 적은 편이다.

비타민 E는 대부분의 식품에 광범위하게 분포되어 있으나, 불포화지방산이 풍부한 식물성 기름, 생선 기름, 견과류, 콩류, 달걀, 종자의 배아 등이 좋은 급원식품이다. 비타민 E는 공기 중의 산소, 열에 대하여 비교적 안정하여 조리 중에도 잘 보존되지만 불포화지방산과 공존할 때는 쉽게 산화된다.

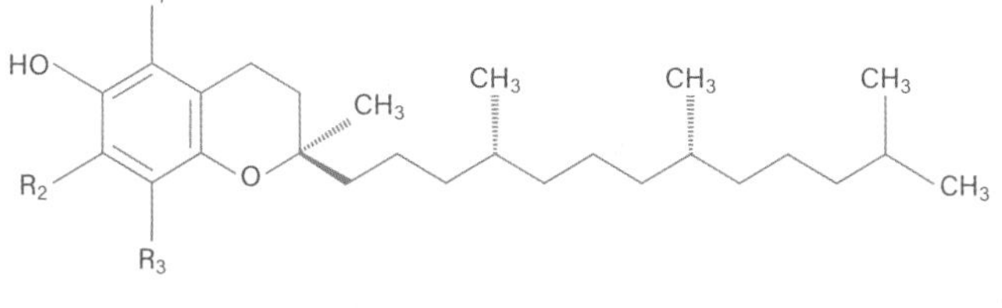

α-토코페롤: R₁, R₂, R₃ = CH₃
β-토코페롤: R₁, R₂ = CH₃ R₃ = C
γ-토코페롤: R₂, R₃ = CH₃ R₁ = C
δ-토코페롤: R₃ = CH₃ R₁, R₂ = C

그림 6-4 토코페롤의 구조

(4) 비타민 K

비타민 K(phylloquinone)는 혈액 응고와 관련이 있는 영양소이다. 나프토퀴논(naphotoqui-none)의 유도체로 자연 식물에 존재하는 비타민 K_1(필로퀴논, phylloquinone)과 장내 박테리아에 의해 합성되는 비타민 K_2(메나퀴논, menaquimone), 화학적으로 합성된 비타민 K_3(메나디온, menadione)가 있다. 우리가 식품으로 주로 섭취하는 형태는 필로퀴논이다.

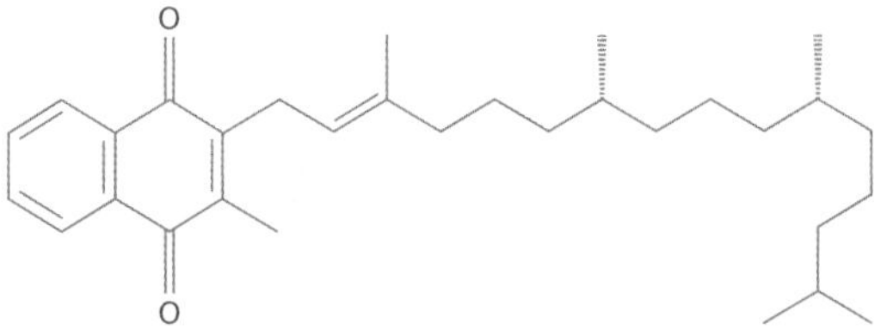

그림 6-5   비타민 K_1의 구조

비타민 K는 지혈과정에 관여하는 프로트롬빈이라는 혈장단백질의 합성과 뼈의 발달에 관여하는 오스테오칼신 합성에서 중요한 역할을 한다. 비타민 K는 장내 미생물에 의해서 합성되므로 건강한 성인에게서는 결핍증이 잘 나타나지 않지만 항생제를 장기간 사용하거나 지방소화, 흡수에 문제가 생길 경우 결핍증이 나타날 수 있다. 비타민 K의 부족 시 혈액 응고시간의 지연, 출혈성 질병 등이 나타날 수 있다. 항응고제인 디쿠마롤은 비타민 K의 작용을 방해하는 항비타민 K로 잘 알려져 있다. 비타민 K는 케일, 시금치, 브로콜리, 무청, 상추 등과 같은 푸른잎채소에 많이 함유되어 있고, 해조류, 두류, 차 등에도 비교적 많이 함유되어 있다. 비타민 K는 열이나 산에는 비교적 안정하나 알칼리, 빛, 산화제에 불안정하다.

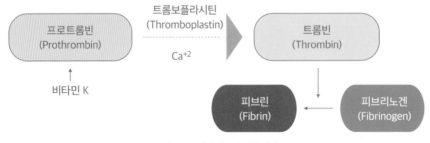

그림 6-6   비타민 K의 지혈기전

2) 수용성 비타민

수용성 비타민의 기능과 특성은 표 6-3과 같다.

표 6-3 수용성 비타민의 기능과 특성

종류	주된 기능	안정성	결핍증	과잉증	급원식품
비타민 B₁	• 탈탄산 조효소(TPP): 에너지 대사, 신경전달물질 합성	• 산에 안정 • 알칼리, 열에 불안정	• 각기병, 베르니케-코르사코프	-	• 돼지고기, 배아, 두류, 견과류
비타민 B₂	• 탈수소 조효소(FAD, FMN): 대사과정의 산화·환원 반응	• 알칼리: 루미플라빈 • 산: 루미크롬 • 자외선에 취약	• 설염, 구각염, 지루성 피부염 등	-	• 유제품, 육류, 달걀, 간, 버섯, 일반식품
비타민 B₃	• 탈수소 조효소(NAD, NDAP): 대사과정의 산화·환원 반응	• 일반적으로 안정	• 펠라그라	• 피부홍조, 간기능 이상	• 육류, 버섯, 콩류, 동물성 단백질식품
비타민 B₅	• coenzyme A 구성성분: 에너지 대사, 지질 합성, 신경전달물질 합성 등	• 일반적으로 안정	• 잘 나타나지 않음	-	• 모든 식품
비타민 B₆	• 아미노산 대사 조효소(PLP)	• 산성에 안정 • 자외선, 알칼리에 분해	• 피부염, 펠라그라, 빈혈	• 관절 경직, 말초신경 손상	• 육류, 생선류, 가금류, 일반 식품
비오틴	• 지방합성, 당, 아미노산 대사 관여	• 열, 광선, 산에 안정 • 알칼리, 산화에 파괴	• 피부발진, 탈모	-	• 난황, 간, 육류, 생선류, 땅콩 등
엽산	• THFA 형태로 단일탄소단위 운반, 핵산 대사 관여	• 알칼리에 안정 • 산성일 때 열, 광선에 의해 분해	• 거대적아구성 빈혈	-	• 푸른잎채소, 간, 육류 등
비타민 B₁₂	• 엽산과 같이 핵산 대사 관여, 신경섬유 수초 합성	• 비교적 안정	• 악성빈혈	-	• 간 등의 내장육, 쇠고기, 달걀 등
비타민 C	• 콜라겐 합성, 항산화작용, 해독작용, 철 흡수 촉진 등	• 열, 산화에 쉽게 파괴 • 효소에 의해 파괴 • 건조상태가 비교적 안정	• 괴혈병	• 위장관 증상, 신장결석, 철독성	• 신선한 채소, 과일 등

(1) 비타민 B₁

비타민 B₁(thiamin)은 비타민 중 가장 먼저 발견되었으며, '항각기성', '항신경염성 비타민' 이라고도 불린다. 티아민은 황을 포함한 티아졸(thiazole) 핵과 질소를 가지고 있는 피리미 딘(pyrimidine) 고리 구조가 결합되어 있는 형태로 식품이나 체내에서 주로 티아민인산에 스테르(TPP, thiaminpyrophosphate) 형태로 존재한다. 티아민은 세포 내 에너지 대사에서 탈탄산효소(decarboxylase)의 조효소로 작용하며 아세틸콜린과 같은 신경자극 전달물질의 합성에 관여한다. 티아민이 부족하게 되면 모든 조직, 특히 신경조직에서의 에너지 대사가 손상되어 식욕부진, 체중 감소, 부종, 심장박동의 불규칙, 신경염 등의 각기병 증상을 보이 게 된다.

티아민은 식품의 조리 및 가공과정에서 파괴가 잘되는 대표적인 비타민으로 열에 불안 정하며 습열 조리 시 손실률이 크다. 또한 산에는 안정하나 알칼리에 분해되기 때문에 밀가 루 팽창제나 두류 연화 시 탄산수소나트륨을 사용하면 티아민 손실이 크다. 생선, 고사리 등 의 식품에는 티아민을 가수분해하는 티아민 가수분해효소(thiaminase)가 있어 티아민을 파 괴하나 가열하면 효소가 불활성화된다. 이와 반대로 마늘의 매운맛 성분인 알리신(allicin) 은 티아민의 흡수와 이용률을 도와주는 역할을 한다.

티아민은 동식물성 식품에 널리 분포되어 있지만 식물성 식품에 더 많이 들어 있다. 곡 류의 배아, 두류, 견과류 등이 좋은 급원식품이다. 곡류의 도정과정에서 도정률이 클수록 배 아에 들어 있는 티아민의 손실이 증가한다. 동물성 식품에는 돼지고기, 동물의 간, 육류의 내장, 달걀 등에 함유되어 있다.

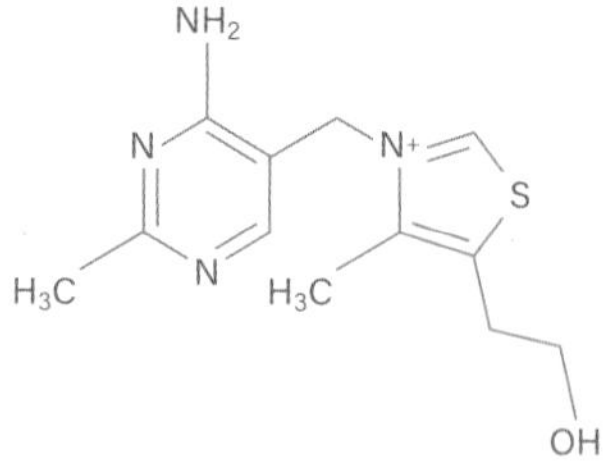

그림 6-7 티아민의 구조

(2) 비타민 B$_2$

비타민 B$_2$(riboflavin)는 오탄당(pentose)인 리보스(ribose)의 당알코올(ribitol)을 일부 구성성분으로 가지고 있는 비타민으로, '항구순구각염인자', '성장 촉진인자'라고도 한다. 식품 중에 유리상태의 리보플라빈이나 FMN(Flavine mononucleotide), FAD(Flavine Adenin Dinucleotide)의 형태로 인산과 결합되어 보조효소로 되어 있다. 리보플라빈은 체내에서 열량영양소들의 대사과정에서 수소를 주고받는 조효소로서 세포 내의 산화·환원 반응에 관여한다. 리보플라빈 단독으로 결핍되어 결핍증세가 나타나는 일은 드물지만 결핍증으로 설염(glossitis), 구각염, 지루성 피부염, 구내염 등의 증상이 나타난다.

수용성 비타민 B군 중 열에 안정성이 높으며 수용액에서 녹황색 형광을 띤다. 산화와 열에는 비교적 안정하나 자외선에 예민해 쉽게 파괴되는데 광선과 알칼리조건에서 황록색 형광물질인 루미플라빈(lumiflavin)으로, 산성조건에서는 푸른색 형광물질인 루미크롬(lumichrome)을 생성한다.

리보플라빈은 동식물계에 널리 분포되어 있으며 대체로 식물성 급원보다 육류나 유가공품이 주요 공급원이다. 유제품, 육류, 달걀, 강화곡류, 간 등과 같은 동물성 식품들과 버섯, 시금치, 브로콜리, 아스파라거스 등과 같은 식물성 식품이 급원식품이다.

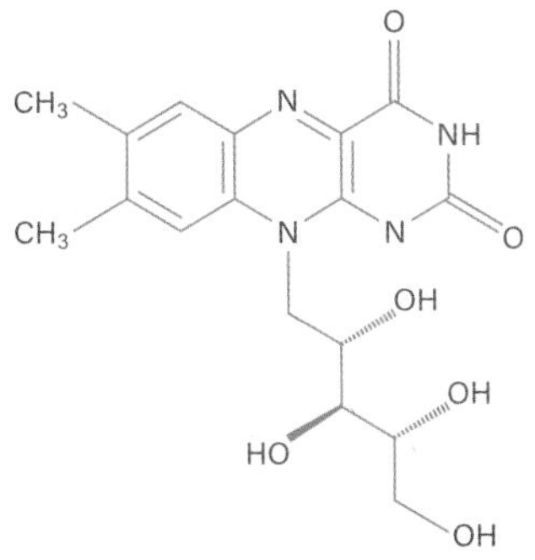

그림 6-8 리보플라빈의 구조

(3) 비타민 B$_3$

비타민 B$_3$(niacin)는 니코틴산, 니코틴아미드의 두 가지 형태의 활성형으로 존재한다. 생체 내에서 열량영양소의 대사과정에서 조효소로 작용하는 NAD(Nicotinamide Adenine Dinucleotide)와 NADP(Nicotinamide Adenine Dinucleotide Phosphate)의 구성성분이다. 비타민 중에서도 구조가 간단한 니아신은 산화·환원 반응에 관여하는 효소들의 조효소로 작용하며 에너지 대사, 지방산과 콜레스테롤 합성, 알코올 대사 등과 같은 다양한 생리적 기능을 한다. 니아신 부족 시 피부 점막 손상으로 인한 피부염과 색소침착, 설사, 치매, 사망 등의 증상으로 잘 알려진 펠라그라(pellagra)가 발생하기 때문에 니아신을 항펠라그라 인자라고도 한다. 체내 니아신의 50% 이상이 필수아미노산인 트립토판(tryptophan)에서 전환된 것으로 트립토판 60mg이 니아신 1mg으로 전환되기 때문에 트립토판이 부족한 식사를 할 경우 펠라그라가 발생할 수 있다. 과잉 섭취 시 혈관 확장, 피부홍조, 소화기장애, 가려움증, 간기능 이상 등의 부작용이 생길 수 있다.

니아신은 열, 산, 알칼리, 광선, 산화제에 대해 안정하여 보통 조리나 가공 시 손실되지 않으나, 물을 사용하여 세척하거나 조리과정에서 물에 용출되어 손실될 수 있다. 니아신은 닭고기, 참치와 같은 어육류와 난류 같은 동물성 단백질 식품이 좋은 급원이며 땅콩, 밀기울, 콩류, 견과류 등에도 함유되어 있다.

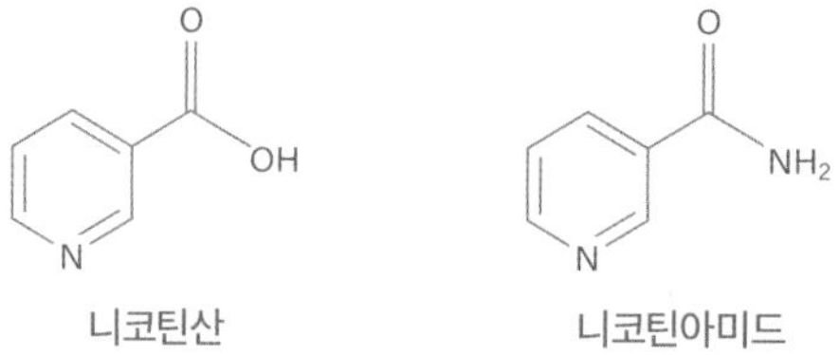

니코틴산   니코틴아미드

그림 6-9 니아신의 구조

(4) 비타민 B₅

비타민 B₅(pantothenic acid)는 "모든 곳에 존재한다"라는 뜻을 가진 그리스어 'pantothen'에서 유래되었다. 자연계에 널리 분포되어 거의 모든 식품에 골고루 함유되어 있고 장내 미생물에 의해서도 합성되기 때문에 건강한 성인에게서는 결핍증이 잘 나타나지 않는다. 판톤산(panitic acid)과 β-알라닌(β-alanine)이 펩티드 결합으로 이루어진 판토텐산은 체내에서 조효소인 코엔자임 A(CoA, Coenzyme A)의 구성성분이다. 이는 에너지 생성, 지방산, 콜레스테롤 합성을 비롯하여 아세틸콜린과 같은 신경전달물질 합성 등 체내 다양한 대사과정에 관여하는 생명 유지에 필수적인 영양소이다. 판토텐산은 열, 건조, 산화에는 비교적 안정하나, 산이나 알칼리에는 쉽게 가수분해된다. 조리과정에서의 손실은 크지 않은 편이다. 판토텐산은 대부분의 식품에 함유되어 있지만 쇠간, 난황, 땅콩 등이 좋은 급원식품이며, 우유, 채소 및 과일 등에도 소량 함유되어 있다.

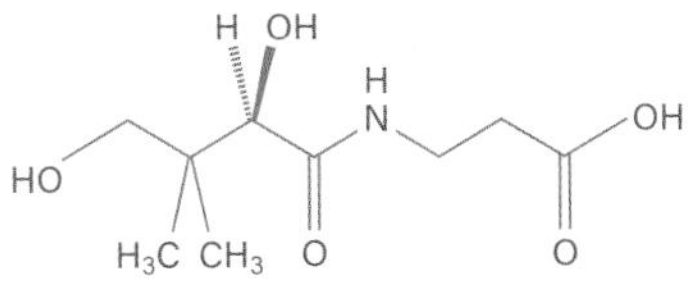

그림 6-10 판토텐산의 구조

(5) 비타민 B_6

비타민 B_6(pyridoxine)는 식품 중에 피리독신(pyridoxine), 피리독살(pyridoxal), 피리독사민(pyridoxamine)의 형태로 단백질 복합체와 결합된 인산화 형태로 존재하며, 이 세 가지의 피리딘 유도체들은 체내에서 상호 전환이 가능하다.

피리독신은 아미노산과 관련된 다양한 대사과정에서 중요한 조효소 역할을 하며, 트립토판에서 니아신 전환 반응에도 관여하고, 함황아미노산 대사, 신경전달물질 합성 등에서 중요한 역할을 한다. 또한 피리독신은 산성용액에는 안정하나 알칼리나 자외선 조사에 의해 파괴되는 특성을 가지고 있다. 이 성분은 항피부병인자로 '아데르민(adermin)'이라고도 불린다. 피리독신은 일반식품에 고루 분포되어 있고 장내 미생물에 의해 합성되기 때문에 결핍증이 잘 나타나지 않는 편이다. 이 비타민은 아미노산 대사에 관여하므로 결핍 시 아미노산 대사의 이상으로 피부염, 구각염, 설염, 근육경련, 신경과민, 신결석 등이 나타난다. 알코올 중독자, 결핵약이나 류마티스 관절염약을 장기 복용하는 사람은 소변을 통해 비타민 B_6가 과다 배설되어 결핍증이 나타나기 쉽다. 장기간 과잉 섭취 시 관절 경직, 말초신경 손상, 사지감각 특성 상실 등의 증상이 나타날 수 있다. 대체로 육류, 생선류, 가금류, 밀배아, 밀겨, 전곡, 바나나, 해바라기씨, 브로콜리 등의 동식물성 식품에 고루 분포되어 있으나, 단백질이 풍부한 동물성 식품 속의 피리독신이 생체 이용률이 높다.

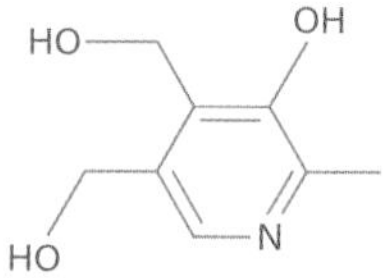

그림 6-11 피리독신의 구조

(6) 비타민 H

비타민 H(biotin)는 비오틴이라 하며 황을 함유한 비타민이다. 식품 중에서는 유리상태 또는 단백질과 결합된 형태로 존재하며 장내 미생물에 의해 합성되기 때문에 대변으로 배설되는 양이 섭취량보다 많은 것이 특징이다. 비오틴은 열량영양소의 대사에서 카르복실화효소(carboyxlase)의 조효소로 작용하며 지방산 합성, 퓨린 합성 등에서 중요한 역할을 한다. 비오틴의 결핍증은 잘 나타나지 않으나 장절제 수술이나 항생제 치료를 장기간 받거나 생난백을 장기간 섭취하였을 경우 피부발진, 성장저해, 경련 등과 같은 결핍증을 일으킬 수 있다. 생난백에는 비오틴의 작용을 방해하는 항비타민인 아비딘(avidin)이 있다.

비오틴은 열, 광선, 산에는 비교적 안정하나 알칼리와 산화에는 파괴되는 특성을 가지고 있다. 비오틴은 동식물성 식품에 널리 분포되어 있으나, 특히 난황, 간, 땅콩, 대두밀, 이스트, 치즈 등이 좋은 급원식품이다.

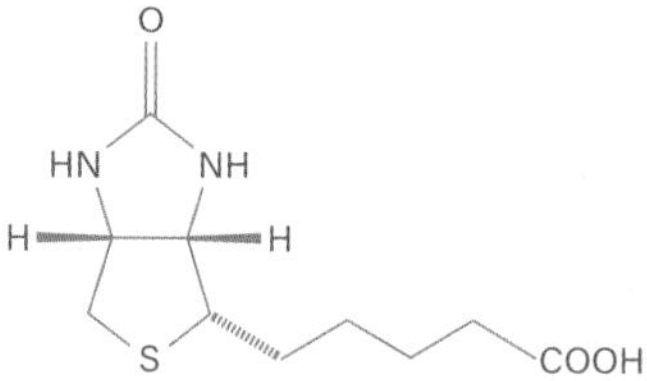

그림 6-12 비오틴의 구조

(7) 엽산

엽산(folic acid, folate)은 '식물의 잎'을 뜻하는 라틴어 'folium'에서 유래한 명칭의 비타민으로, 프테리딘(pteridine) 고리, ρ-아미노벤조산(ρ-aminobenzoic acid) 및 글루탐산으로 구성된 복합체이다. 식품 내에서 글루탐산(glutamic acid)이 3~7개가 결합된 폴리글루탐산

(polyglutamate) 형태로 존재한다. 엽산은 세포 내에서 단일탄소단위(single carbon units)를 운반하는 조효소 역할을 하며 핵산, 염기, 아미노산, 단백질 등의 합성에 필수적인 역할을 한다.

엽산은 조리, 가공과정에서 손실되기 쉬운 비타민으로 산성용액에서 엽산 자체는 열에 안정하나 알칼리성에서는 열이나 광선에 의해서 분해되는 성질이 있다. 채소를 가열조리할 경우 열에 의한 손실보다 조리수로 유출되는 손실량이 더 많으며 채소의 표면적이 클수록 조리수에 의한 손실이 커진다. 엽산은 푸른잎채소와 콩류, 과일주스, 채소주스 등이 주요 급원식품이며 간, 육류, 달걀 등에도 풍부하게 들어 있다.

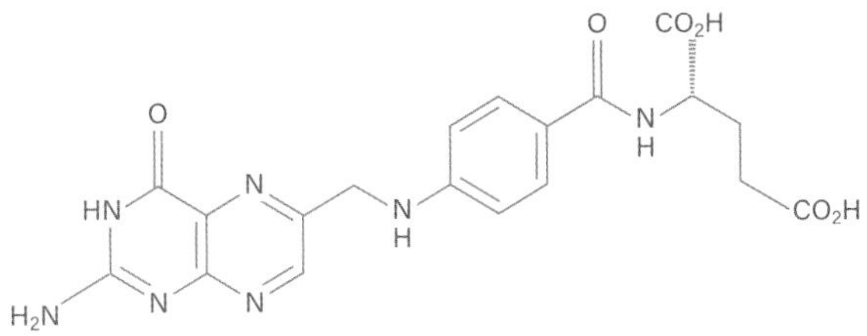

그림 6-13 엽산의 구조

(8) 비타민 B$_{12}$

비타민 B$_{12}$(cobalamin)는 항악성 빈혈인자라고 알려진 비타민으로 비타민 B군 중에 가장 늦게 발견되었다. 비타민 B$_{12}$는 4개의 피롤(pyrrol) 고리가 분자 중심에 코발트(Co)가 포함된 구조로 비타민 중 구조가 가장 복잡하며, 식품이나 체내에서 단백질과 결합된 형태로 존재한다. 비타민 B$_{12}$는 엽산과 함께 단일탄소 운반에 관여하여 핵산 관련 물질 합성과 조혈작용, 신경섬유의 수초 유지 등의 기능을 하고 있다. 비타민 B$_{12}$ 부족 시 엽산의 활성이 저하되므로 엽산과 비타민 B$_{12}$의 결핍증이 상당히 유사하여 거대적아구성 빈혈이 나타나며 신경수초 손상으로 인한 신경장애와 함께 악성빈혈이 나타난다.

비타민 B$_{12}$는 중금속이나 강산화제, 환원제 등에 의해서는 파괴되나 일반적인 조리과정에서는 큰 손실이 없는 편이다. 비타민 B$_{12}$는 식물성 식품에는 거의 들어 있지 않지만, 장내세균에 의해 합성되고 내장육, 쇠고기, 달걀 등과 같은 동물성 식품에 들어 있어 일반적인 식사를 하는 경우 결핍증이 잘 나타나지 않는다. 대체로 섭취 부족보다는 흡수에 문제가 생기면서 결핍이 나타날 수 있고 채식주의자는 동물성 섭취가 부족할 경우 결핍증이 발생할 수 있다.

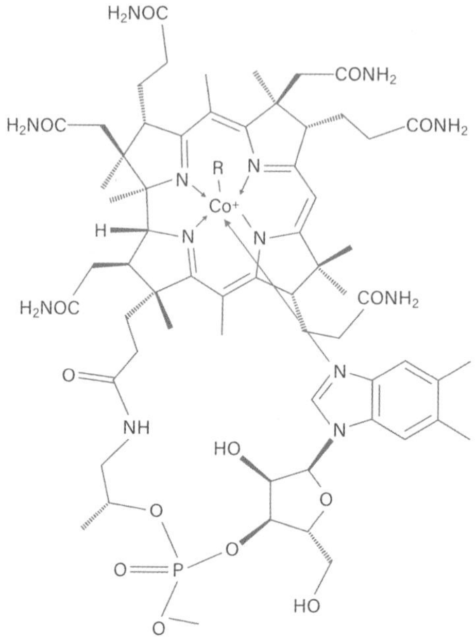

R = 5′-deoxyadenosyl, Me, OH, CN

그림 6-14 비타민 B_{12}의 구조

(9) 비타민 C

비타민 C(ascorbic acid)는 항괴혈병 인자로 잘 알려진 비타민으로 육탄당인 포도당과 유사한 구조를 가지고 있다. 그러나 우리 신체를 구성하는 세포들이 가장 좋아하는 주된 에너지원인 포도당과 구조가 유사함에도 불구하고 사람은 비타민 C 합성에 필요한 L-굴로노락톤 산화효소(L-gulonolactone oxidase)가 없기 때문에 비타민 C를 만들지 못하므로 반드시 식품을 통해 섭취해야 한다. 비타민 C는 산화형과 환원형이 존재하며 산화해도 환원형의 산화력의 1/2 정도가 남아 있으나 다시 산화되면 효력이 없어진다.

비타민 C는 생체 내 세포들의 산화·환원 반응에 영향을 주며, 우리 몸의 주요 구조단백질인 콜라겐 합성에 중요한 역할을 한다. 비타민 C는 콜라겐 합성 외에도 해독작용, 면역작용, 철 흡수 촉진, 항산화작용 등 다양한 생리활성을 가지고 있다. 그러므로 비타민 C 부족

시 연골, 근육조직 이상, 면역력 저하, 모세혈관 출혈, 상처 회복 지연 등의 괴혈병 증상이 나타나게 된다. 흡연, 경구피임약 복용, 스트레스가 있을 때 비타민 C 요구량이 증가한다.

비타민 C는 결정상태에서는 안정한 편이나 수용액 중에서는 열에 불안정하며 가열과 동시에 산소, 산화효소에 의해 쉽게 파괴된다. 따라서 고온에서 장시간 가열 시 파괴율이 매우 높기 때문에 비타민 C를 최대한 보존하려면 조리시간은 짧게, 물은 소량 사용, 채소는 통째로 조리하는 것이 좋다.

비타민 C는 자연식품을 통하여 섭취할 때는 과잉 섭취하더라도 유해현상이 거의 나타나지 않는다. 그러나 영양소 강화식품, 건강기능식품 등을 통하여 많은 양을 섭취할 경우 소화기장애, 통풍, 신장결석, 철 과다증 등과 같은 독성이 나타날 수 있다. 비타민 C의 급원식품은 감귤류, 딸기, 토마토, 감, 감자, 풋고추, 고춧잎 등과 같은 신선한 채소와 과일류이다. 철, 구리 등과 같은 금속요인들은 비타민 C의 파괴를 촉진하며, 호박, 오이, 당근 등과 같은 식품에는 비타민 C를 파괴하는 아스코르비나아제(ascorbinase)가 함유되어 있다.

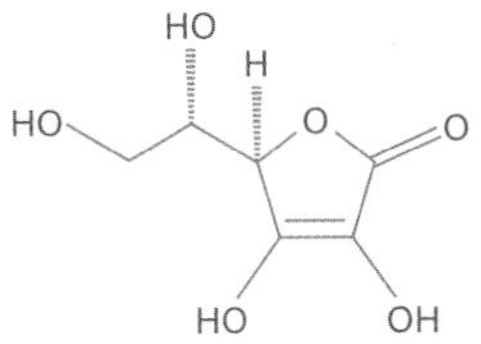

그림 6-15 비타민 C의 구조

3) 비타민 유사물질

비타민 유사물질은 건강한 성인의 경우 체내에서 합성되는 유기화합물로 비타민과 유사한 조절영양소로서의 역할을 한다.

(1) 콜린

콜린(choline)은 인지질인 레시틴(lecithin)의 구성물질로 세포막, 지단백질, 아세틸콜린 등의 주요 성분이다. 건강한 성인은 간에서 콜린이 합성되지만, 성장기나 회복기 환자는 식품으로 섭취하지 않으면 결핍증이 나타날 수 있다. 콜린은 항지방간 인자로, 결핍 시 지방간, 출혈성 신장괴사 등이 나타날 수 있다. 콜린은 자연식품에 널리 분포되어 있으며 간, 달걀, 땅콩, 우유 등이 좋은 급원식품이다.

(2) 카르니틴

카르니틴(carnitine)은 성인의 간, 신장세포에서 합성되며 지방산으로부터 에너지를 생성하기 위해서 지방산을 미토콘드리아 내로 운반하는 작용을 한다. 비타민 C는 카르니틴 합성 과정에 관여하므로 비타민 C 결핍은 카르니틴 부족을 초래할 수 있다. 신생아는 카르니틴의 합성능력, 저장능력이 낮으므로 반드시 모유를 통해 공급받아야 한다. 육류 및 유제품이 좋은 급원식품이며 필수아미노산의 공급이 부족하거나 간경화, 만성신장질환자는 결핍증이 나타날 수 있다.

(3) 이노시톨

이노시톨(inositol)은 포도당과 유사한 구조를 가진 항지방간 인자로 인지질의 구성성분이다. 9개의 이성체로 존재하며 이 중 미오이노시톨(myoinositol)이 인체에서 사용되고 모유에 함량이 높다. 대사조절 및 성장에 관여하고 동식물식품에 널리 분포되어 있으며 생체 내 합성이 잘되기 때문에 결핍증이 쉽게 나타나지 않는다.

(4) 타우린

타우린(taurine)은 건강한 성인의 간과 뇌에서 시스테인과 메티오닌으로부터 합성되며 미숙아나 신생아는 합성능력이 미약하다. 타우린은 담즙산의 성분, 심장 수축 촉진, 인슐린작용 촉진, 항산화작용 등 다양한 생리활성을 가지고 있으며 성장속도가 빠른 시기에는 특히 타우린 요구량이 높다. 조개류와 같은 동물성 식품이 주요 급원식품이므로 채식주의자는 결핍증이 나타나기 쉽다.

(5) 리포산

리포산(lipoic acid)은 에너지 대사에서 피루브산의 산화를 촉진하여 아세틸-CoA로 전환되는 반응에 관여하며 장내 미생물에 의해 합성되기 때문에 결핍증이 나타나지 않는다.

2. 무기질

무기질은 유기화합물을 구성하는 탄소, 수소, 산소, 질소를 제외한 모든 원소를 말한다. 식품을 600℃ 내외의 고온에서 연소시켰을 때 남은 부분을 '재(ash)', '회분'이라 하며, 이 회분의 양이 식품 속에 들어 있는 무기질 함량을 나타낸다. 무기질은 인간의 신체를 구성하는 영양소로서 체중의 약 4%를 차지하고 있어 탄수화물보다도 많은 양의 무기질이 우리 몸을 이루고 있다. 또한 무기질은 구성영양소로서의 역할뿐만 아니라 생체 내에서 산·알칼리 균형, 삼투압 조절, 대사의 촉매작용 등과 같은 생리적 기능을 조절하는 조절영양소로서의 중요한 역할을 하고 있다. 식품 속의 무기질은 식물색소의 고정에 관여하여 색의 변색을 방지하거나 식품의 짠맛, 쓴맛과 같은 맛을 부여하고 식품의 물성에 관여하는 등의 역할을 한다. 이렇게 다양한 기능을 가진 무기질은 생체 내 합성이 불가능하기 때문에 반드시 식품 섭취를 통해서 공급해주어야 한다.

무기질은 소화과정이 따로 필요하지 않고 식품성분들로부터 무기질을 분리하는 과정만 필요하다. 그러나 식품 속에 무기화합물이나 이온상태로 미량으로 존재하기 때문에 흡수과정에서 식이 내 다른 영양소의 영향을 많이 받는다. 그러므로 섭취하는 식품들의 구성에 따라 흡수율에 차이가 많이 나고 조리·가공조건에 따라서도 손실률에 차이가 크다. 무기질은 하루 섭취 필요량이나 체내 존재량을 기준으로 하여 다량무기질(macromineral)과 미량무기질(micromineral)로 구분할 수 있다.

표 6-4 **다량무기질과 미량무기질**

분류	구분	종류
다량무기질	• 체중의 0.01% 이상 • 1일 필요량 100mg 이상	• 칼슘, 인, 칼륨, 황, 염소, 나트륨, 마그네슘
미량무기질	• 체중의 0.01% 미만 • 1일 필요량 100mg 미만	• 철, 아연, 구리, 요오드, 셀레늄, 코발트, 불소, 몰리브덴, 크롬, 망간 등

1) 다량무기질

다량무기질은 1일 필요량이 100mg 이상이거나 체중의 0.01% 이상 존재하는 무기질을 말한다.

표 6-5 다량무기질의 기능과 특성

종류	주된 기능	결핍증	과잉증	급원식품
칼슘	• 골격 및 치아 형성 • 근육의 수축·이완 • 혈액 응고 • 신경자극 전달 • 세포막투과성 조절 • 세포 대사	• 구루병, 골연화증, 골다공증, 테타니증 • 내출혈 등	• 변비, 신결석, 고칼슘혈증	• 우유 및 유제품 • 뼈째 먹는 생선 • 굴 및 해조류 • 두부 등
인	• 골격 및 치아 형성 • 비타민, 효소활성 조절 • 영양소의 흡수·운반 • 에너지 대사 관여 • 산-염기 조절	• 잘 나타나지 않음 • 성장 지연 • 골연화증, 골다공증 등	• 신장질환 환자: 골격질환 • 철, 구리, 아연 등의 흡수 저하	• 동식물계에 널리 분포 • 가공식품 및 탄산음료
칼륨	• 삼투압 조절 • 산-염기 조절 • 글리코겐·단백질 대사 • 근육의 수축·이완 • 신경자극 전달	• 잘 나타나지 않음 • 식욕부진, 근육경련, 구토, 설사 등	• 신장질환 환자: 고칼륨혈증, 심장마비 등	• 녹엽채소, 과일, 전곡, 서류, 육류 등
마그네슘	• 골격 및 치아 형성 • 근육이완 • 신경안정 • ATP 구조안정제 • 다양한 효소활성 보조인자	• 불규칙한 심장박동 • 경련, 정신착란	• 식사 외 급원 또는 신장질환 시 호흡부전	• 녹엽채소, 전곡, 대두, 견과류 등
나트륨	• 삼투압 조절 • 산-염기 조절 • 영양소 흡수 • 신경자극 전달	• 심한 설사, 구토, 부신피질 부전 시 성장 감소, 식욕부진, 근육경련, 두통, 혈압 저하 등	• 고혈압, 부종	• 육류, 생선류, 유제품 등의 동물성 식품 • 장류, 가공식품, 화학조미료 등
염소	• 산-염기 조절 • 위산의 구성성분 • 삼투압 조절 • 신경자극 전달	• 잦은 구토, 이뇨제 사용 시 저염소혈증 • 소화불량, 성장부진, 발작	• 고혈압	• 소금을 함유한 식품들

(계속)

종류	주된 기능	결핍증	과잉증	급원식품
황	• 함황아미노산의 구성성분 • 호르몬, 효소, 비타민 등의 구성성분 • 해독작용 • 산-염기 조절	• 잘 나타나지 않음 • 성장 지연	-	• 함황아미노산을 함유한 단백질 식품

(1) 칼슘

칼슘(Ca, calcium)은 체내에 가장 많이 함유된 무기질(성인의 경우 약 1~1.5kg, 체중의 1~2%)이다. 체내에 함유된 칼슘의 99%는 뼈와 치아에 저장되어 있으며, 골격과 치아를 구성하는 주성분으로 골격을 유지하는 기능을 하고 있다. 약 1% 미만이 체액과 혈액에 존재하며, 이 중 혈중 칼슘의 60%는 생리적으로 활성화되어 있는 이온형이고, 35%는 혈장 알부민과 결합된 형태로 존재하며 다양한 생리기능을 조절하는 역할을 하고 있다. 근육의 수축과 신경전달 자극, 세포막의 투과성 조절, 혈액 응고 등의 다양한 생리기능에 관여하고 있으므로 혈중 칼슘 농도가 일정하게 유지되어야 인체의 필수적인 기능이 정상적으로 작동될 수 있다. 혈중 칼슘 농도는 일정범위(9~10mg/dl)를 벗어나지 않도록 부갑상선호르몬(parathyroid hormone), 비타민 D, 칼시토닌(calcitonin)에 의해 항상 일정하게 유지되고 있다.

칼슘은 골격과 치아를 형성하고 근육의 수축과 신경전달 자극, 세포막의 투과성 조절, 혈액 응고 등의 다양한 생리기능에 관여한다. 칼슘 섭취가 부족할 경우 가장 흔하게 나타나는 것이 골연화증과 골다공증과 같은 골격계통의 증상이며, 테타니와 같은 신경계질환과 혈액 응고 지연 등이 나타난다. 과잉 섭취 시 변비, 신장결석 등이 생기고 신장, 심장, 혈관 등의 연조직에 칼슘이 축적되어 경화되는 독성이 나타날 수 있다.

칼슘은 다양한 동식물성 식품 속에 들어 있으나 일반적으로 불용성 염의 형태로 존재하여 흡수율이 낮다. 또한 식품 속의 다른 성분들에 의해 흡수율에 영향을 많이 받는다. 칼슘의 흡수를 증진하는 인자들로는 유당, 단백질, 비타민 D, 비타민 C 등이 있다. 칼슘과 인의 비율이 1~2:1일 때 흡수율이 높다. 반대로 인의 비율이 높을 때는 칼슘의 흡수가 저해되며 과량의 지방, 수산, 피틴산, 식이섬유소 등도 칼슘의 흡수를 방해한다. 대체로 동물성 식품의 칼슘이 식물성 식품의 칼슘보다 흡수율이 좋으며 우유 및 유제품, 뼈째 먹는 생선, 굴 및 해조류, 두부 등이 좋은 급원식품이다.

(2) 인

인(P, phosphorus)은 칼슘 다음으로 체내에 많이 존재하는 무기질로 유기인과 무기인으로 나뉜다. 체내 인 함량은 체중의 약 0.8~1.2% 정도이며, 체내에 존재하는 인의 85%가 뼈와 치아에 들어 있으며, 나머지는 세포 내액과 세포 외액에 유기인산염 에스테르, 인단백질, 인지질, 무기인산염 이온 형태로 존재한다. 인은 칼슘과 함께 골격과 치아를 구성하며, 세포막을 구성하는 인지질과 혈중 지질을 운반하는 지단백질, DNA, RNA와 같은 핵산의 필수성분이다. 에너지 대사, 비타민과 효소의 활성 조절, 영양소의 흡수와 운반, 산-알칼리 균형 등 체내에서 다양한 기능을 하고 있다.

인은 동식물계에 널리 분포하며, 가공식품 및 탄산음료에는 인산이 많이 포함되어 있어 균형 잡힌 식사를 하는 경우에는 결핍증상이 잘 나타나지 않는다. 대사질환이 있거나 영양 섭취상태가 좋지 않을 경우 근골격계질환이 발생할 수 있으며 다양한 생리활성 물질들의 구성성분으로 관여하기 때문에 근육과 신경계에 문제가 발생할 수 있다. 인은 식품첨가물로 자주 사용되며, 골격 형성에 중요한 역할을 하는 칼슘에 비해 흡수율이 50~70%로 높기 때문에 과잉되기 쉽다. 인을 과량 섭취할 경우 칼슘 외에도 미량무기질인 철, 구리, 아연 등의 흡수에도 지장을 초래할 수 있다.

또한 인은 곡류, 두류, 육류, 유제품 등에 많이 함유되어 있으며, 특히 단백질 함량이 높은 식품에 많다. 동물성 식품에 함유된 인이 식물성 인에 비해 흡수율이 좋으며, 특히 한국인의 식생활에서 인의 주요 급원인 곡류에 함유된 피틴(phytin) 형태의 인은 흡수되기 어려우며 칼슘의 흡수를 방해한다.

(3) 칼륨

칼륨(K, potassium)은 우리 몸에서 칼슘, 인에 이어 세 번째로 많이 존재하는 무기질이며 세포 내액 중에 가장 풍부한 양이온이다. 세포 외액에 많이 함유되어 있는 나트륨과 세포 내외의 칼륨과 나트륨의 비율을 조절하여 체액의 삼투압과 수분평형을 조절하는 중요한 역할을 하고 있다. 또한 산-알칼리 평형을 조절하며, 신경과 근육세포의 자극 전달을 조절하여 근육의 수축과 이완에 관여하고, 글리코겐 합성, 단백질 대사에도 관여한다.

칼륨의 급원식품은 녹엽채소, 육류, 우유, 과일, 전곡 등이며, 건강한 사람의 일상적 식사로는 결핍증과 과잉증이 나타나지 않는다. 보충제로 과다 섭취할 경우 위장장애나 심장에 부담을 줄 수 있고, 신장에서 칼륨의 균형을 조절하기 때문에 신부전 환자는 고칼륨혈증으로 호흡곤란이나 심장마비 등이 나타날 수 있다. 이뇨제나 알코올, 커피, 설탕 등을 과다 섭취할 경우에도 소변으로 칼륨 배설이 촉진되고 오랜 기간 동안 음식물 섭취에 문제가 있거나 심한 구토나 설사로 인해 영양소 흡수장애가 있을 경우 저칼륨혈증이 나타날 수 있다. 저칼륨혈증의 경우 식욕부진, 근육약화, 근육경련, 정신혼란, 불규칙한 심장박동 등이 나타날 수 있다.

(4) 마그네슘

마그네슘(Mg, magnesium)은 광합성을 하는 엽록소의 구성원소로 푸른잎채소에 많이 함유되어 있다. 체내에 존재하는 마그네슘의 60%가 골격과 치아에 함유되어 있으며 칼슘보다는 골격에서 서서히 유리되는 편이다. 나머지 40% 중 약 1%가 세포 외액에, 99%가 세포 내액에 존재하여 칼륨 다음으로 두 번째로 세포 내액에 많이 존재한다. 마그네슘은 신경자극, 근육의 수축과 이완에 관여하고, 다양한 효소들의 활성제와 보조인자로 혈당 조절, 혈압 조절 등의 다양한 대사과정에 관여한다. 칼슘과 서로 반대작용을 하여 근육을 이완시키고 신경을 안정시키는 효과가 있다. 체액의 산과 알칼리 평형 조절에도 관여한다.

마그네슘의 급원식품은 전곡, 푸른잎채소, 대두, 견과류, 코코아 등의 식물성 식품이다. 수산(oxalic acid), 피틴산(phytic acid), 과잉의 지방산, 식이섬유가 마그네슘의 흡수를 방해하며 알코올 중독자에게 결핍증이 잘 나타난다. 마그네슘 결핍 시 마그네슘 테타니 증상이 나타나 불규칙한 심장박동, 근육약화, 발작, 정신착란 등의 증상이 나타난다. 일반적인 식사에서는 과잉증이 발생하지 않으나 신장기능에 이상이 있거나 식품 외 급원으로 다량 섭취 시 혈중 마그네슘 농도가 상승하여 중추신경계 장해, 호흡억제 및 혼수상태를 초래할 수 있어 식품 외 급원일 경우 상한섭취량이 설정되어 있다.

(5) 나트륨

나트륨(Na, sodium)은 세포 외액에 전체량의 50%, 골격과 치아에 40%가 존재하며, 나머지 10% 이하의 적은 양이 세포 내에 존재하는 무기질이다. 칼륨과 나트륨의 비율은 세포 내액에서는 10:1, 세포 외액에서는 1:28의 비율로 존재하며, 이 비율은 삼투압을 조절하여 체내 수분 함량을 일정하게 함으로써 세포가 정상적인 생명활동을 유지할 수 있도록 도와준다. 따라서 이는 세포에 작용하는 외부 환경조건을 일정하게 유지시켜주는 항상성에서 중요한 역할을 한다.

또한 나트륨은 산, 염기 평형, 물질의 능동 수송, 근육 수축 조절, 신경자극 전달 등에도 관여한다. 체내 나트륨 항상성은 부신피질에서 분비되는 알도스테론에 의해 신장을 통해 이루어지므로 결핍증은 잘 나타나지 않는다. 그러나 심한 설사나 구토 또는 부신피질 기능 부전 시 식욕부진, 설사, 두통, 혈장량 감소로 인한 혈압 저하, 권태, 피로, 정신 불안 등의 증상이 나타날 수 있다. 과잉 섭취 시 고혈압, 부종, 위 관련 질환들의 발병률이 증가한다.

나트륨의 급원식품은 육류, 생선, 달걀, 유제품 등 동물성 식품이며, 소금, 간장, 된장, 고추장, 김치, 가공식품, 화학조미료로부터 공급되는 양이 많다. 한국인들은 전통 장류 문화와 가공식품의 섭취 증가로 인해 나트륨 과잉 섭취가 문제가 되고 있어, 권장섭취량이 1일 2,000mg으로 설정되어 있다.

(6) 염소

염소(Cl, chloride)는 나트륨과 함께 세포 외액에서 삼투압을 조절하는 무기질로 나트륨, 칼륨과 함께 소장에서 쉽게 흡수된다. 체내에 존재하는 염소의 88%가 세포 외액에, 12%가 세포 내액에 존재한다. 위산의 성분으로 소화작용을 도와주며 세포 외액의 주요한 음이온으로서 산-염기의 평형 조절에도 관여한다. 일상적인 식생활에서는 염소 결핍증이 나타나지 않으나 엄격한 채식을 하거나 장시간 빈번한 구토, 무분별한 이뇨제를 사용할 경우 결핍증이 나타날 수 있다. 젓갈류, 라면, 식빵, 소시지, 절임 채소 등 소금을 함유한 식품이 급원식품이다.

(7) 황

황(S, sulfur)은 무기황의 형태로는 거의 흡수되지 않으며 대부분 유기물질의 형태로 소장에서 흡수된다. 체내에 존재하는 대부분의 황은 티아민, 비오틴 같은 비타민이나 메티오닌, 시스테인, 시스틴 같은 함황아미노산의 구성성분으로 존재하기 때문에 모든 세포에 들어 있다. 또한 피부, 손톱, 모발 등과 같은 결체조직의 구성물질이며 점성다당류나 황지질의 구성성분이기도 하다. 황은 단백질의 4차 구조를 가능하게 하며 산-알칼리의 평형을 조절하고, 산화·환원 반응에 관여한다. 또한 페놀이나 크레졸 같은 독성물질을 비독성물질로 전환하여 소변으로 배설시키는 해독작용을 한다. 황은 대부분의 식품에 함유되어 있으며 단백질이 풍부한 식사를 하게 되면 결핍증상이 잘 나타나지 않는다. 함황아미노산을 함유한 육류, 우유, 달걀 등의 동물성 단백질 식품이 좋은 급원이며 부추, 마늘, 파, 양파 등 황을 함유한 채소들에 함유되어 있다.

2) 미량무기질

미량무기질은 1일 필요량이 100mg 미만이거나, 체중의 0.01% 이하로 존재하는 무기질을 말한다.

표 6-6 미량무기질의 기능과 특성

종류	주된 기능	결핍증	과잉증	급원식품
철	• 산소의 이동과 저장(헤모글로빈, 미오글로빈) • 효소의 성분 • 면역기능 • 신경전달물질 합성 등	• 소구성저색소성 빈혈 • 성장부진 • 손톱, 발톱 변형 • 식욕부진, 피로	• 혈색소증, 당뇨, 심부전	• 헴철: 육류, 생선, 가금류 등 • 비헴철: 난황, 채소, 곡류, 두류 등
아연	• 금속효소 성분 • 생체막 구조와 기능 유지 • 상처 회복 및 면역기능	• 성장 지연 • 식욕부진 • 미각, 후각 감퇴 • 면역 저하 • 상처 회복 지연	• 소구성저색소성 빈혈 • 설사, 구토	• 동물성 식품

(계속)

종류	주된 기능	결핍증	과잉증	급원식품

구리	• 철의 흡수 및 이용
	• 금속효소 성분
	• 결합조직 합성
		• 소구성저색소성 빈혈
		• 성장부진, 골격질환,
		  심장순환계 장애
			• 구토, 설사, 간세포
			  손상, 혈관질환,
			  혼수
				• 동물의 내장,
				  어패류, 달걀,
				  전곡, 두류

요오드	• 갑상선호르몬 성분	• 갑상선종, 크레틴증 • 갑상선기능부진	• 갑상선기능항진증	• 해조류, 생선

셀레늄	• 글루타티온 산화효소
	  성분
	• 비타민 E 절약작용
		• 케산병(울혈성 심장병
		  일종)
		• 카신백증(골관절질환)
			• 피부발진, 구토,
			  설사, 신경계 손상,
			  간경변 등
				• 해산물, 내장육
				• 곡류, 견과류:
				  토양 중 함량에
				  영향을 받음

망간	• 금속효소 성분
	• 중추신경계 기능에
	  관여
		• 건강한 성인에게서
		  거의 나타나지 않음
		• 성장 지연, 생식부전 등
			• 근육계장애	• 밀배아, 콩, 간
				  등

불소	• 골격과 치아에서 무기질 용출 방지	• 충치 • 골다공증	• 반상치 • 위장장애	• 생선, 동물의 뼈

몰리
브덴
	• 금속효소 보조인자
	• 잔틴산화효소의
	  조효소
		• 심장박동 증가
		• 호흡곤란
		• 허약, 혼수
			• 통풍	• 밀배아, 전곡류,
				  내장육

코발트	• 비타민 B$_{12}$의 성분 • 조혈작용	• 악성빈혈	• 적혈구 증가 • 심장근육 손상 • 신경 손상	• 동물성 단백질 식품
크롬	• 당내성인자 • 혈청 콜레스테롤 감소	• 당뇨 • 혈중 콜레스테롤 증가	• 피부궤양	• 육류, 달걀, 간, 전곡류 등

(1) 철

철(Fe, iron)은 동식물계에 널리 분포하고 있는 무기질로서 신체에서는 약 67%가 혈색소인 헤모글로빈에 존재한다. 또한 조직 내 철은 약 3~5% 정도가 근육색소인 미오글로빈에 존재하며, 전체량의 30% 정도는 페리틴, 헤모시데린 등과 같은 철단백질의 형태로 간, 지방, 골수에 저장된다. 철은 세포 내에서 산화·환원 반응에 관여하는 시토크롬(cytochrome)을 구성하며 에너지 대사에 관여하고, 과산화수소분해효소(catalse), 과산화효소(peroxidase) 등과 같은 금속효소들의 구성성분이기도 하다. 철 결핍 시 적혈구의 헤모글로빈 농도가 감소된 소구성저색소성 빈혈이 나타나고 성장 지연, 발달장애, 면역력 저하, 인지능력 감소, 작업 수행능력 감소 등의 다양한 증상이 나타난다. 과잉 섭취 시 간, 심장, 근육, 혈액 등에 축적되어 손상을 초래할 수 있다.

철은 육류, 생선, 가금류와 같은 동물성 식품에 존재하는 헤모글로빈과 미오글로빈에 결합되어 있는 헴철(heme iron) 형태가 흡수율이 높으며 식이 중의 다른 성분들에 흡수율이 영향을 받지 않는다. 반면에 난황, 채소, 곡류 중의 철은 비헴철(non heme iron) 형태로 흡수율이 헴철에 비해 낮으며 식품 중의 성분들에 의해 흡수율이 영향을 많이 받는데, 비타민 C, 유기산들은 흡수를 촉진해주고 피틴산, 옥살산, 인산염, 탄닌, 식이섬유들은 흡수를 방해한다.

(2) 아연

아연(Zn, zinc)은 주로 단백질과 결합한 상태로 모든 세포에 존재한다. 체내 주요한 대사과정에 관여하는 200여 개의 효소의 성분으로 효소단백질의 구조를 안정화시켜 효소가 생물학적 활성을 갖게 한다. 생체막의 구조와 기능 유지, DNA, RNA와 같은 핵산 합성에 관여하여 단백질 대사와 단백질 합성을 조절하며, 성장, 상처 회복, 면역, 미각세포 발달, 생식세포 발달 등과 같은 다양한 기능을 한다. 결핍 시 성장 발달 지연, 상처 회복 지연, 면역기능 저하, 식욕부진, 미각 감퇴, 생식기 발달 저하 등과 같은 다양한 증상이 나타난다. 성장기 어린이, 가임기 여성, 회복기 환자들에게 부족해지기 쉽다. 과잉증은 흔하지 않으나 아연을 과잉 섭취할 경우 철이나 구리의 흡수를 방해하여 소구성저색소성 빈혈이 생길 수 있다.

아연은 식품 중에 널리 함유되어 있으나 육류(붉은 살코기), 우유, 굴, 게, 새우 등 동물성 식품에 함유된 아연의 흡수율이 더 좋기 때문에 동물성 단백질 식품이 좋은 급원이다. 아연은 흡수될 때 구리와 경쟁을 하기 때문에 구리의 농도가 높을 경우 흡수율이 저해되며 피틴산, 식이섬유소에 의해 흡수가 저해된다.

(3) 구리

구리(Cu, copper)는 체내에서 주로 혈액과 근육에 존재하며 혈액 중에 구리의 90%가 셀룰로플라스민(celuroplasmin)이라는 혈장단백질에 결합되어 있다. 식품 중에는 연체동물이나 갑각류의 혈색소인 헤모시아닌(hemocyanine), 사과나 감자를 갈변시키는 산화효소 등에 함유되어 있다. 구리는 체내 대사에 관여하는 다양한 효소들의 구성성분이며 콜라겐, 엘라스틴과 같은 결합조직 단백질의 합성에도 관여한다. 또한 구리는 철의 흡수와 이동에 도움을 주기 때문에 구리 결핍 시 철분 결핍 시와 동일한 소구성저색소성 빈혈이 발생한다. 과잉 섭취 시 오심, 구토, 설사, 간세포 손상, 혈관질환 등의 증상이 나타날 수 있다.

동물의 내장, 어패류, 굴, 달걀 등의 동물성 식품이 좋은 급원이며 전곡, 두류 등에도 함유되어 있다. 흡수과정에서 아연과 경쟁적으로 흡수되기 때문에 아연의 섭취가 증가할 경우 구리의 흡수율이 저하되며 곡류에 들어 있는 피틴산도 구리의 흡수율을 저하시키나 위산은 구리의 흡수율을 증가시킨다.

(4) 요오드

요오드(I, iodine)는 체내에 존재하는 양의 60~70%가 갑상선호르몬(thyroxine)에 있기 때문에 결핍이나 과잉 시 갑상선호르몬의 이상을 초래하여 질환이 발생된다. 갑상선호르몬은 중추신경계의 정상적인 발달, 대사속도를 증가시켜 열 생산량을 증가시키고, 단백질과 콜레스테롤 합성 촉진 등 다양한 기능에 관여한다.

요오드 결핍 시 단순갑상선종, 갑상선기능 부전, 점액수종 등이 나타나고 임신 중의 요오드 결핍으로 인해 성장 지연, 왜소증, 정신박약 등의 증상을 나타내는 크레틴증(cretinism)을 가진 아이를 출산할 수 있다. 과잉증으로는 갑상선기능항진증, 바세도우씨병(Basedow's disease), 갑상선중독증 등이 나타날 수 있다. 김, 미역 등의 해조류와 해산물이 주요 급원식품이며 해안지역의 토양에서 자란 작물들에 풍부하게 들어 있다. 양배추, 상추, 땅콩, 콩, 기장 등과 같은 식품에 요오드의 흡수와 이용을 방해하는 물질인 고이트로겐(goitrogen)이 있다.

(5) 셀레늄

셀레늄(Se, selenium)은 토코페롤과 함께 세포 내 과산화물 농도를 낮추고 유리라디칼 생성을 방지하여 항산화작용을 하는 글루타티온 과산화효소(glutathione peroxidase)의 구성성분이다. 그러므로 셀레늄 부족 시 세포가 산화적 손상을 받아 기능을 잃게 된다. 결핍 시 울혈성 심부전이나 골관절질환이 발생하고, 일반적인 식사로는 과잉증이 잘 나타나지 않으나 보충제 과다 복용 시 피부발진, 구토, 설사, 신경계 손상, 간경변 등과 같은 증상이 나타날

수 있다. 동물의 내장, 해산물과 같은 동물성 식품이 셀레늄을 축적하므로 비교적 안정된 급
원식품이고 곡류, 견과류 등에 함유된 셀레늄 함량은 토양의 셀레늄 함량에 따라 달라진다.

(6) 망간

망간(Mn, manganese)은 다양한 금속효소의 구성요소 및 활성화 인자이며 뇌하수체, 신장,
간, 췌장과 같은 대사가 활발한 장기와 조직에 분포되어 있다. 건강한 성인에게서는 결핍증
이 거의 나타나지 않으나 망간 결핍 식이를 할 경우 성장 지연, 생식부전, 골격이상, 혈액 응
고 지연, 저콜레스테롤혈증, 홍조 등의 결핍증이 나타날 수 있다. 밀배아, 씨앗, 콩, 잎 많은
채소, 육류, 견과류 등이 급원식품이다.

(7) 불소

불소(F, fluoride)는 95%가 치아, 뼈에 존재하며 칼슘과의 친화력이 높다. 충치 예방 및 억제
작용을 하며 골다공증을 지연하는 역할도 한다. 생선, 해조류 등에 많이 함유되어 있으며 수
돗물에 처리되기도 한다. 결핍 시 충치 및 골다공증 발생 위험률이 증가하며 과잉 섭취 시
치아의 에나멜질에 갈색 반점이 생기고 치아 구조가 약해지는 현상인 반상치가 발생한다.

(8) 몰리브덴

몰리브덴(Mo, molybdenum)은 다양한 금속효소의 보조인자이며 요산 생성, 퓨린 대사, 함
황아미노산 대사 등에 관여한다. 정상적인 식사를 하는 건강한 사람에게서는 결핍증이 잘
나타나지 않으나 결핍 시 심장박동 증가, 호흡곤란, 허약, 혼수 등이 나타날 수 있다. 과잉증
으로는 요산 증가로 인한 통풍과 유사한 증상이 나타나며 동물에서는 생식과 태아발달을
저해하는 것으로 보고되었다. 몰리브덴은 토양에 풍부하게 함유되어 있으며, 밀배아, 전곡
류, 내장육, 우유 및 유제품, 잎채소 등이 급원식품이다.

(9) 코발트

코발트(Co, cobalt)는 항악성 빈혈인자로 잘 알려진 수용성 비타민인 B_{12}의 구성성분으로 주
로 간에 저장된다. 신장에서 적혈구 조혈자극 호르몬인 에리트로포이에틴(erythropoietin)

의 형성을 증가시키는 역할을 하며 결핍 시 거대적혈구성 빈혈과 악성빈혈이 발생한다.

육류, 어류, 달걀 같은 동물성 식품이 좋은 급원이다. 결핍증은 채식주의로 동물성 식품의 섭취가 부족하거나 위벽세포의 노화로 인한 위산과 내적인자인 당단백질이 부족할 경우 발생할 수 있다. 과잉 섭취 시 심장근육 손상, 수초형성 문제 등이 발생할 수 있다.

(10) 크롬

크롬(Cr, chromium)은 인슐린과 인슐린 수용체 복합체 형성을 도와주는 무기질로 당내성 인자로 잘 알려져 있다. 인슐린이 세포막에 결합하는 작용을 도와 세포막을 통한 포도당의 이동을 촉진하며 혈청 콜레스테롤을 낮추고 핵산의 구조를 안정화하는 데 관여한다. 육류, 간, 도정하지 않은 전곡류, 효모 등이 급원식품이며 결핍 시 당뇨, 혈중 콜레스테롤, 중성지질, 유리지방산 증가 등의 증상이 나타난다. 과잉증으로는 알레르기피부염, 피부궤양, 간기능 부전 등이 보고되고 있다.

3) 무기질에 의한 식품 구분

산성 식품과 산생성 식품은 산성 물질을 형성하는 물질이 많은 경우로 음이온이 되는 무기질(인, 황, 염소, 요오드 등)을 많이 함유한 식품이나 체내에서 대사되어 산성을 나타내는 식품을 말한다. pH가 7보다 낮은 식품은 주로 동물성 식품에 해당된다. 그러나 식물성 식품 중에서도 곡류는 체내 에너지 대사과정에서 이산화탄소가 생성되어 탄산이 되므로 산성 식품이다.

알칼리 식품과 알칼리생성 식품은 알칼리성 물질을 형성하는 물질이 많은 경우로 양이온이 되는 무기질(칼슘, 칼륨, 나트륨, 마그네슘, 철, 구리, 아연 등)을 많이 함유한 식품이나 체내에서 대사되어 알칼리성을 나타내는 식품을 말한다. 주로 과일, 채소 등과 같은 식물성 식품이 해당되며 동물성 식품에서는 우유가 해당된다.

4) 식품 조리·가공 중의 무기질 변화

채소 조리 시 세포 내외의 삼투압의 차이에 의하여 무기질 및 수분의 용출이 일어나는데 온도가 높을수록 빨리 일어난다. 전골 조리 시 간장을 넣으면 채소나 고기 속의 수분이 빠져나와 빨리 끓게 되고, 물의 어는점은 순수한 물에 비해 낮아진다. 본질적인 화학 변화는 거의 일어나지 않으나 무기질에 의한 색소의 고정이나 변색, 방지, 단백질 응고 등이 발생한다. 가공기계, 조리기구, 냄비, 칼 등의 표면에서 용출하는 금속이온이 식품의 맛, 색, 영양가에 크게 영향을 미칠 수도 있다. 또한 조리과정에서 무기질이 손실될 수 있는데, 일반적으로 끓일 때 가장 많이 손실되고, 찌거나 구울 때는 손실이 적어진다.

5) 무기질과 수질

수질은 물속에 녹아 있는 무기질의 종류와 양에 따라 센물(경수)과 단물(연수)로 구분된다. 센물은 칼슘, 마그네슘과 같은 다가금속을 많이 함유한 물로 지하수와 우물물이 속하며, 식품 중의 전분, 단백질, 펙틴, 지질, 유기산 등과 결합하여 조직을 경화시키고, 풍미를 저하시킨다. 단물은 칼슘과 마그네슘이 적게 녹아 있는 물로 증류수, 빗물 등이 해당되며 차의 맛을 좋게 해준다.

식품의 색, 냄새, 맛

식품의 색과 냄새 그리고 맛은 식품 고유의 특징을 나타내고 식품의 가치를 판단하는 기준이 될 수 있는 중요한 요소이다. 특히, 식품의 신선도를 판단하는 요소 중 하나가 색이 될 수 있는데, 식품의 변색은 가공식품이나 오래된 저장식품의 색소가 파괴되었거나 식품 내 각 성분의 상호작용에 의해 새로운 색소들이 형성되었음을 의미하므로 식품의 품질을 평가할 수 있는 기준이 될 수 있다.

식품의 냄새는 식품의 맛을 연상시키고 우리의 기호를 자극할 뿐만 아니라 식품의 품질 판단에 중요한 역할을 한다. 또한 우리가 섭취하고 있는 식품은 고유의 맛 특성을 가지고 있고, 좋은 맛은 식욕 증진 및 소화흡수에도 긍정적인 영향을 주므로 식품의 품질을 결정하는 중요한 요소가 될 수 있다.

1. 식품의 색

1) 식품의 색소

식품 속 색소는 출처에 따라 동물성 색소와 식물성 색소로 나누어진다. 식물성 색소는 용해도에 따라 지용성 색소와 수용성 색소로 나눌 수 있다. 지용성 색소에는 카로티노이드(carotenoid)와 엽록소(chlorophyll)가 있으며, 수용성 색소에는 안토시아닌(anthocyanin)과 플라보노이드(flavonoid)가 있다(그림 7-1).

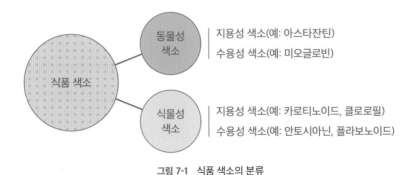

그림 7-1 식품 색소의 분류

지용성 색소 중 카로티노이드(carotenoid)는 오렌지색이나 노란색 또는 빨간색을 띠며, 물에 녹지 않고 지방이나 용매에 녹는 구조적으로 서로 비슷한 색소의 총칭이다. 따라서 카로티노이드 색소 내에는 매우 다양한 개별 색소들이 존재한다. 우리가 흔하게 접하는 베타카로틴(β-carotene), 디히드로-베타카로틴(dihydro-β-carotene), 잔토필(xanthophyll), 제아잔틴(zeaxanthin), 크립토잔틴(cryptoxanthin), 피살리엔(physalien), 빅신(bixin), 리코펜(lycopene), 칸타잔틴(canthaxanthin), 아스타잔틴(astaxanthin), 캅소루빈(capsorubin), 토룰라호딘(torularhodin)과 캡산틴(capsanthin)과 같은 색소물질들이 카로티노이드계 색소에 속한다.

수용성 색소 중 플라보노이드는 라틴어에서 '노란색'을 뜻하는 'flavus'에서 유래되어, 주로 노란색이나 담황색을 나타내는 경우가 많다. 플라보노이드계 색소에는 안토잔틴류(anthoxanthins), 안토시아닌류(anthocyanins), 카테킨류(catechins)와 류코잔틴류(leucoxanthins) 등이 포함되나 주로 안토잔틴류가 플라보노이드계 색소로 인식된다. 이들 중 카테킨류(cathchins)와 류코잔틴류(leucoxanthins)는 원래 색이 없으나 산화되면서 흑갈색으로 변한다. 일반적으로 이들은 플라보노이드가 아닌 탄닌류(tannin)로 분류한다.

수용성 색소 중 안토시아닌류(anthocyanins)는 여러 과실에 선명한 색을 주는 색소들이다. 일반적으로 수백 종의 안토시아닌이 존재하는 것으로 알려져 있다. 안토시아닌은 선명한 색을 내지만 가공이나 조리과정 중 다른 성분 혹은 금속이온과 쉽게 반응하여 복합체를 만들어 퇴색이 잘된다. 안토시아닌류 색소에는 펠라고니딘(pelargonidin), 시아니딘(cyanidin), 델피니딘(delphinidin), 페오니딘(peonidin), 페튜이딘(petuidin), 말비딘(malvidin) 등이 있다. 안토시아닌류는 최근 다양한 생리활성효과로 일반인에게도 널리 알려져 있다.

식품성 색소 중 수용성 색소는 서로 어느 정도의 상관관계를 가지고 있는 경우가 많다. 예를 들어 탄닌류의 에피카테킨(epicatechin)이 산화하면 안토시아닌류인 시아니딘이 되고, 이것이 더 산화하면 플라보노이드인 퀘르세틴(quercetin)이 된다. 즉, 서로 산화·환원과정을 통해 전환될 수 있는 여지가 있다.

2) 식물성 색소의 변색

(1) 식물성 지용성 색소

엽록소(chlorophyll)에서는 식물의 광합성이 이루어진다. 엽록소의 구조식은 그림 7-2와 같다. 엽록소는 구조학적으로 크게 마그네슘(Mg) 부분과 피톨(phytol) 부분 그리고 메탄올(methanol) 부분을 가지고 있다. 엽록소는 지용성이지만 피톨 부분이 떨어져 나가면 물에 녹는다. 엽록소는 화학방법에 의해 분해과정을 거치는데 이 과정에서 색이 다양하게 변화한다. 엽록소의 변색과정은 그림 7-3과 같다.

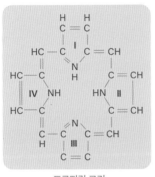

포르피린 고리

피톨

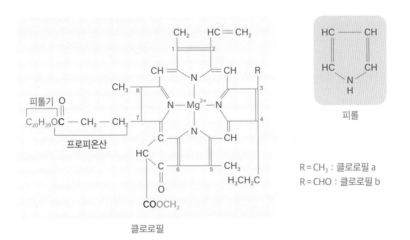

클로로필

R = CH₃ : 클로로필 a
R = CHO : 클로로필 b

피롤

그림 7-2 클로로필의 구조
출처: 조신호 외, 새로 쓰는 식품학, 교문사, 2020

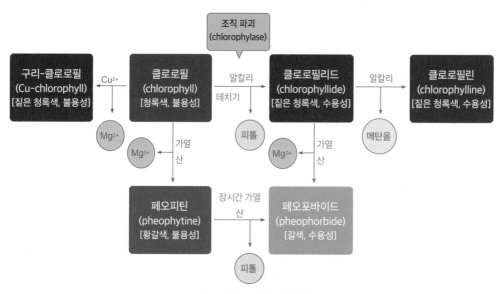

그림 7-3 클로로필의 변색과정
출처: 조신호 외, 새로 쓰는 식품학, 교문사, 2020

청록색의 클로로필(chlorophyll)은 산에 의해 마그네슘 이온을 잃어 황갈색의 페오피틴 (pheophytin)이 되고, 클로로필 분해효소(chlorophyllase)의 작용을 받을 때는 피톨(phytol) 을 잃고 선녹색의 메틸 클로로필리드(methyl chlorophyllide)로 변한다. 또한 강산처리를 할 경우 마그네슘 이온과 피톨기를 동시에 잃어 페오포바이드(pheophorbide)로 변한다.

김치를 담그고 나서 시간이 지나면 배추의 녹색이 점차 갈색으로 변화하는 것을 볼 수 있는데, 이는 김치 중 유산균이 생육하면서 만들어낸 유산에 의해 pH가 떨어지고 그로 인 해 마그네슘 이온이 제거되어 페오피틴(pheophytin)이 되기 때문이다. 엽록소와 마찬가지 로 지용성인 카로티노이드 색소는 지용성 색소로, 식물성과 동물성 카로티노이드계 색소 로 나눌 수 있다. 식물성 카로티노이드 색소에는 카로틴(α-, β-, γ-carotene)과 크립토잔 틴(cryptoxanthin), 루테인(lutein), 지아잔틴(zeaxanthin)과 같은 잔토필(xanthophll)류가 있다.

카로티노이드계 색소는 구조적으로 모두 트랜스형일 때 더 짙은 색을 띠고 시스형이 포 함되면 색이 연해진다. 빛을 조사하거나, 가열처리를 하거나, 산처리를 하면 트랜스형 일부 가 시스형으로 바뀌어 색이 약해진다.

(2) 식물성 수용성 색소

식물성 수용성 색소로는 대표적으로 안토시아닌(anthocyanin)계, 안토잔틴(anthoxanthin)계 및 탄닌(tannin)계 색소가 있다. 이들은 모두 화학 구조상 폴리페놀(polyphenol) 화합물을 가진다. 탄닌은 떫은맛을 내는 맛 성분이기도 하다.

① 안토시아닌계 색소

안토시아닌(anthocyanin)은 안토시아니딘(anthocyanidin)에 당이 결합되어 있는 기본 구조를 가지고 있다. 그림 7-4의 A 부분에 당이 붙게 되는 구조이다. B 부분에는 -OH기나 -OCH₃기가 붙게 되는데, -OH기가 많을수록 푸른색이 증가하고, -OCH₃가 많을수록 적색이 증가한다. 안토시아닌계 색소는 다음과 같은 특징이 있다.

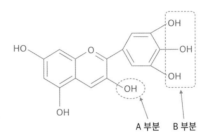

그림 7-4 안토시아닌의 구조

- 수용액의 pH에 따라 색깔이 변한다. 시아닌(cyanin)의 경우 pH 3에서 적색을 나타내지만, pH를 8.5로 올리면 자색으로, pH를 11로 올리면 청색으로 변한다.
- SO_2에 의해 쉽게 탈색된다.
- 색소의 농도에 따라 색깔이 다르게 나타난다.
- 안토시아닌계 색소는 다당류에 흡착되어 있으며, 보통 혼합물로 존재한다. 혼합물의 성분이 변하면 색도 변한다.
- 탄닌이 산화되면 안토시아닌으로, 더 산화되면 플라보노이드로 바뀐다.
- 안토시아닌은 금속이온들과 여러 색깔의 복합체를 형성한다. 금속의 종류에 따라 색이 좋아지거나 나빠진다.

② 안토잔틴계 색소

안토잔틴(anthoxanthin)은 식물에 존재하는 플라보노이드 색소의 한 가지로, 안토시아닌과 같이 수용성의 특성을 가진다. 일반적으로 무색이거나 흰색 또는 노란색을 띤다. 콜리플라워의 흰색은 안토잔틴 색소가 나타내는 색이다. 안토시아닌 색소의 pH가 변화함에 따라 색이 바뀌는 것처럼, 안토잔틴 색소 역시 일반적으로 산성에서는 흰색을 나타내다가 알칼리조건으로 변화하면 노란색을 나타낸다. 또한 무기질과 금속이온의 존재 여부에 따라서도 색이 변화한다. 안토잔틴에서도 다양한 생리활성효과가 연구되고 있으며, 식품 속에서 항산화효과를 나타내기도 한다.

③ 탄닌계 색소

탄닌(tannin)은 식물 갈변의 원인이 되는 무색의 폴리페놀 성분의 총칭이다. 떫은맛을 내는 맛 성분으로 분류하기도 하지만, 무색에서 산화되면 색을 띠기 때문에 색소로도 볼 수 있다. 폴리페놀 화합물로 여러 가지 항균력, 항산화력 또는 생리적 특성을 보이는 경우가 많다. 탄닌은 금속과 결합력이 매우 강하여 금속이온을 제거하는 데 사용하기도 한다.

대표적인 탄닌에는 카테킨류(카테킨과 그 유도체들), 류코안토시아닌, 클로로겐산 등이 있다.

3) 동물성 색소의 변색

동물성 색소로는 미오글로빈(myoglobin)과 헤모글로빈(hemoglobin)이 있으며, 아스타잔틴과 같은 동물성 카로티노이드계 색소가 있다. 이 중 수용성인 미오글로빈은 글로빈 폴리펩티드 사슬 1개와 헴(heme, Fe^{2+}) 1분자가 결합된 것으로 헤모글로빈은 글로빈 사슬 4개와 헴 4분자가 결합한 것이다. 미오글로빈은 헤모글로빈과 같이 헴의 중심에 있는 철(Fe)과 글로빈 단백질의 히스티딘(histidine)의 이미다졸(imidazole) 고리의 질소원자와 결합하여 형성된 색소이다(그림 7-5).

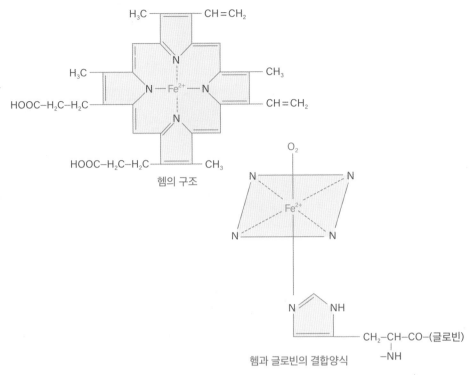

헴의 구조

헴과 글로빈의 결합양식

그림 7-5 헴의 구조와 헴과 글로빈의 결합양식
출처: 조신호 외, 새로 쓰는 식품학, 교문사, 2020

미오글로빈은 육류에 많이 포함되어 있으며, 상황에 따라 몇 가지 색으로 변화한다. 우선 산소를 가지고 있으면 옥시미오글로빈[oxymyoglobin(MbO$_2$)]이 된다. 이때 선홍색을 띠며, 그런 이유로 신선한 육제품은 선홍색을 나타낸다.

산소를 얻고 잃고는 가역적 반응으로 진행된다. 미오글로빈이 산화되면 메트미오글로빈[metmyoglobin(Met-Mb)]이 되며 이때 갈색을 띠게 된다. 메트미오글로빈은 환원에 의해 자주색의 미오글로빈으로 다시 돌아갈 수 있다. 하지만 아질산(HNO$_2$)이 존재할 때 환원시키면 니트로소미오글로빈[nitrosomyoglobin(NO-Mb)]이 된다. 이때 색은 핑크색을 나타낸다. 니트로소미오글로빈은 햄 제조 시 발색제로 첨가한 아질산염들의 반응 메커니즘과 같다. 미오글로빈을 변성시키고 산화시키면 갈색을 나타내는 헤민(hemin)이 된다. 미오글로빈의 변색과정은 그림 7-6과 같다.

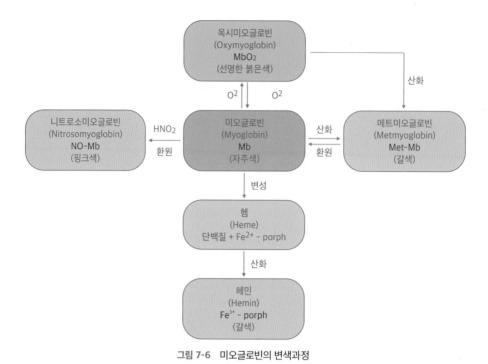

그림 7-6 미오글로빈의 변색과정

햄 가공 시 가열 변성을 하면 육류는 적색에서 갈색으로 변한다. 이는 자연스러운 변색 과정이지만, 햄의 품질을 떨어뜨리는 현상으로 이를 막기 위해 아질산염이 첨가된다. 아질산염을 첨가하면 핑크색이 나타나 색에 의한 거부감을 방지할 수 있다는 장점과 함께 다음과 같은 추가적인 장점도 얻을 수 있다.

- 미오글로빈과 반응하여 안정적인 핑크색을 얻을 수 있다.
- 특유의 육류 향기를 유지할 수 있다.
- 식중독균인 보툴리누스균(*clostridium botulinum*)의 생장을 억제할 수 있다.
- 가열 이취(warmed off flavor)를 제거할 수 있다.

4) 갈변

사과의 껍질을 공기 중에 두면 갈색으로 변하며 대두를 삶아서 만든 메주를 공기 중에 두어도 갈색으로 변하는데, 이러한 현상을 '갈변(browning)'이라고 한다. 일반적으로 갈변은 갈색이 주는 특성 때문에 식품의 기호성과 품질에 대부분의 경우 나쁜 쪽으로 영향을 미친다. 식품의 갈변은 크게 원인이 되는 갈변효소가 참여하느냐 하지 않느냐에 따라 효소적 갈변(enzymatic browning reaction)과 비효소적 갈변(non-enzymatic browning reaction)으로 나누어진다. 즉, 사과의 갈변은 효소적 갈변, 메주의 갈변은 비효소적 갈변의 대표적인 예이다. 효소적 갈변과 비효소적 갈변은 과정에 따라 각각 세분화된다(그림 7-7).

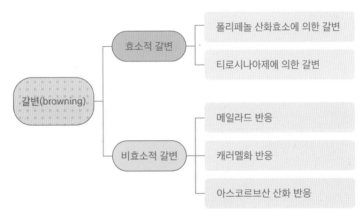

그림 7-7 갈변의 분류

(1) 효소적 갈변
채소나 과일 속에는 갈변효소가 존재하는데, 이 효소들은 공기와 접촉하여 갈변을 나타낸다. 채소와 과일에 대표적으로 존재하는 갈변효소에는 폴리페놀산화효소(polyphenol oxidase)와 티로시나아제(tyrosinase)가 있다.

① 폴리페놀 산화효소에 의한 갈변
폴리페놀 산화효소(polyphenol oxidase, diphenol oxidase 또는 polyphenolase)에 의한 갈변

메커니즘은 그림 7-8과 같다.

사과, 복숭아 등에 많이 들어 있는 카테콜(catechol) 역시 폴리페놀이다. 여기에 폴리페놀 산화효소가 작용하면 벤조퀴논(benzoquinone)이 되며, 이 물질이 폴리머화(polymerization)를 거치면 멜라닌(melanin)이 되며 갈색을 띤다. 이 산화효소는 효소분자 내에 구리원자를 가지고 있어 구리와 접촉하면 효소의 활성도(activity)가 높아진다. 반응의 최적 pH는 5~7 정도로 알려져 있다.

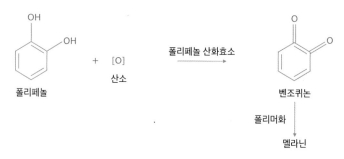

그림 7-8 효소에 의한 갈변 메커니즘

② 티로시나아제에 의한 갈변

티로시나아제(tyrosinase) 역시 갈변효소이나, 폴리페놀 산화효소와는 반응에 차이가 있다. 일단 기질로는 티로신만 반응한다. 하지만 갈변 반응은 폴리페놀 산화효소의 갈변과 전체적으로 비슷한 메커니즘으로 진행된다. 과거에는 감자의 갈변을 막기 위해 아황산염을 사용했으나, 지금은 아황산염의 사용이 금지되었다. 감자를 물에 넣으면 티로시나아제가 수용성이므로 물에 녹아 나와 감자의 갈변이 억제된다.

티로시나아제에 의한 갈변 메커니즘을 간단하게 정리하면 그림 7-9와 같다.

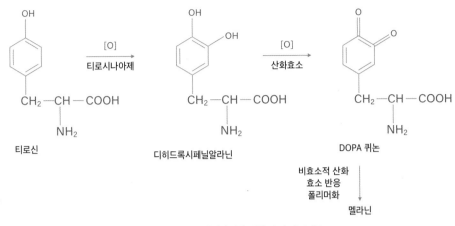

그림 7-9 티로시나아제에 의한 갈변 메커니즘

③ 효소적 갈변의 억제방법

효소적 갈변의 억제방법을 정확하게 이해하려면 먼저 효소 반응을 이해해야 한다.

효소 반응이 진행되려면 효소(enzyme)와 기질(substrate)이 필요하며, 이 두 요소가 결합하여 효소-기질 복합체(enzyme-substrate complex)를 만든다. 이 복합체에서 화학적 반응이 진행되어 기질은 새로운 생성물(product)이 되고 효소는 다시 원상태로 돌아온다. 효소 반응을 막기 위해서는 효소를 제거하거나 본래의 기능을 상실시키거나 기질을 제거하면 된다. 효소 반응이 산화 반응일 경우, 반응이 진행되기 위해서는 산소가 필요한데, 이때 산소 공급이 원활하지 못하면 효소 반응이 억제된다. 이와 같이 효소, 기질, 산소 공급 중에서 하나만 억제되도 효소 반응은 일어나지 않는다. 효소는 단백질이기 때문에 열변성이나 화학적 변성을 통하면 본래의 기능을 상실한다.

효소에 의한 갈변이 진행되기 위해서는 활성을 가지고 있는 갈변효소와 기질, 산소가 꼭 필요하다. 이 중 기질을 제거하기는 어려우므로 효소를 불활성화시키거나 산소와의 접촉을 억제하는 방법을 강구하면 된다. 대표적인 억제방법은 다음과 같다.

- 열처리(blanching) : 데치기 정도의 방법으로도 효소는 쉽게 열에 의해 불활성화된다. 불활성화되면 효소는 변성을 일으켜서 생화학적 활성을 나타내지 못하고 갈변 반응을 일으키지 못하게 된다.

- 아황산가스나 아황산염 이용 : 과거에는 이 방법으로 아주 손쉽게 효소의 갈변을 억제할 수 있었다. 하지만 아황산염이 천식환자들에게 치명적인 영향을 줄 수 있어 사용이 금지되었다. 또한 이 방법을 사용할 경우 비타민 B_1과 B_2가 쉽게 파괴되어 영양소 감소가 동반된다.
- 산소 제거 : 산소를 제거하면 산소와의 접촉을 막을 수 있다. 이러한 예로는 불활성 기체의 첨가나 CA 저장 등이 있다.
- 산을 이용한 pH 조절 : 효소들은 모두 최적반응 pH를 가진다. 따라서 산을 이용하여 pH를 낮추면 효소들의 반응속도가 급격히 감소한다.

(2) 비효소적 갈변

① 메일라드 반응

메주가 갈색으로 바뀌는 이유는 바로 메일라드(maillard) 반응 때문이다. 메일라드 반응은 다음과 같이 여러 가지 다른 이름으로 불린다.

- 메일라드 반응 : 발견자인 '메일라드(maillard)'에서 따온 이름이다.
- 아미노-카보닐(amino-carbonyl) 반응 : 반응에 참여하는 작용기인 '아미노기'와 '카보닐기'에서 따온 이름이다.
- 멜라노이딘(melanoidine) 반응 : 최종 반응 산물인 '멜라노이딘'에서 따온 이름이다.

위 명칭에서 알 수 있듯이 메일라드 반응은 아미노기와 카보닐기가 모두 존재할 때 일어난다. 식품 속에서 아미노기는 단백질과 펩티드 · 아미노산으로 존재하고, 카보닐기는 환원당이나 유지 산화 생성물 등으로 존재한다. 따라서 단백질과 탄수화물이 존재하는 식품은 언제든 메일라드 반응에 의해 갈변이 일어날 수 있다. 메주를 만들어 공기 중에 놓아두면 서서히 갈변하는 이유가 바로 이 메일라드 반응이 자연적으로 진행되기 때문이다. 이 반응은 자연발생적으로 일어나기 때문에 온도 조절로는 막기 어렵다. 특히, 아미노기 중 리신(lysine)은 아미노기를 우선적으로 반응에 사용하기 때문에 리신 함량이 급격히 떨어져서 1차 제한아미노산이 리신인 식품(예: 밀가루)은 영양적으로 크게 영향을 받는다.

메일라드 반응은 크게 초기, 중간, 최종의 3단계로 나눌 수 있다. 각 단계의 특징을 간단히 설명하면 다음과 같다.

- 초기 단계 : 아직 색소가 생성되지는 않은 단계이며 근자외선에서 흡광을 나타내지 않는다. 주로 축합 반응(condensation), 에놀화 반응(enolization), 재배치 반응(rearrangement)이 일어난다. 알칼리 용액 중에서 환원력이 더욱 증가하는 모습을 보인다.
- 중간 단계 : 주로 초기 단계에서 만들어진 생성물의 산화 · 분해가 일어나게 된다. 이 과정 중에 여러 종류의 고리화합물(cyclic compound)이 생성되고, 푸르푸랄(furfurals), 리덕톤(reductones)과 휘발성 물질(volatile compounds)이 생성된다. 색소성분들이 만들어져서 근자외선부에서 강력한 흡광력을 보여주며, 일부는 흐린 노란색을 띠기도 한다. 중간 단계에서는 주로 당탈수 반응과 당분해 반응이 일어난다. 당탈수 반응(sugar dehydration)에 의해 3-데옥시글루코존(3-deoxyglucosone)과 그것의 3,4-디온(3,4-dione) 화합물이나 HMF(hydroxymethyl-furfural) 화합물이 생성된다. 또한 당분열 반응에 의해 α-디카보닐(α-dicarbonyl) 화합물이나 리덕톤과 색소물질이 생성된다. 이 과정에서 아미노산과 단당류의 함량이 감소하며, 아미노산보다 단당류의 감소가 더 크게 일어난다. 중간 단계 반응은 산성용액 중에서 환원력이 증가한다.
- 최종 단계 : 스트레커 분해 반응(strecker degradation), 알돌축합 반응(aldol condensation)과 폴리머화(polymerization)가 일어난다.

중간 단계에서 만들어진 α-디카보닐 화합물은 아미노산과 반응하면서 여러 분자의 알데히드 화합물과 이산화탄소를 생성한다. 여기서 알데히드는 휘발성 성분과 향기성분으로 식품의 냄새에 관여한다. 발생하는 이산화탄소는 갈색도가 증가할수록, 반응 진행도가 높아질수록 증가하여, 갈변 반응의 정도를 나타내는 척도로 사용할 수 있다. 이 분해 반응과정에서 아미노산이 급격하게 감소한다.

최종 단계의 알돌축합 반응은 이전에 만들어진 반응성이 강한 카보닐 화합물 중 α- 위치에 수소를 가진 화합물에 의해 일어난다. 축합 반응에 의해 만들어진 알돌축합 화합물은 이전에 비해 분자량이 증가하게 되는데, 이 화합물은 다시 다른 아미노 화합물과 계속 축합 반응을 일으키며 분자량은 계속 증가한다.

이 과정을 통해 멜라노이딘(melanoidine) 색소성분이 만들어진다. 이 색소성분은 캐러멜(caramel)과 비슷하며, 향기 또한 유사하다. 멜라노이딘은 형광을 띠는 물질로 아황산을 첨가해도 탈색되지 않는다.

메일라드 반응의 초기, 중간, 최종 단계의 반응을 간단히 정리하면 그림 7-10과 같다.

그림 7-10 메일라드 반응의 진행도

② 캐러멜화 반응

밀크캐러멜, 땅콩캐러멜 등 캔디 제조의 핵심 반응은 캐러멜화(caramelization) 반응에 의한 갈변이다. 과자나 빵을 오븐에 구우면 표면이 갈색으로 바뀌는 것도 이 반응 때문이다.

캐러멜화 반응은 당의 탈수 반응에 의해 일어난다. 당을 가열하면 온도가 올라감에 따라 탈수 반응이 일어나면서 갈변된다. 따라서 메일라드 반응과는 다르게 자연적으로 일어나지 않고 아미노기나 카보닐기의 존재 유무도 상관없다. 당을 가열하여 만든 캐러멜은 색소와 향료로 이용되며, 반응에 참여한 당의 종류와 상관없이 형성된 캐러멜은 대체로 일정한 형태를 띤다.

일반적으로 가장 많이 사용되는 설탕(sucrose)의 캐러멜화 과정을 요약하면 표 7-1과 같다.

③ 아스코르브산 산화 반응

아스코르브산은 원래 채소나 과실류 속에 풍부하게 존재하는 중요한 수용성 비타민 중 하나이다. 아스코르브산은 천연 항산화제로 널리 사용되며, 효과적인 항갈색화제(anti-browning agent)로 과실과 채소의 건조제품과 과즙, 냉동제품 및 통조림제품에 많이 쓰인다. 그러나 이 아스코르브산의 비가역적 산화생성물(irreversibly oxidized products)에는 이러한

표 7-1 설탕의 캐러멜화 과정

반응온도	특징
160℃	• 설탕이 포도당과 과당의 무수물로 변화함
200℃	• 캐러멜화 반응이 시작됨
200℃(35분 가열)	• 설탕 1분자당 1분자의 물이 탈수됨 • 이소-사카로산(iso-saccharosan) 생성
200℃(55분 가열)	• 설탕 무게비 9%의 수분 손실 • 캐러멜란(caramelan) 생성
200℃(55분 이상 가열)	• 설탕 무게비 14%의 수분 손실 • 캐러멜렌(caramelen) 생성
더 가열 시	• 캐러멜 생성

항갈색화 능력이 없고 오히려 새로운 갈색화 반응을 주도한다. 이렇게 발생하는 갈변을 '아스코르브산 산화 반응에 의한 갈변'이라고 한다. 아스코르브산 산화 반응에 의한 갈변은 아스코르브산 산화효소(ascorbic acid oxidation)에 의해 촉진된다. 하지만 이 효소를 불활성시킨 후에도 갈변이 진행되는 것으로 보아 비효소적 갈변임을 알 수 있다. 이 갈변 반응은 아스코르브산의 함량이 높은 감귤류, 오렌지류 등의 가공품에서 중요한 갈변 원인이다.

2. 식품의 냄새

1) 식품 냄새성분의 종류

냄새물질은 주로 카보닐기(-CO-), 카르복실기(-COOH), 아미노기(-NH₂), 히드록시기(-OH), 페닐기(-C₆H₅) 등을 가지고 있다. 냄새성분은 화합물의 특성에 따라 에스테르, 락톤, 알코올, 알데히드, 케톤, 산 등으로 나눌 수 있으며 각 화합물은 각기 다른 냄새 특성을 나타낸다.

(1) 에스테르류(ester)

에스테르류는 과일향기의 중요한 성분으로 분자량이 증가하면 냄새가 강해지고, 그 특성이 과일냄새에서 꽃냄새로 변하게 된다. 주로 과일, 양조식품, 유제품 냄새의 주성분이 된다. 사과의 주 냄새성분은 사과 에스테르로도 알려진 에틸-2-메틸부티레이트이며, 바나나의 주 냄새성분은 이소아밀 아세테이트이다.

(2) 락톤류(lactone)

락톤은 분자 내에서 OH기와 COOH기가 탈수되어 생긴 분자 내 에스테르로, 주로 과일, 버터, 견과류의 냄새에 영향을 미치며 특유의 강한 냄새가 나는 것이 특징이다. 식물성 및 동물성 식품에 들어 있는 대부분의 락톤류는 γ-락톤, δ-락톤이다.

(3) 알코올류

알코올은 탄소 수가 5개 이하이며, 과일, 채소 등의 냄새성분의 중요한 성분이다. 또한 불포화결합을 지닌 알코올은 풋내성분을, 방향족 알코올은 꽃냄새를 나타낸다. 대부분 이중결합이 있으면 냄새가 강해지는 특징이 있다.

(4) 알데히드류

알데히드류는 과일과 채소의 풋내와 유지류의 기름진 향미 및 산패취에 관여하는 성분이다.

(5) 케톤류

케톤류는 유제품의 주요 향미에 관여하는데, 특히 케톤기를 2개 갖는 디아세틸(diacetyl), 아세토인(acetoin) 등은 버터나 발효된 유제품의 냄새성분이다.

(6) 지방산

단순 저급지방산인 프로피온산(propionic acid), 부티르산(butyric acid), 카프로산(caproic acid) 등은 우유나 버터, 치즈의 주요 냄새성분이며, 분자량이 커지면 휘발성이 낮아지므로 상대적으로 냄새가 약해진다.

(7) 테르펜류

식물체를 수증기로 증류할 때 생성되는 방향성의 유상물질인 정유는 테르펜류와 그 유도체가 주성분이 된다. 테르펜류는 냄새와 동시에 자극적인 맛을 가지고 있어 매운맛 성분을 포함하고 있다. 리모넨(limonene)과 시트랄(citral)은 레몬과 오렌지 등의 주 냄새성분이다.

(8) 함황화합물

주로 채소류와 향신료의 매운맛 성분인 휘발성 황화합물은 다량으로 존재하면 악취를 낼 수 있으나, 미량일 때는 음식물의 냄새를 상승시키는 효과가 있다. 밥에 미량으로 존재하는 황화수소(H_2S)는 구수한 밥냄새의 원인이 된다.

(9) 퓨란, 피자린류 및 헤테로고리 화합물

퓨란, 피자린류 및 헤테로고리 화합물은 식품 가열 시 일어나는 메일라드 반응에 의해 생성되는 가열식품의 휘발성분을 의미한다. 이들은 구운 고기, 끓인 간장, 볶은 콩, 볶은 참깨와 같은 식품에서 고기냄새, 땅콩냄새, 볶은 냄새 등을 나타내는 성분들이다.

(10) 암모니아와 아민류의 질소화합물

단순 암모니아와 아민과 같은 휘발성 질소화합물은 담수어와 동물성 식품의 부패취에 관여하는 냄새성분이다.

2) 식물성 식품의 냄새성분

(1) 채소의 냄새성분

채소의 냄새는 채소조직 내의 다양한 효소 반응에 의해 생성되는 휘발성 알데히드, 케톤, 에스테르, 알코올, 함황화합물과 이들의 분해 생성물 등에 의한 것이다. 백합과에 속하는 마늘, 양파, 파, 부추 등과 겨자과에 속하는 배추, 양배추, 무, 순무, 브로콜리 등과 같은 채소들은 과일과는 다른 독특하고 강한 냄새성분을 가지고 있으며, 이들은 조리과정에서 효소의 반응에 의해 생성된 황화합물이다.

① 백합과 채소

백합과 채소인 마늘, 양파, 파, 부추 등은 함황화합물 특유의 매운 향을 낸다. 마늘에는 냄새를 내는 전구물질로 S-알릴-L-시스테인 설폭사이드(S-allyl-L-cysteine sulfoxide)인 알린(alliin)이 존재한다. 마늘을 다지거나 썰면 마늘조직이 파괴되어 시스테인 설폭사이드 분해효소인 알리나아제(alliinase)가 활성화되어 알린이 디알릴티오설피네이트(diallyl thiosulfinate)인 알리신(alliicin)으로 분해된다. 알리신은 마늘의 주된 매운맛 성분으로 불쾌한 냄새는 없지만 매우 불안정한 상태이므로 강한 냄새를 내는 디알릴디설파이드(diallyl disulfide)로 전환하여 마늘 특유의 냄새가 발생하게 된다.

　　양파와 파, 부추 등은 전구물질로 S-메틸-L-시스테인 설폭사이드(S-methyl-L-cysteine sulfoxide)와 S-(1-프로페닐)-L-시스테인 설폭사이드[S-(1-propenyl)-L-cysteine sulfoxide]를 많이 함유하고 있다. 이들도 조직이 파괴되면 시스테인 설폭사이드 분해효소인 알리나아제에 의해 특유의 매운 냄새를 낸다. 중간 생성물질인 S-(1-프로페닐)-L-시스테인 설폭사이드는 불안정하여 티오프로판알 설폭사이드(thiopropanal sulfoxide)로 변환되어 양파의 특유한 냄새성분과 최루성분으로 작용하여 메르캅탄, 디설파이드, 트리설파이드 등으로 분해된다.

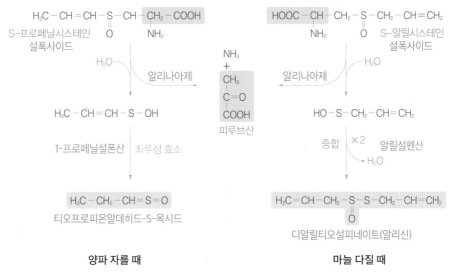

그림 7-11 백합과 채소의 냄새성분 생성과정
출처: 조신호 외, 식품화학(3판), 교문사, 2014

② 겨자과 채소

겨자과 채소인 배추, 양배추, 무, 순무, 브로콜리, 겨자 등도 함황화합물에 의해 특유의 냄새를 가지고 있다. 이들 채소에 존재하는 알릴글루코시놀레이트(allyl glucosinolate)인 시니그린(sinigrin)이 티오글루코시다아제(thioglucosidase)인 미로시나아제(myrosinase)에 의해 매운 냄새의 휘발성 성분인 알릴이소티오시아네이트(allyl isothiocyanate)인 겨자기름(mustard oil)으로 분해된다.

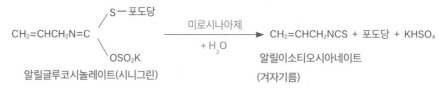

그림 7-12 겨자과 채소의 냄새성분 생성과정
출처: 조신호 외, 새로 쓰는 식품학, 교문사, 2020

(2) 과일의 냄새성분

과일은 냄새성분이 미량으로 함유되어 있으나, 전체적인 식품의 품질평가에서 큰 비중을 차지한다. 과일의 냄새성분은 조직 내에 존재하는 불포화지방산이나 류신과 같은 아미노산이 숙성과정에서 효소작용에 의해 합성된다. 과일의 주요 냄새성분은 다음과 같다.

① 사과
탄소 수가 6개 이하인 알코올류, 알데히드류, 아세트산, 프로피온산, 부티르산 등의 유기산과 이들의 에스테르류

② 감귤류
δ-리모넨(limonene), α-β-코페인(α-β-copaene), α-큐베벤(α-cubebene), β-큐베벤(β-cubebene) 등의 테르펜류

③ 바나나
아밀 아세테이트(amyl acetate), 아밀 이소발러레이트(amyl isovalerate) 등의 에스테르류

④ 복숭아
γ-데카락톤(γ-decalactone)

⑤ 오렌지, 자몽
β-시넨살(β-sinensal), 누트카톤(nootkatone)

⑥ 레몬, 라임

시트랄(citral), 리모넨(limonene)

3) 동물성 식품의 냄새성분

(1) 육류의 냄새성분

육류를 가열할 때 생성되는 독특한 냄새는 주로 메일라드 반응에 의한 것이며, 이 외에 당류, 아미노산의 열분해 등이 냄새에 관여한다. 육류의 주 냄새물질은 피라진, 퓨란, 티아졸, 피롤과 같은 헤테로고리 화합물이며 이 외에 황화수소, 암모니아 등도 육류의 냄새물질이다. 육류를 가열하면 다른 지방산 조성에 따라 각기 다른 냄새가 난다.

(2) 어류의 냄새성분

어류의 독특한 냄새는 어류에 자연적으로 존재하는 저급지방산과 어류 지방에 의해 생성된 알데히드, 케톤 등과 같은 카보닐 화합물에 의한 것이다. 어류의 비린내는 생선의 종류와 신선도에 따라 다르다. 해수어의 주 비린내 성분은 트리메틸아민(TMA, trimethylamine)이다. 생선조직에 있는 트리메틸아민옥시드(TMAO, trimethylamine oxide)가 세균작용에 의해 트리메틸아민으로 환원되어 생성되는데, TMAO는 냄새를 내지 않지만 TMA로 환원되면 특유의 비린내를 유발하게 된다. 담수어의 주 비린내 성분은 피페리딘(piperidine)과 δ-아미노발레르산(δ-amiovaleric acid), δ-아미노발레르알데히드(δ-amiovaleric aldehyde)이다. 홍어나 가오리 등이 저장되는 동안 생성되는 자극성 강한 냄새성분은 암모니아로, 미생물에 의해 요소가 분해되어 생성된다.

(3) 우유 및 유제품의 냄새성분

신선한 우유의 냄새성분은 아세톤, 아세트알데히드, 메틸설파이드, 프로피온산, 부티르산 등이며, 버터의 냄새성분은 저급지방산, 디아세틸, 아세토인 등이다. 또한 치즈의 주된 냄새성분은 에틸 β-메틸메르캅토프로피오네이트(β-methylmercaptopropionate)이다.

3. 식품의 맛

1) 맛 성분의 종류

(1) 단맛

단맛은 식생활과 매우 밀접한 관계를 가지고 있으며, 단맛을 가지는 화합물은 자연계에 존재하는 천연감미료와 인공감미료로 나눌 수 있다.

① 천연감미료

천연감미료는 포도당, 과당, 맥아당, 젖당, 설탕 등의 당류와 에틸렌글리콜, 글리세롤, 만니톨, 소르비톨 등과 같은 당알코올류 및 방향족 아미노산류가 대표적이다.

표 7-2 **천연감미료의 종류**

	종류	감미도	성질
당류	포도당(glucose)	50~70	• α형이 β형보다 1.5배 더 달다. • 결정은 α형이지만 수용액으로 되면 β형이 된다.
	과당(fructose)	100~180	• 천연 당류 중 가장 단맛이 높다. • β형이 α형보다 3배 더 달다.
	설탕(sucrose)	100	• 비환원당으로 α, β 이성체가 없어 감미 변화가 적다. • 감미의 표준물질로 사용한다.
	맥아당(maltose)	50~60	• 환원성이 있는 당이다. • α와 β형이 있으며 α형이 더 달다.
	유당(lactose)	16~28	• α와 β형이 있으며 β형이 더 달다.
당알코올	소르비톨(sorbitol)	48~70	• 포도당을 환원하여 만든 당알코올이다. • 물에 잘 녹고 청량감이 있다.
	만니톨(mannitol)	45	• 만노스를 환원하여 만든 당알코올이다. • 물에 잘 용해되지 않으며, 상쾌한 감미를 가진다.
	자일리톨(xylitol)	75	• D-자일로스를 환원하여 만든 당알코올이다. • 당뇨병환자의 감미료로 많이 사용된다.

(계속)

	종류	감미도	성질
아미노산	L-루신산 (L-leucinic acid)	설탕의 약 25배	• L-루신에 아질산을 작용시켜 루신의 -NH₂를 -OH로 치환한 형태이다.
	글리신(glycine), 알라닌(alanine), 프롤린(proline), 세린(serine)	50~70	• 아미노산 중에서 일반적으로 분자량이 적은 아미노산이 감미가 있다.
방향족 화합물	글리시리진(glycyrrhizin)	설탕의 50배	• 감초의 뿌리에 많다. • 비식품용 감미료로 담배의 향신료로 이용된다.
	필로둘신(phyllodulcin)	설탕의 200~300배	• 감차잎을 건조하여 차를 끓일 때의 감미성분이다. • 당뇨병환자의 감미료로 활용된다.
	페릴라틴(perillartin)	설탕의 200~500배	• 차조기잎의 단맛 성분이다. • 비식품용 감미료로 담배의 향신료로 이용된다.
	스테비오사이드(stevioside)	설탕의 300배	• 스테비아잎에서 생산된다. • 비발효성, 무칼로리로 충치 예방과 다이어트에 효과적인 물질이다.
	프로필메르캅탄 (propylmercaptan), 메틸메르캅탄 (methylmercaptan)	설탕의 50~70배	• 양파·마늘(프로필메르캅탄), 무(메틸메르캅탄) 등을 가열하면 매운맛을 지닌 황화합물이 단맛을 가진 황화합물로 변한다.

② 인공감미료

인공감미료는 에너지를 거의 발생시키지 않으며, 소량만 사용해도 단맛을 낼 수 있으므로 저열량의 식단이 필요한 사람이나 설탕의 섭취가 금지되어 있는 환자용으로 활용될 수 있다. 인공감미료 중 우리나라에서 사용이 허가된 것은 사카린(saccharin), 아스파탐(aspartame), 아세설팜칼륨(acesulfame potassium), 수크랄로스(sucralose), 둘신(dulcin), 시클람산 나트륨(sodium cyclamate) 등이다.

(2) 짠맛

짠맛은 생리적으로 매우 중요한 성분으로 조리에서 가장 기본적인 맛이다. 짠맛 성분은 무기 및 유기 알칼리염으로서 주로 음이온에 의존하며, 양이온은 짠맛을 강하게 하거나 부가적인 맛을 낸다. 짠맛의 대표적인 성분인 NaCl은 가장 순수한 짠맛을 나타낸다. 짠맛을 나타내는 음이온의 순서는 $Cl^- > Br^- > I^- > HCO_3^- > NO_3^-$ 순이다. 일반적으로 국물의 소금 농도는 1% 정도가 가장 기분 좋은 짠맛을 내며, 감미료 중에 0.1% 정도의 식염이 있으면 단맛이 강해진다. 유기산의 염 중에는 디소듐말산(disodium malate), 디암모늄말론산(diammonium malate), 디암모늄세바신산(diammonium sebacinate), 소듐글루콘산(sodium gluconate) 등이 소금과 비슷한 짠맛을 나타내지만 염화나트륨과 같이 완전 해리되지 않아 혈중 나트륨 농도에 큰 영향을 주지 않는다. 따라서 신장병 및 고혈압환자에게 식염 대용으로 이용한다.

(3) 신맛

식품의 신맛은 대부분 향기를 동반하는 경우가 많으며 미각의 자극이나 식욕 증진에 필요하다. 신맛 성분에는 무기산과 유기산이 있으며, 신맛은 용액 중에 해리되어 있는 수소이온과 해리되지 않은 산 분자에서 비롯된다. 따라서 신맛의 정도는 수소이온 농도인 pH와는 정비례하지 않으며 같은 pH인 경우 유기산은 무기산보다 신맛이 더 강한 편이다. 무기산은 대부분 빠르게 해리되기 때문에 수소이온의 농도가 높지만 혀에 접촉되면 곧 중화되어 신맛이 없어진다. 반면, 유기산은 해리도가 작아 수소이온의 농도는 낮으나 혀의 점막에 접촉된 수소이온이 상실되면 점차적으로 해리되지 않았던 수소이온이 해리되어 신맛이 계속되기 때문에 전체적으로 신맛을 강하게 느끼게 된다.

보통 우리가 섭취하는 식품 중의 중요한 신맛은 아세트산(acetic acid), 젖산(lactic acid), 숙신산(succinic acid), 말산(malic acid), 타르타르산(tartaric acid), 시트르산(citric acid) 등이며, 식품에 신맛을 부여하는 동시에 식품의 pH를 낮추어 부패를 방지하는 효과도 있다. 또한 과일에 풍부한 말산, 시트르산 등은 과일 특유의 풍미를 부여하기도 한다. 자연식품의

표 7-3 주요 유기산의 종류

종류	소재	특징	이용
아세트산(acetic acid)	식초, 김치류	식초 중 3~4% 함유	• 3~5% 농도로 사용됨
젖산(lactic acid)	김치류, 발효유 제품	깊은 산미 및 방부성	• 산미 및 살균력으로 식품공업에 활용됨
숙신산(succinic acid)	청주, 조개류, 사과, 딸기	감칠맛을 주는 산미	• 청주, 된장, 간장 등에 사용됨

(계속)

종류	소재	특징	이용
말산(malic acid)	과일류	상쾌한 산미	• 과자류의 산미료로 사용됨
타르타르산 (tartaric acid)	포도	칼륨염으로 존재	• 청량음료, 젤리류에 사용됨
시트르산(citric acid)	감귤류	상쾌한 산미	• 청량음료, 젤리류, 치즈 등에 사용됨 • 산화방지제의 상승제로 활용됨
아스코르브산 (ascorbic acid)	과일류, 채소류	비타민 C(산화방지)	• 과일 통조림, 주스 등에 사용됨
글루콘산 (gluconic acid)	곶감, 발효식품	풍미 있는 산미	• 곶감, 양조식품 등에 사용됨

pH는 대부분 5.0~6.5이며, 식초나 과일 외에는 신맛을 특별히 느낄 수 없다.

(4) 쓴맛

쓴맛은 일반적으로 식미를 나쁘게 하지만 쓴맛 성분에는 약리작용을 하는 것이 많이 있다. 식품에서의 쓴맛은 미량으로 존재하며 다른 맛 성분과 조화된 약간의 쓴맛은 오히려 식품의 기호성을 높여주는 작용을 한다. 쓴맛은 혀의 뒷부분에서 예민하게 느껴지며 비교적 장시간 지속된다. 쓴맛은 단맛, 신맛, 짠맛에 비해 감도가 가장 예민하며 맛의 역가가 상당히 낮다. 식품의 쓴맛 성분은 크게 알칼로이드(alkaloid), 배당체, 케톤류, 무기염류 및 단백분해물 등으로 구분된다.

표 7-4 **식품의 쓴맛 성분**

종류		소재	비고
알칼 로이드	카페인(caffeine)	차, 커피	• 녹차, 홍차, 커피, 코코아의 쓴맛을 담당 • 심장, 신장, 중추신경계에 흥분작용을 줌
	테오브로민 (theobromine)	코코아, 초콜릿	• 이뇨제로 사용
	퀴닌(quinine)	키나	• 쓴맛의 표준물질
배당체	나린진(naringin)	밀감 껍질	• 효소인 나린진나아제에 의해 분해되어 당이 제거된 아 글리콘은 쓴맛이 사라짐

(계속)

종류		소재	비고
배당체	큐커비타신 (cucurbitacin)	오이 꼭지	• 약 20여 종의 이성질체가 있음
	퀘르세틴(quercetin)	양파 껍질	• 루틴의 아글리콘 형태
케톤류	후물론(humulon), 루풀론(lupulon)	호프 (맥주의 원료)	• 기포성, 지포성, 항균력이 있음
	투존(thujone)	쑥	• 독성이 없고 분자 안에 질소가 없는 쓴맛
무기염류	염화마그네슘($MgCl_2$), 염화칼슘($CaCl_2$)	간수	• 두부 응고제로 사용
아미노산	L-트립토판 (L-tryptophan), L-루신(L-leucine), L-페닐알라닌 (L-phenylalanine)	단백질 분해물	• 된장, 치즈 등의 발효식품에서 단백질의 가수분해과 정 중에서 생성되는 쓴맛
기타	이포메아마론 (ipomeamarone)	흑반병 고구마	• 흑반병에 걸린 고구마의 쓴맛으로, 유독성분
	리모넨(limonene)	오렌지, 레몬	• 과즙을 저장하거나 가공처리 시 쓴맛이 발생
	사포닌(saponin)	콩, 도토리	• 약한 유독성분

(5) 감칠맛

감칠맛이란 단맛, 짠맛, 신맛, 쓴맛이 잘 조화되어 있는 구수한 맛을 의미하며, 단일 물질에 의한 맛이 아닌 여러 가지 맛이 혼합되어 나타내는 복잡한 맛이다. 일반적으로 식품은 감칠 맛을 가지고 있으며, 특히 단백질 식품에 감칠맛 성분이 함유되어 있다(예: 된장, 간장, 젓갈류, 조개류, 버섯 등). 감칠맛을 내기 위하여 오래전부터 천연조미료로서 간장, 된장, 젓갈류, 해조류, 버섯 등을 사용해왔으며, 최근에는 향미증진제 또는 향미강화제라 불리는 감칠맛 성분을 대량 생산하여 사용하고 있다.

표 7-5 식품의 감칠맛 성분

종류		함유 식품 및 특징
아미노산과 그 유도체	글리신(glycine)	• 조개류 및 게, 새우 등에 함유된 독특한 감칠맛 성분
	베타인(betaine)	• 오징어, 새우, 문어, 조개류, 게 등에 함유된 성분
	크레아틴(creatine)	• 어류, 육류의 일반적인 감칠맛 성분
	글루타민(glutamine)	• 육류나 어류, 채소 중에 들어 있는 감칠맛 성분
	테아닌(theanine)	• 햇빛을 가리고 재배한 녹차에 들어 있는 성분 • 단맛을 지닌 감칠맛 성분
	아스파라긴(asparagine)	• 어류나 육류, 채소 등에 들어 있는 감칠맛 성분
	트리크롬산 (trichromic acid)	• 파리버섯 중에 들어 있는 감칠맛 성분
	글루탐산나트륨염 (MSG, monosodium glutamate)	• 감칠맛의 대표적인 물질
콜린 및 그 유도체	콜린(choline)	• 대부분의 식품에 들어 있는 감칠맛 성분
	트리메틸아민 옥시드(TMAO, trimethylamine oxide)	• 어류의 감칠맛 성분 • 환원 시 트리메틸아민으로 분해되어 비린내 성분을 유발함
기타	숙신산(succinic acid)	• 청주 및 조개류에 들어 있는 감칠맛 성분
	타우린(taurine)	• 오징어, 문어 등에 함유된 감칠맛 성분

① **L-글루탐산나트륨(MSG, monosodium glutamate)**

L-글루탐산나트륨은 흔히 'MSG'라는 약자로 불리고 있으며 1908년 일본의 이케다 교수가 다시마에서 새로운 맛을 내는 물질인 glutamate를 분리하였다. MSG 맛은 일본의 가다랑어와 다시마 육수 특유의 맛 성분이며, 특허를 통하여 오늘날 대부분의 감칠맛 조미료의 원료로 사용되고 있다.

② **핵산의 감칠맛**

뉴클레오티드(nucleotide)는 염기, 당, 인산의 3성분으로 구성되어 있으며, 핵산의 구성단위가 된다. 감칠맛을 내는 성분은 5′-GMP, 5′-IMP, 5′-XMP 등의 5′-리보뉴클레오티드이며, 이 중 5′-GMP가 감칠맛의 강도가 높다. 특히, 핵산화합물은 L-글루탐산나트륨과 혼합 시에 감칠맛이 훨씬 더 강하게 느껴지는 상승효과를 내므로 핵산과 L-글루탐산나트륨은 혼합되어 복합조미료로 시판되고 있다.

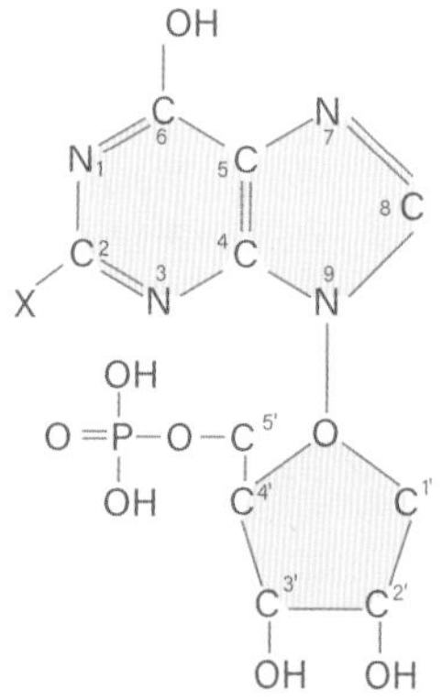

X=NH₂ : 5′-GMP(구아닐산, 구아노신 - 5′ - 모노포스페이트, 구아닌 + 리보스 + 포스페이트)
X=H : 5′ - IMP(이노신산, 이노신 - 5′ - 모노포스페이트, 히포잔틴 + 리보스 + 포스페이트)
X=OH : 5′ - XMP(잔틸산, 잔티오신 - 5′ - 모노포스페이트, 잔틴 + 리보스 + 포스페이트)

그림 7-13 감칠맛을 내는 퓨린계 5′-뉴클레오티드의 구조
출처: 조신호 외, 새로 쓰는 식품학, 교문사, 2020

(6) 매운맛

매운맛은 미각신경을 강하게 자극하여 느껴지는 감각으로, 순수한 미각보다는 구강 내의 신경을 통해 느끼게 되는 생리적 통각이다. 일반적으로 매운맛은 자극적인 냄새가 따르는 경우가 많으며, 미뢰뿐만 아니라 구강 전체에서 비강까지 느껴진다. 이러한 효과를 지닌 조미료를 향신료라 부르며, 적당한 매운맛은 맛에 긴장감을 주고 식욕 증진 및 살균, 살충작용을 돕는다. 식품 중의 매운맛 성분은 화학 구조에 따라 산아미드류, 황화합물류, 방향족 알데히드 및 케톤류, 아민류 등으로 구분된다.

표 7-6 **식품의 매운맛 성분**

종류		함유 식품 및 특징
산	캡사이신(capsaicin)	• 고추에 함유된 매운맛 성분으로 대기 중에 방치하면 점차 휘산됨 • 체내에서 항산화작용을 함
	차비신(chavicine)	• 후추에 들어 있는 매운맛 성분
	산쇼올(sanshool)	• 조피나무 열매에서 얻은 매운맛 성분
황화합물류	시니그린(sinigrin)	• 흑겨자와 고추냉이에 함유된 매운맛 성분으로, 흑겨자에 존재하는 시니그린은 미로시나아제에 의해 가수분해되어 알릴이소티오시아네이트를 생성하여 매운맛을 냄
	시날빈(sinalbin)	• 백겨자에 함유된 매운맛 성분
	디알릴설파이드 (diallylsulfide), 디알릴디설파이드 (diallyldisulfide)	• 마늘, 파, 부추 등의 매운맛 성분
	알리신(allicin)	• 마늘, 양파 등의 매운맛 성분으로, 알린이 알리나아제에 의해 가수분해되어 생성됨
방향족 알데히드 및 케톤류	진저론(zingerone), 쇼가올(shogaol), 진저롤(gingerol)	• 생강의 매운맛 성분으로, 신선한 생강에서는 진저롤이 주성분이나, 정유로 가공한 경우에는 쇼가올이 주성분임
	커큐민(curcumin)	• 강황의 매운맛과 황색의 성분으로, 카레가루의 원료임
	바닐린(vanillin)	• 바닐라콩의 달콤한 방향성 매운맛 성분
	시남알데히드 (cinnamic aldehyde)	• 계피의 향신성분으로, 수정과 및 과자류에 활용됨
아민류	히스타민(histamine), 티라민(tyramine)	• 썩은 생선이나 변패된 간장은 히스티딘이나 티로신이 세균에 의해 탈탄산되고 히스타민과 티라민이 생성되어 매운맛을 냄

(7) 떫은맛

떫은맛이란 혀 표면에 있는 점막단백질이 일시적으로 변성 응고되어 미각신경이 마비됨으로써 일어나는 수렴성의 불쾌한 맛으로, 특히 감, 차, 커피, 맥주, 포도주 등에서 나타난다. 식품에서는 주로 폴리페놀성 물질인 탄닌류가 떫은맛의 대표적인 원인이 되며, 그 외에도 지방산 및 알데히드류, 금속류 등도 떫은맛을 낸다. 떫은맛이 강하면 불쾌한 느낌을 주나, 약하면 쓴맛에 가깝게 느껴져 오히려 다른 맛과 조화되어 독특한 풍미를 부여할 수 있다.

표 7-7 **식품의 떫은맛 성분**

구분	함유 식품 및 특징
시부올(shibuol)	• 감에 들어 있는 떫은맛 성분으로, 덜 익은 감이 익어감에 따라 과일 내에 생긴 알코올이나 알데히드가 시부올과 중합하여 떫은맛이 적어짐
엘리지산(ellagic acid)	• 밤에 들어 있는 떫은맛 성분
클로로겐산 (chlorogenic acid)	• 감자, 고구마, 커피, 사과, 배 등에 들어 있는 떫은맛 성분으로, 폴리페놀 화합물이므로 폴리페놀 산화효소에 의해 갈변됨
카테킨류(catechin)	• 찻잎의 떫은맛 성분으로 홍차 제조 중의 발효과정에서 대부분 불용성으로 변함

(8) 교질맛

교질맛은 식품의 교질상태를 형성하는 다당류나 단백질이 혀의 표면과 입속의 점막에 물리적으로 접촉에 의해 느껴지는 맛이다. 예로 밥이나 떡의 호화전분, 찹쌀밥의 아밀로펙틴, 곤약의 글루코만난, 과일잼의 펙틴질, 한천의 갈락탄, 해조류의 알긴산 등의 다당류가 있다. 또한 밀가루의 글루텐, 고깃국의 젤라틴, 토란의 뮤신 등의 단백질도 교질성 미각을 준다.

(9) 기타 맛

① 금속 맛

금속 맛은 금속이온에 의한 맛으로 혀의 표면이나 구강 안의 넓은 구역에서 느껴지는 맛이다. 금속 맛은 수은이나 은의 염에서 가장 강하게 느껴지지만 보통은 철, 구리, 주석의 염에서도 느껴지므로 수저, 포크에서도 흔히 느낄 수 있는 맛의 형태다.

② 알칼리 맛

알칼리 맛은 수산이온($-OH$)에서 비롯되는 맛으로 식품에 존재하거나 가공 중에 첨가되는 $NaOH$, KOH, $NaHCO_3$ 등에 의해 느낄 수 있다.

③ 아린 맛

아린 맛은 쓴맛과 떫은맛이 복합적으로 섞인 맛으로, 죽순이나 고사리, 우엉, 토란 등에서 느낄 수 있는 다소 불쾌함을 주는 맛이다. 이들은 식용으로 조리하기 전에 물에 담금으로써 아린 맛을 제거하며, 아린 맛은 알칼로이드, 유기산, 무기염류, 배당체, 탄닌 등에 의해 나타난다.

④ 시원한 맛

시원한 맛은 코나 입의 조직을 자극하여 느껴지는 맛이다. 대표적으로 박하에 함유되어 있는 멘톨과 당알코올 중 자일리톨, 만니톨, 소르비톨 등은 단맛과 함께 시원한 맛도 나타낸다.

CHAPTER

08

식품첨가물

식품첨가물은 식품의 원활한 제조 및 보존기간의 연장 등 특수한 목적이나 용도를 가진 물질을 말한다. 식품첨가물은 제조방법에 따라 천연첨가물, 화학적 합성첨가물로 구분되며, 특히 화학적 합성첨가물에 대한 안전성 문제가 제기되고 있다. 식품첨가물은 가정이나 식당에서의 음식 조리에 사용되는 경우보다는 식품공장에서 대용량으로 제조되는 가공식품에 주로 사용된다. 이 장에서는 식품첨가물의 정의, 지정 및 안전성, 식품첨가물공전, 식품첨가물의 분류, 주요 식품첨가물 등에 대해서 기술하였다.

1. 식품첨가물의 정의

「식품위생법」 제2조 제2항에서 '식품첨가물'이란 "식품을 제조·가공·조리 또는 보존하는 과정에서 감미(甘味), 착색(着色), 표백(漂白) 또는 산화방지 등을 목적으로 식품에 사용되는 물질을 말한다. 이 경우 기구(器具)·용기·포장을 살균·소독하는 데에 사용되어 간접적으로 식품으로 옮아갈 수 있는 물질을 포함한다."라고 규정되어 있다. 요약하면 식품을 제조·가공·보존할 때 식품의 상품적 가치, 기호성, 보존성 등을 향상시키고, 품질 유지 및 향상, 영양 강화, 풍미 및 외관 증진 등의 목적으로 첨가된다는 것이다. 식품과 식품첨가물의 차이는 식품첨가물이 특정 목적을 위해 첨가된다는 점에 있다. 이러한 목적, 즉 용도 때문에 식품첨가물을 사용하며, 주 용도에 따라 분류된다.

보존료, 산화방지제 등
식품을 오랫동안 안전하게 먹을 수 있도록 함

착색료, 향료, 감미료 등
식품 색과 향, 맛을 증진시킴

팽창제, 증점제, 유화제 등
식품의 식감을 좋게 만듦

영양강화제 등
식품의 영양을 더함

그림 8-1 식품첨가물의 종류
출처: 식품의약품안전처 카드뉴스

2. 식품첨가물의 지정 및 안전성

1) 식품첨가물의 지정

「식품위생법」 제7조 제2항에 따르면, 신규로 식품첨가물의 지정을 받기 위해 기준과 규격을 인정받으려는 자는 식품첨가물의 '제조 · 가공 · 사용 · 조리 · 보존 방법'의 사항을 제출해야 한다. 이후, 국가가 지정한 식품전문 시험 · 검사기관에서 검토를 거친 후 지정 여부가 결정된다. 국민 건강을 위하여 식품첨가물의 위해 여부를 철저하게 검토하도록 법에서 규정하고 있다.

2) 식품첨가물의 안전성

식품첨가물전문가위원회(JECFA, The Joint FAO/WHO Expert Committee on Food Additives)는 유엔식량농업기구(FAO)와 세계보건기구(WHO)가 공동으로 운영하는 기구로서, 1956년에 출범하였다. JECFA에서는 식품첨가물에 대해 동물실험을 바탕으로 급성독성시험, 만성독성시험 등을 실시하고, 그 결과에 따라 식품첨가물에 대한 1인당 1일 최대 섭취허용량(ADI, Acceptable Daily Intake)을 설정한다.

3. 식품첨가물공전

1) 법적 근거

「식품위생법」 제7조 제1항에는 "식품의약품안전처장은 국민 건강을 보호 · 증진하기 위하여 필요하면 판매를 목적으로 하는 식품 또는 식품첨가물에 관한 다음 각 호의 사항을 정하여 고시한다."라고 명시되어 있다. 이 법적 요구에 따라 식품의약품안전처장은 국내에 통용되는 식품 및 식품첨가물에 대한 기준 및 규격을 정하여 고시하며, 이를 식품공전 및 식품첨가물공전이라 명명하였다.

2) 포함 내용

식품첨가물공전은 대분류로 '총칙, 식품첨가물 및 혼합제제류, 기구 등의 살균·소독제, 일반시험법, 시약, 시액' 등을 구분하여 수록하고 있으며, 세부사항으로는 식품첨가물의 '제조기준, 일반사용기준, 보존 및 유통기준, 품목별 성분규격, 품목별 사용기준'을 포함하고 있다.

※ 별도의 사용기준이 명시되지 않은 식품첨가물의 양은 물리적·영양학적 또는 기타 기술적 효과를 달성하는 데 필요한 최소량으로 사용해야 한다.

3) 기타

식품첨가물공전은 국내외 식품첨가물 연구 결과 및 안전성 논란에 따라 기준 및 규격이 개정될 수 있으므로, 최신 개정본을 확인하는 것이 매우 중요하다. 식품의약품안전처 홈페이지의 고시전문(https://www.mfds.go.kr/brd/m_211/list.do)에서 최신 개정본을 확인할 수 있으며, 식품의약품안전처에서 발간한 ≪식품첨가물공전해설서≫ 등에서 국내 식품첨가물에 대한 추가 정보를 얻을 수 있다. 이 책에서 이후에 수록된 내용은 모두 식품첨가물공전 최신본에 고시된 내용에 따라 작성하였다.

<table>
<tr><td colspan="2">

파라옥시안식향산메틸
Methyl p-Hydroxybenzoate

분자식: $C_8H_8O_3$
분자량: 152.15   INS No.: 218
이명: Methyl p-oxybenzoate; Methylparaben   CAS No.: 99-76-3

</td><td>

5. 품목별 사용기준
가. 식품첨가물

</td></tr>
</table>

파라옥시안식향산메틸 **Methyl p-Hydroxybenzoate** 분자식: $C_8H_8O_3$ 분자량: 152.15 　　　　　　INS No.: 218 이명: Methyl p-oxybenzoate; Methylparaben　CAS No.: 99-76-3 **함량**　이 품목을 건조물로 환산한 것은 파라옥시안식향산메틸($C_8H_8O_3$) 99.0% 이상을 함유한다. **성상**　이 품목은 무색의 결정 또는 백색의 결정성 분말로서 냄새가 없거나 조금 냄새가 있다. **확인시험**　이 품목 0.5g에 수산화나트륨시액 10mL을 가하여 30분간 끓인 다음 증발 농축하여 약 5mL로 하고 식힌 다음 묽은 황산으로 산성으로 하여 생성된 침전을 여취하여 물로 잘 씻고 105℃에서 1시간 건조할 때, 그 융점은 213~217℃이다. **순도시험**　(1) 융점 : 이 품목의 융점은 125~128℃이어야 한다. 　(2) 유리산 : 이 품목 0.75g에 물 15mL을 가하여 비등수욕 중에서 1분간 가열하고 식힌 다음 여과한 액은 산성 또는 중성이다. 여액 10mL을 취하여 0.1N 수산화나트륨용액 0.2mL 및 메틸레드시액 2방울을 가할 때, 그 액은 황색을 나타낸다.	**5. 품목별 사용기준** **가. 식품첨가물** 　아래의 식품첨가물은 해당 품목별 사용기준에 따라 사용하여야 한다. 다만, 따로 사용량이 정하여지지 아니한 것은 이 고시의 II. 2. 1)의 규정에 따라 사용하여야 한다. <table><tr><th>품목명</th><th>사용기준</th><th>주용도</th></tr><tr><td>가티검</td><td>II. 2. 1)의 규정에 따라 사용하여야 한다.</td><td>증점제</td></tr><tr><td>가교카복시메틸셀룰로스나트륨</td><td>가교카복시메틸셀룰로스나트륨은 건강기능식품(정제 또는 이의 제피, 캡슐에 한함) 및 캡슐류의 피막제 목적에 한하여 사용하여야 한다.</td><td>피막제</td></tr><tr><td>감색소</td><td>감색소는 아래의 식품에 사용하여서는 아니된다. 1. 천연식품(식육류, 어패류, 과일류, 채소류, 해조류, 콩류 등 및 그 단순가공품(탈피, 절단 등)) 2. 다류 3. 커피 4. 고춧가루, 실고추 5. 김치류 6. 고추장, 조미고추장 7. 식초</td><td>착색료</td></tr><tr><td>감초추출물</td><td>II. 2. 1)의 규정에 따라 사용하여야 한다.</td><td>감미료</td></tr></table>

식품첨가물 품목별 성분규격　　　　　　　　　　식품첨가물 품목별 사용기준

그림 8-2　식품첨가물 품목별 성분규격·사용기준의 예
출처: 「식품첨가물의 기준 및 규격」, 식품의약품안전처 고시 제2023-82호

4. 식품첨가물의 분류

식품첨가물공전에 명시된 식품첨가물의 종류 및 정의, 용도별 주요 식품첨가물은 다음과 같다.

표 8-1　식품첨가물의 분류

종류	정의	주요 식품첨가물
감미료	식품에 단맛을 부여하는 식품첨가물	감초추출물, 글리실리진산이나트륨, 만니톨, 사카린나트륨, D-소비톨, 수크랄로스, 스테비올배당체, 아세설팜칼륨, 아스파탐, D-자일로스, 효소처리스테비아 등
고결방지제	식품의 입자 등이 서로 부착되어 고형화되는 것을 감소시키는 식품첨가물	결정셀룰로스, 규산마그네슘, 분말셀룰로스, 이산화규소, 페로시안화칼슘 등
거품제거제	식품의 거품 생성을 방지하거나 감소시키는 식품첨가물	규소수지, 라우린산, 이산화규소, 팔미트산 등

(계속)

종류	정의	주요 식품첨가물
껌기초제	적당한 점성과 탄력성을 갖는 비영양성의 씹는 물질로서 껌 제조의 기초 원료가 되는 식품첨가물	에스테르검, 초산비닐수지, 폴리이소부틸렌 등
밀가루 개량제	밀가루나 반죽에 첨가되어 제빵 품질이나 색을 증진시키는 식품첨가물	과산화벤조일(희석), 과황산암모늄, 아조디카르본아미드, 이산화염소(수) 등
발색제	식품의 색을 안정화시키거나, 유지 또는 강화시키는 식품첨가물	아질산나트륨, 질산나트륨 등
보존료	미생물에 의한 품질 저하를 방지하여 식품의 보존기간을 연장시키는 식품첨가물	데히드로초산나트륨, 소브산 및 그 염류, 안식향산 및 그 염류, 파라옥시안식향산메틸, 파라옥시안식향산에틸, 프로피온산 및 그 염류 등
분사제	용기에서 식품을 방출시키는 가스 식품첨가물	산소, 이산화탄소 등
산도조절제	식품의 산도 또는 알칼리도를 조절하는 식품첨가물	구연산 및 그 염류, 글루콘산 및 그 염류, DL-사과산, 수산화나트륨 등
산화방지제	산화에 의한 식품의 품질 저하를 방지하는 식품첨가물	디부틸히드록시톨루엔, 몰식자산, 부틸히드록시아니솔, 비타민 C, 비타민 E, 이.디.티.에이.이나트륨, 터셔리부틸히드로퀴논 등
살균제	식품 표면의 미생물을 단시간 내에 사멸시키는 작용을 하는 식품첨가물	과산화수소, 차아염소산나트륨 등
습윤제	식품이 건조되는 것을 방지하는 식품첨가물	글리세린, D-말티톨, D-소비톨, 프로필렌글리콜 등
안정제	두 가지 또는 그 이상의 성분을 일정한 분산 형태로 유지시키는 식품첨가물	시클로덱스트린 등
여과보조제	불순물 또는 미세한 입자를 흡착하여 제거하기 위해 사용되는 식품첨가물	규산마그네슘, 규조토, 활성탄 등
영양강화제	식품의 영양학적 품질을 유지하기 위해 제조공정 중 손실된 영양소를 복원하거나, 영양소를 강화시키는 식품첨가물	셀렌산나트륨, L-이소로이신, 인산철 등
유화제	물과 기름 등 섞이지 않는 두 가지 또는 그 이상의 상(phases)을 균질하게 섞어주거나 유지시키는 식품첨가물	글리세린지방산에스테르, 레시틴, 소르비탄지방산에스테르 등
이형제	식품의 형태를 유지하기 위해 원료가 용기에 붙는 것을 방지하여 분리하기 쉽도록 하는 식품첨가물	유동파라핀, 피마자유

(계속)

종류	정의	주요 식품첨가물
응고제	식품성분을 결착 또는 응고시키거나, 과일 및 채소류의 조직을 단단하거나 바삭하게 유지시키는 식품첨가물	글루코노-δ-락톤, 염화마그네슘, 황산마그네슘
제조용제	식품의 제조·가공 시 촉매, 침전, 분해, 청징 등의 역할을 하는 보조제 식품첨가물	수산화나트륨, 이소프로필알코올, 이온교환수지, 황산 등
젤형성제	젤을 형성하여 식품에 물성을 부여하는 식품첨가물	염화칼륨, 젤라틴
증점제	식품의 점도를 증가시키는 식품첨가물	결정셀룰로스, 구아검, 덱스트란, 메틸셀룰로스, 알긴산 등
착색료	식품에 색을 부여하거나 복원시키는 식품첨가물	동클로로필, 마리골드색소, 식용색소녹색제3호, 식용색소적색제2호, 카라멜색소 등
청관제	식품에 직접 접촉하는 스팀을 생산하는 보일러 내부의 결석, 물 때 형성, 부식 등을 방지하기 위하여 투입하는 식품	구연산삼나트륨(trisodium citrate) 등 40종
추출용제	유용한 성분 등을 추출하거나 용해시키는 식품첨가물	메틸알코올, 부탄, 헥산 등
충전제	산화나 부패로부터 식품을 보호하기 위해 식품의 제조 시 포장 용기에 의도적으로 주입시키는 가스 식품첨가물	산소, 수소, 이산화탄소, 질소 등
팽창제	가스를 방출하여 반죽의 부피를 증가시키는 식품첨가물	메타인산나트륨, 염화암모늄 등
표백제	식품의 색을 제거하기 위해 사용되는 식품첨가물	메타중아황산나트륨, 아황산나트륨 등
표면처리제	식품의 표면을 매끄럽게 하거나 정돈하기 위해 사용되는 식품첨가물	탤크
피막제	식품의 표면에 광택을 내거나 보호막을 형성하는 식품첨가물	몰포린지방산염, 초산비닐수지 등
향미증진제	식품의 맛 또는 향미를 증진시키는 식품첨가물	L-글루탐산나트륨, 나린진, 5′-리보뉴클레오티드이나트륨 등
향료	식품에 특유한 향을 부여하거나 제조공정 중 손실된 식품 본래의 향을 보강시키는 식품첨가물	계피산, 메틸 β-나프틸케톤 등
효소제	특정한 생화학 반응의 촉매작용을 하는 식품첨가물	글루코아밀라아제, 리파아제, α-아밀라아제 등

5. 주요 식품첨가물

1) 사카린나트륨 (주 용도: 감미료)

(1) 특징
- 무색에서 백색의 결정 또는 백색의 결정성 분말로서 강한 단맛이 있다.
- 자당의 약 500배의 감미를 가지며, 10,000배의 수용액에서도 감미를 느낀다.
- 물에 잘 용해되지 않으나 뜨거운 물에는 잘 용해되고, 에탄올에 약간 용해되며 수용액은 중성이다.
- 농도가 진하면 감미도가 낮고 농도가 낮으면 감미를 강하게 느끼는 성질이 있으며, 이 때문에 입안에서 농도가 엷어지더라도 감미가 오래 남는다고 한다.

(2) 주요 성분규격
- 비소 : 4.0ppm 이하
- 납 : 1.0ppm 이하

(3) 사용기준
사카린나트륨은 아래의 식품에 한하여 사용해야 한다.
- 젓갈류, 절임류, 조림류 : 1.0g/kg 이하
- 김치류 : 0.2g/kg 이하
- 음료류(발효음료류, 인삼 · 홍삼음료, 다류 제외) : 0.2g/kg 이하
  (다만, 5배 이상 희석하여 사용하는 것은 1.0g/kg 이하)
- 어육가공품류 : 0.1g/kg 이하
- 시리얼류 : 0.1g/kg 이하
- 뻥튀기 : 0.5g/kg 이하
- 특수의료용도식품 : 0.2g/kg 이하
- 체중조절용조제식품 : 0.3g/kg 이하

- 건강기능식품 : 1.2g/kg 이하
- 추잉껌 : 1.2g/kg 이하
- 잼류 : 0.2g/kg 이하
- 장류 : 0.2g/kg 이하
- 소스 : 0.16g/kg 이하
- 토마토케첩 : 0.16g/kg 이하
- 탁주 : 0.08g/kg 이하
- 소주 : 0.08g/kg 이하
- 과실주 : 0.08g/kg 이하
- 기타 코코아가공품, 초콜릿류 : 0.5g/kg 이하
- 빵류 : 0.17g/kg 이하
- 과자 : 0.1g/kg 이하
- 캔디류 : 0.5g/kg 이하
- 빙과 : 0.1g/kg 이하
- 아이스크림류 : 0.1g/kg 이하
- 조미건어포 : 0.1g/kg 이하
- 떡류 : 0.2g/kg 이하
- 복합조미식품 : 1.5g/kg 이하
- 마요네즈 : 0.16g/kg 이하
- 과 · 채가공품 : 0.2g/kg 이하
- 옥수수(삶거나 찐 것에 한함) : 0.2g/kg 이하
- 당류가공품, 유함유가공품 : 0.3g/kg 이하

2) 초산비닐수지 (주 용도: 껌기초제 및 피막제)

(1) 특징
- 초산비닐의 중합물이다.

- 물, 에테르, 기름에 용해되지 않으나 초산, 벤젠, 알코올에 용해된다.
- 산, 알칼리에 비교적 안정하다.
- 연화점은 중합도(degree of polymerization)에 따라 다르나, 대체로 약 38℃이다.
- 체내에서 전혀 소화흡수되지 않으며 독성도 없다.

(2) 주요 성분규격
- 비소 : 4.0ppm 이하
- 납 : 3.0ppm 이하
- 초산비닐 : 5ppm 이하

(3) 사용기준
초산비닐수지는 추잉껌기초제 및 과일류 또는 채소류 표피의 피막제 목적에 한하여 사용해야 한다.

3) 과산화벤조일(희석) (주 용도: 밀가루개량제)

(1) 특징
- 과산화벤조일($C_{14}H_{10}O_4$)을 명반, 인산의 칼슘염류, 황산칼슘, 탄산칼슘, 탄산마그네슘 및 전분 중 1종 또는 2종 이상을 희석한 것이다.
- 이 식품첨가물의 주성분인 과산화벤조일은 폭발의 위험성이 있기 때문에, 희석제를 이용하여 약 20%로 희석혼합한 것을 사용하고, 소맥분에 사용할 시에도 첨가를 용이하게 사용한다.
- 주성분인 과산화벤조일은 물 또는 에탄올에 잘 녹지 않으며, 벤젠, 클로로포름, 에테르에 잘 녹는다.
- 과산화벤조일은 강력한 산화제로 밀가루 carotenoid계 색소를 표백하고 효소와 미생물을 불활성화시켜 밀가루 품질을 향상시킨다.

(2) 주요 성분규격

- 액성(수용액의 pH) : 6.0~9.0
- 비소 : 4.0ppm 이하
- 납 : 2.0ppm 이하

(3) 사용기준

과산화벤조일(희석)은 아래의 식품에 한하여 사용해야 한다.

- 밀가루류 : 0.3g/kg 이하

4) 아질산나트륨 (주 용도: 발색제 및 보존료)

(1) 특징

- 백색 또는 담황색의 결정성 분말, 입상 또는 막대기 모양이며, 비중 2.17, 융점 271℃, 320℃ 이상에서 분해한다.
- 건조공기 중에서는 비교적 안정하지만, 공기 중에서 서서히 산소를 흡수하여 질산나트륨으로 변한다.
- 외관 및 맛은 식염과 유사하므로 오용에 주의할 필요가 있다.
- 물에 잘 녹으며, 수용액의 pH는 약 9 수준이다.

(2) 주요 성분규격

- 비소 : 4.0ppm 이하
- 납 : 2.0ppm 이하
- 수은 : 1.0ppm 이하

(3) 사용기준

아질산나트륨은 아래의 식품에 한하여 사용해야 한다. 아질산나트륨의 사용량은 아질산이온으로서 아래의 기준 이상 남지 아니하도록 사용해야 한다.

- 식육가공품(식육추출가공품 제외), 기타 동물성 가공식품(기타 식육이 함유된 제품에 한함) : 0.07g/kg
- 어육소시지 : 0.05g/kg
- 명란젓, 연어알젓 : 0.005g/kg

5) 데히드로초산나트륨 (주 용도: 보존료)

(1) 특징
- 백색의 결정성 분말로서 냄새가 없거나 조금 냄새가 있다.
- 아세톤이나 벤젠에는 거의 용해되지 않는다.
- 빛, 열에 비교적 안정하며, 철이나 구리와 같은 금속과 반응이 쉽게 일어난다.
- 혐기성 유산균과 *Clostridium*속에는 효과는 없지만, 곰팡이, 효모, 혐기성 그람양성균 등에는 거의 동일 농도에서 상당한 효과가 있다.

(2) 주요 성분규격
- 비소 : 4.0ppm 이하
- 납 : 2.0ppm 이하

(3) 사용기준
데히드로초산나트륨은 데히드로초산으로서 아래의 식품에 한하여 사용해야 한다.
- 치즈류, 버터류, 마가린 : 0.5g/kg 이하

6) 디부틸히드록시톨루엔 (주 용도: 산화방지제)

(1) 특징
- 무색의 결정 또는 백색의 결정성 분말 또는 덩어리로서 냄새가 없거나 약간 특이한 냄새가 있으며, BHT로도 불린다.

- 물에 용해되지 않으며, 유지류에 대한 용해도는 25~40%이며, 에틸알코올에 대한 용해도는 25%, 프로필렌글리콜에는 용해되지 않는다.
- 고온에서 안정하며, 휘발성이 있다.
- 25℃에서 구운 제품에 첨가된 지방이나 쇼트닝에서 이행효과가 크고 분자 구조상 수산기를 둘러싼 두 개의 *tert*-butyl기에 의한 입체 장애가 심하여 BHA보다는 항산화효과가 떨어진다.

(2) 주요 성분규격

- 융점 : 69~72℃
- 비소 : 4.0ppm 이하
- 납 : 2.0ppm 이하
- 수은 : 1.0ppm 이하

(3) 사용기준

디부틸히드록시톨루엔은 아래의 식품에 한하여 사용해야 한다.

- 식용유지류(모조치즈, 식물성크림 제외), 버터류, 어패건제품, 어패염장품 : 0.2g/kg 이하(부틸히드록시아니솔 또는 터셔리부틸히드로퀴논과 병용할 때에는 디부틸히드록시톨루엔으로서 사용량, 부틸히드록시아니솔으로서 사용량 및 터셔리부틸히드로퀴논으로서 사용량의 합계가 0.2g/kg 이하)
- 어패냉동품(생식용 냉동선어패류, 생식용굴은 제외)의 침지액 : 1g/kg 이하(부틸히드록시아니솔 또는 터셔리부틸히드로퀴논과 병용할 때에는 디부틸히드록시톨루엔으로서 사용량, 부틸히드록시아니솔으로서 사용량 및 터셔리부틸히드로퀴논으로서 사용량의 합계가 1g/kg 이하)
- 추잉껌 : 0.4g/kg 이하(부틸히드록시아니솔 또는 터셔리부틸히드로퀴논과 병용할 때에는 디부틸히드록시톨루엔으로서 사용량, 부틸히드록시아니솔으로서 사용량 및 터셔리부틸히드로퀴논으로서 사용량의 합계가 0.4g/kg 이하)
- 체중조절용 조제식품, 시리얼류 : 0.05g/kg 이하(부틸히드록시아니솔과 병용할 때에

는 디부틸히드록시톨루엔으로서 사용량과 부틸히드록시아니솔으로서 사용량 합계가 0.05g/kg 이하)

- 마요네즈 : 0.06g/kg 이하

7) 차아염소산나트륨 (주 용도: 살균제)

(1) 특징

- 물에 쉽게 용해되며, 무수물은 아주 불안정하고 폭발적으로 분해하기 쉽다.
- 수용액은 보관 중 서서히 분해하면서 염소가스를 발생시키므로 보관기간이 오래되면 효과가 없어진다.
- 식품첨가물로는 유효염소가 4% 이상으로 규정되어 있으며, 살균력은 유효염소량보다는 pH에 큰 영향이 있다.

(2) 주요 성분규격

- 유효염소 : 4.0% 이상 함유
- 성상 : 무색에서 엷은 녹황색의 액체

(3) 사용기준

차아염소산나트륨은 과일류, 채소류 등 식품의 살균 목적에 한하여 사용해야 하며, 최종식품의 완성 전에 제거해야 한다. 다만, 차아염소산나트륨은 참깨에 사용해서는 아니 된다.

8) 유동파라핀 (주 용도: 이형제 및 피막제)

(1) 특징

- 석유에서 얻은 탄화수소류의 혼합물로 무색의 거의 형광을 발하지 아니하는 징명하고 점조한 액체로서 냄새와 맛이 없다.
- 물과 알코올에는 용해되지 않지만, 대부분의 유기용매(유지, 에테르, 석유에테르, 클

로로포름, 벤젠, 아밀알코올)에는 잘 용해되는 중성용매이다.

- 산, 열, 광선에 안정하며, 다른 식물유에 비하여 안정하다.
- 유화능, 윤활작용, 침투성, 연화성 및 가소성 등의 특성을 갖는다.

(2) 주요 성분규격

- 비소 : 4.0ppm 이하
- 납 : 1.0ppm 이하

(3) 사용기준

유동파라핀은 아래의 식품에 한하여 사용해야 한다.

- 빵류 : 0.15% 이하(이형제로서)
- 캡슐류 : 0.6% 이하(이형제로서)
- 건조과일류, 건조채소류 : 0.02% 이하(이형제로서)
- 과일류 · 채소류(표피의 피막제로서)

9) 카라멜색소 I (주 용도: 착색료)

(1) 특징

- 식용 탄수화물인 전분가수분해물, 당밀 또는 당류를 열처리하거나 또는 암모니아화합물과 아황산화합물을 제거한 산 또는 알칼리를 가해주고 열처리하여 얻어지는 것으로서 아황산화합물 및 암모늄화합물을 사용하지 않은 것이다.
- 물과 묽은 알코올에 용해되고 벤젠, chloroform, acetone, 석유 ether에 용해되지 않으며 특정한 pH에 따라 불용화되기도 한다.
- 식품에 사용할 때 카라멜 교질의 등전점 pH 보다 높은 pH의 식품에 사용하면 착색효과가 최대가 되므로 등전점보다 낮은 pH에서는 효과가 없다(탄산음료나 맥주에 사용할 때는 반드시 pH를 고려해야 한다).
- 흑갈색의 교질성 액체로서 단맛이 없고 냄새도 거의 없으나 제조온도, 원료에 따라

서는 특이 냄새를 가지고 있는 것도 있다. 카라멜은 식품의 색감을 좋게 하고 동시에 특유 향미를 부여하여 식품품질 향상을 꾀하는 목적으로 간장을 비롯하여 과자류, 청량음료류, 알코올성 주류 등에 첨가한다.

(2) 주요 성분규격

- 비소 : 1.3ppm 이하
- 납 : 2.0ppm 이하
- 카드뮴 : 1.0ppm 이하
- 수은 : 0.1ppm 이하
- 색가 : 0.01 ~ 0.6
- 총질소 : 3.3% 이하
- 총황 : 3.5% 이하
- 비술폰화방향족제1급아민 : 0.01% 이하

(3) 사용기준

카라멜색소 I은 아래의 식품에 사용하여서는 아니 된다.

- 천연식품[식육류, 어패류, 과일류, 채소류, 해조류, 콩류 등 및 그 단순가공품(탈피, 절단 등)]
- 다류(고형차 및 희석하여 음용하는 액상차는 제외)
- 인삼성분 및 홍삼성분이 함유된 다류
- 커피
- 고춧가루, 실고추
- 김치류
- 고추장, 조미고추장
- 인삼 또는 홍삼을 원료로 사용한 건강기능식품

PART

식품학 각론

CHAPTER

09

곡류 및 당류

곡류는 주요 성분이 전분질의 탄수화물로 구성되어 있어 에너지 공급원으로 사용할 수 있으며, 다양한 영양성분을 함유하고 있어 식량으로서 가치가 높다. 곡류는 크게 미곡류, 맥류, 기타 잡곡류로 구분할 수 있다. 미곡류에는 현미, 백미(멥쌀), 찹쌀이 있고, 맥류에는 보리, 밀, 호밀, 귀리 등이 있다. 기타 잡곡류로는 옥수수, 메밀, 조, 기장 등이 있다. 여러 곡류 중에서도 세계 3대 작물인 쌀, 밀, 옥수수의 소비량이 가장 많다.

당류는 당을 구성하는 분자의 수에 따라 단당류, 이당류, 다당류로 구분하며 주요 탄수화물을 포함하고 있기 때문에 탄수화물과 비슷한 의미로 사용된다. 우리가 일반적으로 가정이나 식품산업에서 많이 사용하고 있는 '당'은 설탕, 꿀, 엿, 포도당, 과당 등과 같은 단순당류를 말한다. 천연 당류 중에서는 단당류와 이당류를 많이 이용하고 있는데, 음식에 주로 사용되는 당은 사탕수수, 사탕무에서 추출하는 설탕이며, 식품산업에서 사용되는 당은 포도당과 과당이다.

1. 곡류

1) 곡류의 영양성분

곡류의 영양성분은 종류, 품종, 생산지의 기후 및 토양에 따라 다르다(표 9-1). 곡류는 복합 다당류인 전분으로 구성되어 에너지 급원으로서 아주 우수한 식품이다. 평균적으로 전분을 75% 정도 함유하고 있으며, 곡류별로 전분 입자의 크기, 아밀로스, 아밀로펙틴의 함량이 다르기 때문에 곡류 조리 시 호화온도에 영향을 미치게 된다.

곡류에서 전분 다음으로 많은 성분은 단백질이며 곡류 함량의 6~10% 정도를 차지한다. 주요 곡류의 단백질 성분은 표 9-2와 같다. 지질은 올레산, 리놀레산 등 불포화지방산을 2% 정도 함유하고 있다. 이 외에도 칼륨, 인과 같은 무기질과 비타민 B_1, B_2, 니아신과 같은 비타민을 포함하고 있다.

표 9-1 곡류별 영양성분

(단위: 가식부 100g 중)

	식품명	에너지 (kcal)	일반성분						무기질						비타민		
			수분 (g)	단백질 (g)	지방 (g)	회분 (g)	탄수화물 (g)	총식이섬유 (g)	칼슘 (mg)	철 (mg)	마그네슘 (mg)	인 (mg)	칼륨 (mg)	나트륨 (mg)	티아민 (mg)	리보플라빈 (mg)	나이신 (mg)
미곡류	멥쌀, 현미, 생것	357	13.3	7.33	2.23	1.25	75.92	3.9	14	1.05	123	295	248	3	0.286	0.025	1.501
	멥쌀, 백미, 추청벼, 생것	373	10.8	6.7	0.6	0.5	81.4	5.7	8	0.4	-	131	107	3	0.45	0.02	1.2
	찹쌀, 현미, 생것	356	13.7	7.28	2.29	1.26	75.52	5.2	12	1.19	123	301	266	1	0.296	0.018	2.232
	찹쌀, 백미, 생것	363	13.7	6.64	0.99	0.46	78.17	1.2	7	0.34	36	101	104	1	0.417	0.003	1.419
	보리, 쌀보리, 도정, 생것	341	13.7	8.66	1.66	0.9	75.04	12.5	38	2.28	64	203	275	5	0.153	0.05	1.187
	보리, 쌀보리, 찹쌀보리, 도정, 생것	346	12.6	11.87	2.15	1.09	72.29	13.6	34	3.37	78	224	296	5	0.119	0.181	0.966
맥류	밀, 통밀, 생것	342	9.2	13.2	1.5	1.5	74.6	16	24	5.2	-	290	780	-	0.52	0.23	2.6
	밀, 도정, 생것	333	10.6	10.6	1	2	75.8	-	52	4.7	-	254	538	17	0.43	0.12	2.4
	귀리, 쌀귀리, 도정, 생것	388	11.6	11.14	8.9	1.7	66.66	8.1	61	4.31	138	409	405	1	0.467	0.054	1.194
잡곡류	옥수수, 단옥수수, 생것	118	70.4	4.01	1.5	0.73	23.39	3.1	3	0.75	40	105	261	0	0.191	0.089	2.2
	메밀, 도정, 생것	363	13.1	13.64	3.38	2.04	67.84	6.3	21	2.78	244	453	444	1	0.458	0.255	5.189
	조, 메조, 도정, 생것	373	11.2	11.48	3.91	1.68	71.7	6	23	3.45	141	335	304	6	0.874	0.133	0.793
	기장, 도정, 생것	360	11.3	11.2	1.9	1	74.6	-	15	2.8	-	226	233	6	0.42	0.09	2.9
	수수, 도정, 생것	374	10.2	11.67	3.01	1.51	73.63	-	8	2.84	123	302	367	6	0.429	0.026	1.595
	율무, 도정, 생것	377	9.4	15.4	3.2	1.5	70.5	-	10	3.7	-	290	324	4	0.32	0.07	1.7

*: 수치가 애매하거나 측정되지 않음
출처: 농촌진흥청 국립농업과학원, 국가표준식품성분표 제10개정판, 2023

표 9-2 곡류별 주요 단백질

곡류	단백질
쌀	오리제닌(oryzenin)
보리	호르데인(hordein)
밀	글루텐(gluten)
옥수수	제인(zein)

2) 미곡류

쌀은 우리나라의 주식으로 소화가 쉽고, 재배 단위 면적당 생산성이 좋다. 주된 성분은 전분이며 에너지원으로 이용하기에 적합한 식품이다. 쌀은 화본과에 속하는 벼속 식물이며, 크게 왕겨, 쌀겨(미강), 배유, 배아로 구성된다. 벼를 수확한 후 왕겨를 제거하면 현미가 되고, 현미에서 쌀겨를 제거하여 배유만 남기면 우리가 주로 섭취하는 멥쌀(백미)이 된다(그림 9-1). 찹쌀은 멥쌀과 비교하면 찰지고 끈기가 많다. 멥쌀이 옅은 반투명의 색이라면, 찹쌀은 백색의 불투명한 색을 띤다.

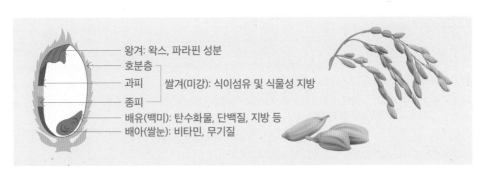

왕겨: 왁스, 파라핀 성분
호분층
과피
종피
쌀겨(미강): 식이섬유 및 식물성 지방
배유(백미): 탄수화물, 단백질, 지방 등
배아(쌀눈): 비타민, 무기질

그림 9-1 벼의 모양 및 쌀 부위별 영양성분

(1) 현미

현미(brown rice)는 벼에서 왕겨층을 제거한 것으로 쌀겨 5~6%, 배아 2~3%, 배유 91~92%로 구성되어 있다. 현미로부터 쌀겨를 제거하는 공정을 '도정'이라고 하는데, 쌀겨와 배아를 제거한 정도, 즉 도정도에 따라 쌀의 종류를 나눌 수 있다.

우리가 먹는 쌀(백미)은 현미에서 쌀겨와 배아 8%를 제거(도정도 100%)하고, 도정률은 92%인 10분도미이다(표 9-3). 쌀의 도정도가 높아질수록 영양성분이 감소하는데, 백미는 쌀겨, 배아를 제거한 상태이기 때문에 현미에 비해 단백질, 지질, 비타민, 무기질의 함량이 감소한다(표 9-4).

현미　　　　　　　　　　백미　　　　　　　　　　찹쌀

그림 9-2　미곡류의 종류

표 9-3　쌀의 종류별 도정도 및 현백률

쌀의 종류	도정도(%)	현백률(%)
현미	0	100.0
5분도미	4.0	96.0
7분도미	5.6	94.4
백미	8.0	92.0

출처: 농사로

표 9-4　도정에 의한 영양성분 감소비율

도정도	보유	감소율(%)					
		단백질	지질	탄수화물	회분	비타민B_1	비타민B_2
현미	100	0	0	0	0	0	0
5분도미	95.5	11.0	37.8	1.9	26.2	33.3	30
7분도미	94	16.2	55.2	2.0	42.3	44.4	50
백미	91	23.8	68.3	3.8	57.7	77.8	70

출처: 농촌진흥청 작물시험장, 쌀 품질 및 식미평가, 2003

쌀겨는 미강이라고도 하며 과피, 종피, 호분층으로 구성되어 있고, 셀룰로스, 헤미셀룰로스와 같은 식이섬유와 식물성 지방, 무기질을 다량 함유하고 있다. 배아는 '쌀눈'이라고도 하는데 불포화지방산, 비타민 B_1, 비타민 B_2, 무기질 등을 함유하고 있다.

이와 같이 쌀겨와 쌀눈을 가진 현미는 항산화 및 혈당 저하, 지질 개선 효과 등이 보고되면서 영양학적으로 우수한 식품으로 알려져 있다. 그러나 현미는 벼에서 왕겨만을 제거한 곡류로 외피가 두껍고 질기기 때문에 수분흡수율이 낮아 밥을 지을 때 어려움이 있고, 백미와 비교할 때 맛과 식미가 떨어진다는 단점이 있다. 또한 지질을 함유하고 있어서 보관 중 지질 산화로 인한 품질 저하의 우려가 있고 유통기한이 짧다. 따라서 현미를 고를 때는 제조된 도정일을 확인하고, 가능한 한 바로 도정한 것 또는 도정일이 얼마 되지 않은 것을 섭취해야 한다.

최근 건강에 대한 관심이 증가하면서 소비자 기호도에 맞추어 현미보다는 부드럽고 쌀겨와 쌀눈이 붙어 있어 영양학적으로도 우수한 5분도미, 7분도미의 섭취가 증가하고 있다. 또한 현미의 싹을 틔운 발아현미도 많이 섭취되고 있다.

> **한걸음더 ∘ 발아현미**
>
> 발아란 적정한 수분과 온도, 수분 등의 조건에서 곡류의 씨앗에 1~5mm의 싹을 틔우는 것을 말한다. 발아현미는 이와 같은 방법으로 현미에 싹을 틔운 곡식으로, 이를 이용하면 현미밥의 거친 식감이 개선되고 기호도가 좋아지는 동시에 소화흡수율이 높아진다.

5분도미 7분도미 발아현미

그림 9-3 도정도에 따른 쌀 및 발아현미

(2) 백미

백미(rice) 전분의 15~35%는 아밀로스이고 나머지는 아밀로펙틴이다. 백미의 배유는 반투명하며 주로 밥쌀용이나 가공용으로 사용된다. 맛있는 밥을 지으려면 좋은 쌀을 선택해야 하는데, 광택이 나고 투명하며 쌀알 모양이 타원형이고 길이가 짧은 것이 좋은 쌀이다. 또 싸라기나 금이 간 쌀 등이 적어야 하고 쌀 가운데에 흰 부분(복백)이 없는 완전립의 형태가 좋다(그림 9-4).

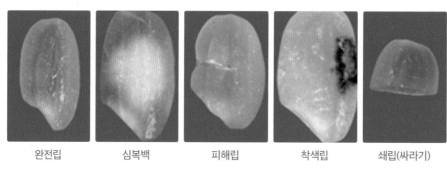

| 완전립 | 심복백 | 피해립 | 착색립 | 쇄립(싸라기) |

그림 9-4   백미의 외관에 따른 분류
출처: 농사로

(3) 찹쌀

찹쌀(glutinous rice)은 아밀로스를 전혀 함유하지 않고 아밀로펙틴이 100%인 쌀을 말한다. 품종에 따라 아밀로스가 2~3% 이하로 함유된 것도 있다. 세계적으로는 아밀로스 함량이 5% 이하인 것을 찹쌀로 분류하며, 찹쌀 이외의 쌀은 모두 멥쌀로 본다.

찹쌀은 아밀로스 함량이 낮아서 찰기가 있고 식감이 부드러우며 노화가 잘 일어나지 않는 특징이 있다. 찹쌀이 유백색의 불투명한 색을 띠는 이유는 아밀로스가 있어야 할 공간에 공극이 생겨서 불투명하게 보이기 때문이다. 찹쌀은 요오드 반응에서 적자색을 띤다.

(4) 기능성 쌀

1980년 이전에는 밥쌀용 품종 이외에는 찰벼가 대부분이었다. 1990년대 중반에는 향미, 쌀의 크기, 종피색 등 쌀의 형태적 특성에 대한 개량이 이어졌다. 2000년대에 들어서는 전분의 물리성 및 성분 함량 개선에 집중하였고, 2000년대 후반부터는 기능성 성분의 함량 증대와 색, 향, 미립의 크기, 찰성 등 개별 특성들을 복합화하는 방향으로 연구가 이루어지고 있다. 필수아미노산이 보통의 품종보다 22~49% 높은 '하이아미', 아밀로스 함량이 28%로 높은 '고아미벼'는 가공적성이 양호하도록 개발된 품종이다. 이 외에도 '주안벼', '큰눈벼', '설갱벼', '고아미3호', '고아미4호' 등 다양한 가공 및 기능성을 갖춘 쌀이 소비자들에게 선을 보였다(표 9-5).

표 9-5 가공용 특수미 품종별 특성 및 가공적성

기능성	품종벼	특성 및 가공적성
고리신	영안벼	• 리신 고함유(생장 촉진) • 영양식, 유아 이유식
무기영양소	고아미4호	• 철분, 아연 등 무기영양소 고함유
저항전분	고아미2호, 고아미3호	• 다이어트 식품가공용(빵, 피자 도우 등) • 체내 흡수가 적어 체지방 감소효과(임상실험) • 밥쌀용으로는 부적당(혼반, 가루가공용)
뽀얀 메벼	설갱	• 양조, 홍국쌀 등 발효유 • 전분 내부 공간이 많음 • 찹쌀처럼 불투명하게 보이나 멥쌀임 • 균사의 발달이 용이함 • 현미가 매우 부드러워 혼반용으로 적당함
거대벼	큰눈	• 쌀눈 크기 3배, GABA 고함유 • 발아현미, 혼반용
고당미	단미	• 단맛이 나는 쌀 • 쌀과자, 음료 등 가공용 • 쌀모양이 납작하고, 수량이 낮은 편임
필수아미노산	하이아미	• 필수아미노산 30% 이상 증대, 최고 품질 품종

출처: 농촌진흥청, 2015년 개발품종, 2015

1980년대	1990년대	2000년대	2010년대

찰벼 중심
- 한강찰벼, 백운찰벼, 신
  선찰벼, 진부찰벼 등
	형태적 특성 개량
	- 대립, 향미, 흑미 등
	- 대립벼1, 향미벼1, 흑진
	  주, 적진주 등
		전분 특성/성분 개량
		- 고저 아밀로스 등
		- 식이섬유, 아미노산 등
		- 설갱, 고아미, 고아미2,
		  설향찰 등
			기능성 증진/가공적성
			- 성장 발육, 알코올 분해,
			  철 등
			- 양조, 제면, 발아현미 등
			- 건양미, 고아미4, 월백,
			  새고아미, 미면 등

성인병 예방
노화 억제
항염, 항산화
양조, 제면, 제빵

신선찰벼 향미벼 적진주 설갱 큰눈

흑진주 대립벼1 고아미 고아미2

그림 9-5 가공용 쌀 품종개발 방향 및 시대적 흐름도
출처: 오세관, 국내 가공용 쌀 품종개발 및 식품산업화 동향, 농촌진흥청, 2016

3) 맥류

(1) 보리

보리(barley)는 가을에 심어 겨울을 나고 이듬해 초여름에 수확하는 곡물로, 우리나라에서는 쌀 다음으로 중요하게 여겨진다. 보리는 왕겨층을 쉽게 제거할 수 있는 쌀보리(나맥)와 제거하기 어려운 겉보리(피맥)로 구분한다. 겉보리로는 식혜나 보리차를 만들며, 쌀보리는 보리밥을 만드는 데 이용한다. 보리는 세로로 된 고랑이 있어 도정할 때 껍질이 쉽게 제거되지 않고 그로 인해 외관, 맛, 소화율이 나쁘고 호화시키는 데 많은 시간이 요구된다. 섬유질도 많아서 소화율이 낮다. 따라서 최근에는 보리의 고랑을 기준으로 절단한 할맥이나 압력으로 눌러 외피를 제거한 압맥의 형태로 사용되기도 한다.

보리에는 탄수화물이 70% 함유되어 있다. 단백질은 쌀보다 많이 함유되어 있으며, 주성분은 호르데닌(hordenin), 호르데인(hordein)이다. 지질은 2% 정도 있고 주요 지방산은 필수지방산인 올레산과 리놀레산이다. 보리에는 특히 비타민 B_1과 B_2, 니코틴산이 많이 함유되어 있다.

보리는 쌀과 혼식하여 밥을 지어먹는 형태로 섭취되며 보리차, 맥주, 장류 및 제과제빵의 원료로 사용되기도 한다. 보리의 싹을 틔워 만든 엿기름은 β-아밀라아제를 함유하고 있어서 당화력이 있기 때문에 식혜를 만들 때 사용한다.

그림 9-6 보리

(2) 밀

밀(wheat)은 세계적으로 가장 많이 소비되는 곡류 중 하나로 '소맥(小麥)'이라고도 한다. 알곡상태로 이용되는 쌀이나 보리와 달리, 대개 빻아서 가루로 이용된다. 다른 곡류에 비해 알곡의 경도가 약하여 분말화가 잘되고, 통곡상태에서 분말화한 후에는 겉껍질인 밀기울과 배아를 쉽게 분리할 수 있어서 배유 부분만을 별도로 추출하기 용이하다.

그림 9-7 밀

밀은 파종시기에 따라 봄밀과 겨울밀, 경도에 따라 경질밀과 연질밀, 입자의 색에 따라 백색밀과 적색밀로 구분된다. 배유의 주성분 역시 전분질로 되어 있어서 탄수화물 함량이 높다. 단백질은 다른 곡류군에 비해 더 많은 양인 약 8~13% 정도를 함유하고 있다. 글루텐

(gluten)은 밀에 포함된 단백질로, 이는 글리아딘(gliadin)과 글루테닌(glutenin)의 혼합물이다. 밀은 글루텐을 함유하고 있기 때문에 다른 곡류보다 가공성이 좋아서 여러 가지 반죽을 한 후 빵, 국수, 과자, 케이크 등과 같은 다양한 식품 제조에 이용된다. 보통 글루텐의 양이 많고 질이 좋을수록 반죽의 점탄성이 높아 빵을 제조하기에 적합하며, 단백질 함량이 적을수록 부드러운 케이크나 비스킷을 제조하기에 적합하다. 글루텐 함량별 밀가루의 종류와 용도는 표 9-6과 같다.

표 9-6 글루텐 함량별 밀가루 종류 및 용도

글루텐 함량	종류	용도
13% 이상	강력분(경질밀)	제빵용
1~13%	중력분(경질밀, 연질밀)	제빵용, 제면용
10% 이하	박력분(연질밀)	제과용, 튀김용

출처: 농촌진흥청, 밀-농업기술길잡이 044(개정판), 2020

가장 단단한 밀은 이탈리아가 원산지인 듀럼밀(durum wheat)이다. 듀럼밀을 이용하여 제분한 것을 세몰리나(semolina)라고 한다. 세몰리나는 글루텐의 함량(13% 이상)이 높아서 스파게티, 마카로니 같은 파스타류 제조에 이용된다.

밀가루의 등급 판정은 회분 함량을 이용한다. 밀가루의 주성분은 밀의 배유로, 주로 전분과 단백질로 구성되어 있다. 회분은 배유보다 외피 쪽에 많이 분포해 있다. 따라서 밀의 종류와 관계없이 배유 부분만 채취할 경우, 전분질이 높아지는 대신 회분 함량이 줄어든다. 반대로 밀가루의 회수율을 높이면 배유는 물론 외피와 밀기울 외부가 혼입되어 회분 함량이 증가하고, 밀가루의 색이 어두워지며 가공성도 떨어진다. 국내 밀가루 제품에 대한 등급 표시기준은 표 9-7과 같다.

표 9-7 국내 밀가루 제품의 표시기준

구분	밀가루(강력, 중력, 박력)			영양 강화 밀가루	기타 밀가루
	1등급	2등급	3등급		
성상	고유의 색택을 가진 분말로 이미·이취가 없어야 함			좌동	고유의 색택을 가진 분말 및 굵은 입자로 이미·이취가 없어야 함
수분(%)	15.5 이하				
회분	0.6 이하	0.9 이하	1.6 이하	2.0 이하	

출처: 식품의약품안전처, 식품공전, 2024

(3) 호밀

호밀(rye)의 주요 원산지는 러시아, 독일, 폴란드 등 동부 유럽이며, 우리나라에서는 재배되지 않는다. 밀과 비교하면 척박한 땅에서도 잘 자라는 편이어서 밀 재배가 어려운 지역에서 주로 재배해왔다. 식감이 거칠고 신맛이 나기 때문에 보통 제분하여 빵을 만들거나 위스키, 보드카, 흑맥주 등의 양조 원료로 사용한다.

호밀의 단백질 함량은 약 10%이며, 주성분은 프롤라민(prolamine)과 글루텔린(glutelin)이다. 특히, 무기질 중 칼륨과 인을 다량 함유하고 있으며, 비타민 B군도 많이 들어 있다. 밀보다 열매가 다소 길쭉하고 녹갈색 또는 자색을 띠며, 표면에 주름이 있고 등 쪽에 세로로 홈이 나 있다.

그림 9-8 호밀과 호밀빵

(4) 귀리

귀리(oat)는 '연맥(燕麥)'이라고도 하며, 품종으로는 탈곡 시에 겉껍질이 그대로 붙어 있는 겉귀리와 겉껍질이 얇아 탈곡했을 때 알곡만 남는 쌀귀리가 있다. 겉귀리는 외피 제거를 위해 벼의 현미기나 보리의 정맥기를 이용할 수 없어서 별도의 도정기가 필요하다. 따라서 식용에는 쌀귀리가 적당하다. 우리나라는 재배지가 적어 대부분 수입하고 있으나 2012년에 정읍과 강진 지역을 중심으로 재배 면적이 확대되고 국내 육성 품종이 개발되면서 국산 오트밀이 판매되기 시작하였다.

귀리에는 단백질이 쌀의 2배 정도 들어 있으며 70~80%가 글로불린(globulin)이다. 단백질을 구성하는 아미노산도 리신과 같은 필수아미노산의 함량이 많다. 식이섬유 및 폴리페놀 등의 항산화 성분이 많이 들어 있는데, 특히 수용성 식이섬유인 β-글루칸을 함유하고 있어 콜레스테롤 감소와 심혈관질환 예방에 효과가 있다고 보고되고 있다. 이 외에도 다이어트에 좋고, 혈당 및 혈압을 낮추며 항산화·항암성 물질을 함유하고 있다고 알려져 최근 소비량이 증가하고 있다. 오트밀, 빵 및 과자의 원료, 아침식사용 플레이크 등으로 활용된다.

그림 9-9 귀리

4) 잡곡류

지금껏 잡곡은 생산성과 기호도 측면에서 쌀에 밀려 식량 부분에서 소외되어 왔다. 그러나 최근에는 삶의 질 향상과 건강에 대한 관심이 증가하고, 잡곡류의 영양학적 우수성이 알려지면서 소비량이 점점 증가하고 있다.

(1) 옥수수

옥수수(corn, maize)는 중남미의 열대지방에서 전파되어 세계적으로 다양한 종류와 품종이 재배되고 있다. 세계 3대 작물 중 생산성이 가장 높은 작물로 활용도가 높다. 현재 우리나라에 수입되는 작물 중 가장 많은 비중을 차지한다.

옥수수는 쌀, 보리와 같이 겉껍질이 있고 배아와 배유로 구성되어 있다. 배아가 다른 곡류보다 크고 지방이 30~40% 함유되어 옥수수기름의 원료로 이용된다. 배유는 70% 정도의 전분을 함유하고 있으며 단백질도 많이 들어 있다. 주요 단백질은 제인(zein)이다. 그러나 필수아미노산인 리신(lysine), 트립토판(tryptophan)이 매우 적어서 단백가가 낮다. 옥수수를 주식으로 섭취할 경우 트립토판으로 전환되는 니아신(niacin)이 부족해져서 펠라그라(pellagra)라는 피부염이 생길 수 있다. 한편 옥수수 수염에는 메이신(maysin)이라는 성분이 함유되어 있는데 이 성분은 항산화, 항암, 배뇨작용, 얼굴 붓기 경감 등에 효과가 있다고 알려져 있다.

우리가 주로 쪄서 간식으로 즐겨 먹는 것은 아밀로펙틴의 함량이 높아 찰기가 있는 찰옥수수(waxy corn, 나종)이다. 팝콘으로 이용되는 것은 튀김옥수수(pop corn, 폭렬종)로 알이 작고 열을 가하면 잘 튀겨지는 성질이 있다. 이 외에도 사료용 · 가공용으로 사용되는 마치종(dent corn), 경립종(flint corn) 등이 있다.

옥수수는 주로 제과제빵, 전분, 당류, 알코올 발효 등 식품가공산업에 많이 사용된다. 쌀과 밀이 대부분 식량으로 사용되는 반면, 옥수수는 생산량의 절반 이상이 가축의 사료나 공업 원료로 쓰인다.

그림 9-10 옥수수

(2) 메밀

메밀(buckwheat)은 크게 20여 종이 존재하는데 이 중에서 보통메밀과 쓴메밀이 주로 재배된다. 보통메밀은 단메밀이라고도 불리며 우리나라에서 주로 재배되는 품종이다. 쓴메밀은 중국, 인도 및 네팔 지역에서 주로 재배된다.

메밀의 영양성분은 열매에 균일하게 분포되어 있어 제분 시 영양 손실이 적다. 주성분은 전분으로 50~75%를 차지하며, 이 중 25%는 아밀로스이다. 단백질은 12~15%를 함유하고 있는데, 기본 단백질은 글로불린(globulin)이다. 리신이나 트립토판과 같은 다른 곡물에 부족하기 쉬운 필수아미노산이 풍부하여 영양학적으로 우수한 식품이다. 지방은 2~5% 정도 함유되어 있다. 무기질 중 아연은 쌀의 2배, 비타민 B_1, 비타민 B_2는 쌀의 3배 이상으로 많이 함유되어 있다. 비타민 P라고도 불리는 루틴(rutin)은 항산화물질로 혈관벽을 튼튼하게 하여 혈관계질환 및 당뇨, 암 등의 질병 예방과 치료에 효과가 있다고 알려져 있다. 가공제품의 90% 이상이 제분된 가루나 국수 형태로 이용되고 있다.

그림 9-11　메밀

(3) 조

조(millet)는 토양이 척박하고 강수량이 적은 지역에서도 잘 자라는 특징이 있다. 따라서 우리나라에서도 산간 지역이나 벼농사가 어려운 지역에서 재배된다. 조는 아밀로스의 함량에 따라 메조와 차조로 구분된다. 주성분은 탄수화물인 전분 형태이고 단백질과 지질, 무기질, 비타민도 풍부하게 함유되어 있다. 특히, 비타민 B_1, 비타민 B_2의 함량이 높고 식이섬유도 풍부하다. 차조는 주로 밥에 넣어 혼반용으로 이용되며, 메조는 떡, 술, 가자미식해 같은 발효식품 및 당화식품에 이용된다.

그림 9-12　조

(4) 기장

기장(common millet)은 잡곡 중에서도 생육기간이 매우 짧다. 씨를 뿌린 후 수확까지 70~110일이 걸리는데 이는 조보다도 짧다. 농가에서 다른 작물과 함께 돌려짓기(윤작)가 가능한 작물이다.

기장의 주성분은 탄수화물 75%, 단백질 11%로, 조와 비슷하고 지질은 1.9%로 조보다 적다. 쌀보다 단백질, 지방, 비타민 등이 풍부하나 소화율은 떨어진다. 형태는 조와 비슷하지만 좀 더 굵다. 기장은 전분 특성에 따라 메기장과 찰기장으로 구분되며, 주로 쌀이나 다른 잡곡과 함께 섞어 먹는 혼반용 및 떡의 재료로 사용된다.

그림 9-13 기장

(5) 수수

수수(sorghum)는 밀, 쌀, 옥수수, 보리에 이어 세계에서 다섯 번째로 생산량이 많은 식량작물이다. 원산지는 열대 아프리카이며, 아시아 및 아프리카의 여러 나라에서 주식으로 이용되고, 미국이나 호주에서는 사료용으로 쓰인다.

수수는 배유 특성에 따라 찰수수와 메수수로 구분한다. 붉은 계열의 수수는 폴리페놀과 탄닌, 플라보노이드와 같은 항산화성분의 함량이 풍부하다. 곡류 중에 유일하게 탄닌을 다량 함유하고 있는데, 이는 병충해 및 곰팡이에 대한 저항성을 갖게 해준다. 탄닌은 단백질, 탄수화물과 결합하여 영양성분 및 에너지를 감소시킨다고 알려져 그동안 식이를 제한해왔으나, 최근에는 항산화 및 항암효과 등이 밝혀지면서 주목받고 있다.

메수수는 식용으로 적합하지 않으며 주로 사료나 술을 만드는 데 사용된다. 중국을 대표하는 증류식 소주인 고량주의 주된 원료가 바로 수수이다. 우리나라에서는 예부터 찰수수를 팥과 섞어 밥이나 떡을 만들어 먹었다. 이 외에도 병과, 조청 등을 만들 때 사용하였다.

수수껍질이나 수숫대와 같은 부산물은 친환경 벽지, 합판 등과 같은 건축자재나 수수빗자루, 수수깡과 같은 생필품의 소재로 활용된다.

그림 9-14 수수

(6) 율무

율무(adlay)는 '의이인(薏苡仁)'이라고도 하며, 주로 약용작물로 재배된다. 열매는 두껍고 단단한 외피로 싸여 있으며 배유의 모양은 편평형 또는 난형이고 가운데에 넓은 홈이 있다. 탄수화물의 함량은 60~70%로 아밀로펙틴의 함량이 많은 찰성 전분이며, 단백질 함량은 15~20%로 다른 곡류보다 많다. 율무는 갈아서 죽이나 떡으로 만들어 먹거나 차 등으로 활용한다. 밥에 넣어 먹으면 옥수수와 비슷한 식감을 느낄 수 있다.

율무는 코익솔(coixol), 코익세놀리드(cosenolide)와 같은 기능성 성분을 함유하고 있다. 이러한 성분은 단백질 분해를 촉진하고 혈액 순환이나 신진대사를 활발하게 하며 담이나 방광의 결석을 녹이는 효과가 있다. 특히, 율무의 단백질 분해효소는 항종양작용과 함께 암세포를 사멸시키는 것으로 알려져 있어 율무밥과 율무차를 지속적으로 섭취하면 암의 예방과 치유에 도움이 될 수 있다고 한다. 이 외에도 부종, 신경통, 류머티즘 등의 약재로도 쓰인다.

그림 9-15 율무

2. 당류

1) 분밀당

분밀당은 '원료당'이라고도 하며, 사탕수수의 줄기 또는 사탕무에서 즙을 짜고 불순물들을 침전·제거한 후 농축하여 당밀을 제거한 것으로 결정 형태를 띤다.

2) 정제당

우리나라에서는 분밀당을 수입하여 정제당을 만들어 쓴다. 정제당은 분밀당을 물에 녹여 불순물을 거르고 정제된 당액을 진공상태에서 농축하여 결정 형태로 만드는 것이다. 결정 이 생기면 원심분리기로 결정되지 않은 액(당밀)을 분리하여 정제된 당을 만든다. 이 과정 을 세 번 반복해서 흰색의 정제당, 즉 백설탕을 만든다.

설탕은 자당 또는 서당이라고도 하며, 다른 당류의 감미도를 측정하는 표준감미물질로 이용된다. 설탕은 단맛을 낼 뿐만 아니라 제과제빵 시 제품을 부드럽게 하거나 수분을 유지 할 수 있게 해주며, 비효소적 갈변을 통해 빵의 풍미를 증가시키는 역할을 한다. 또한 식품 에 첨가함으로써 수분활성도를 낮추어 미생물의 증식을 억제하고 식품의 보존기간을 연장 해주기도 한다.

3) 흑설탕

흑설탕은 사탕수수의 즙액에서 당밀을 제거하지 않고 졸여서 만든 것이다. 당밀이 포함되 어 있고 가열과정에서 캐러멜 성분이 형성되기 때문에 짙은 흑갈색을 띤다. 정제당보다 당 도가 낮으나 무기질과 비타민 B 복합체를 함유하고 있어 독특한 풍미를 낸다. 약식, 약과, 양갱을 만들거나 제과제빵 등에 사용되며 육류를 재어놓을 때도 쓰인다. 시중에서 판매되 는 갈색설탕 또는 흑설탕은 백설탕 제조 중에 나오는 당밀을 재가열하여 생산하거나, 생산 원가 절감을 위해 당밀을 정제당과 혼합하여 결정화시킨 것이다.

4) 슈거파우더

슈거파우더(sugar powder)는 정백당을 밀가루처럼 곱게 빻은 것이다. 굳는 것을 방지하기 위해 전분을 혼합한다. 제과제빵 및 껌, 분유 등을 만드는 데 사용된다.

5) 시럽류

(1) 조청

우리나라는 설탕이 도입되기 전까지 단맛을 내는 데 조청과 꿀을 사용하였다. 천연감미료인 조청은 찹쌀, 멥쌀, 수수, 고구마 전분 등을 엿기름(맥아)으로 당화시킨 후 장시간 가열하고 수분을 증발시켜 농축한 것이다.

(2) 물엿

물엿은 옥수수전분을 산이나 효소를 이용하여 가수분해한 것으로 포도당, 맥아당(말토스), 덱스트린을 함유하고 있다. 당분을 제외한 모든 성분을 여과, 탈취, 탈색 등의 정제과정을 통해 제거하기 때문에 투명한 색을 띤다. 물엿의 가수분해 정도는 DE(Dextrose Equivalent)로 표기하며, 이 값이 클수록 가수분해 정도가 높다는 의미이며 그만큼 당도가 높아진다.

(3) 고과당

고과당은 옥수수전분을 주원료로 하여 당화시켜 만든 포도당액을 과당으로 변환(이성화)하여 단맛을 낸 시럽이다. 영어로는 HFCS(High-Fructose Corn Syrup)로 표기하며, '고과당시럽', '액상과당'이라고도 부른다. 물엿은 맥아당 및 덱스트린을 포함하는 반면, 고과당은 단순당인 포도당까지 분해한 후 이성화를 거쳐 과당을 생성한다는 점이 물엿과 다르다. 고과당시럽의 종류로는 프럭토스 55%와 글루코스 42%로 구성된 'HFCS 55', 프럭토스 42%와 글루코스 53%로 이루어진 'HFCS 42'가 있다. 이들은 청량음료나 젤리, 빙과류, 초콜릿, 과자, 소스 등과 같은 가공식품에 많이 사용된다.

6) 당알코올류

당알코올은 단당류의 유도체로 식품산업에서 많이 사용되며, 종류에는 자일리톨, 소르비톨, 만니톨 등이 있다. 당알코올은 청량감을 주고 세균이 이용하지 못하기 때문에 충치 예방 효과가 있어 다이어트 식품, 무설탕 껌 등에 사용된다. 식품산업에서 가장 많이 사용되는 소르비톨은 감미도가 0.6 정도로 설탕보다 덜 달고 에너지가 낮다. 소화·흡수도 느려서 당뇨병환자를 위한 감미료로 사용되기도 한다. 식품산업에서는 어묵, 게맛살 등에 보습력과 풍미를 주기 위해 사용되며, 단맛을 내면서도 세균이 분해할 수 없어 무설탕 제품에 사용된다. 소르비톨은 수분흡수력이 좋아 과도하게 섭취할 경우 장내 수분을 흡수하여 설사를 유발할 수도 있다.

식물에서 추출해서 만드는 천연감미료인 자일리톨은 충치 예방에 효과가 있다고 알려져 껌류에 많이 사용된다. 그러나 시판 중인 자일리톨 껌류에는 자일리톨 외의 감미료를 사용하는 경우도 있으므로 식품표시사항을 확인한 후 구매하는 것이 좋다.

7) 메이플시럽

메이플시럽(maple syrup)은 사탕 단풍나무에서 추출한 수액을 정제·농축하여 만든 감미료로 캐나다산이 유명하다. 주로 와플이나 팬케이크에 곁들여 먹으며 차를 마실 때 감미료로 이용하기도 한다. 주성분은 설탕이 62% 정도이고 과당과 포도당도 포함되어 있다.

8) 올리고당류

올리고당류는 단당류가 3~10개 결합되어 있는 탄수화물로, 대두올리고당, 프럭토올리고당, 이소말토올리고당, 갈락토올리고당, 말토올리고당, 자일로올리고당 또는 이를 혼합한 혼합올리고당 등이 있다. 올리고당은 전분과 같은 고분자 탄수화물을 효소로 분해하여 생산하는데 소화효소에 의해 분해되지 않아 저칼로리 감미료로 이용한다. 대장에서 비피더스균과 같은 유익균의 영양원이 되어 장 건강 개선에 도움을 주기도 한다.

9) 인공감미료

인공감미료는 단맛을 내는 화학적 합성품으로, 합성감미료라고도 한다. 현재 국내 사용이 허가된 인공감미료는 소르비톨, 아스파탐, 수크랄로스 등이 있다. 사카린염은 일부 식품에 한해 사용이 제한되어 있다. 이전까지 사용되던 시클라메이트, 둘신은 독성 문제로 사용이 금지되었다.

서류

서류는 감자나 고구마와 같이 식용 부위가 주로 땅속에 있는 작물을 말한다. 감자는 땅속줄기가 변하여 만들어진 것이고 고구마는 뿌리의 일부가 전분을 포함한 다당류를 저장하면서 비대해진 것이다. 서류는 탄수화물이 많고 척박한 땅에서도 잘 자라는 특성이 있으며 단위 면적당 생산량이 많아 과거 곡류의 생산량이 부족하던 시절 구황작물 또는 주식 및 주식 대용품으로 이용되었다. 서류에는 감자, 고구마, 돼지감자, 마, 토란, 카사바, 야콘 등이 있다.

표 10-1 서류의 영양성분 (단위: 가식부 100g 중)

구분	에너지 (kcal)	수분 (g)	단백질 (g)	지방 (g)	회분 (g)	탄수화물 (g)	칼륨 (mg)	비타민 C (mg)
감자	70	81.1	1.93	0.03	0.87	16.07	335	4.47
고구마	147	62.2	1.09	0.15	1.02	35.52	375	10.81
돼지감자	35	81.4	2.18	0.09	1.41	14.92	561	1.34
토란	71	80.8	2.08	0.14	1.21	15.77	520	1.21
마	45	87.8	1.56	0.28	0.81	9.55	374	1.42
야콘	52	86.3	0.6	0.3	0.4	12.4	240	3

출처: 농촌진흥청 국립농업과학원, 국가표준식품성분표, 제10개정판, 2023

1. 감자

1) 특징

감자는 원산지가 남아메리카 안데스산맥 지역이며 1570년경 스페인 사람들을 통해서 유럽에 소개된 후 세계 각국으로 전파되었는데, 우리나라에는 1830년경 중국에서 전해진 것으로 기록되고 있다. 감자의 명칭은 '말방울'을 뜻하는 마령서(馬鈴薯)라고도 불리며, '북방에서 온 고구마'라는 뜻인 북방감저(北方甘藷)에서 유래되었다. 감자는 척박한 땅에서도 잘 자라고 냉장하지 않아도 비교적 저장성이 좋다. 우리나라에서는 남작, 대지, 수미, 조풍, 세풍, 대서, 남서 등 다양한 품종이 재배되고 있다. 식용(수미, 대지) 및 가공용(대서, 세풍, 장

그림 10-1 컬러감자
출처: 농촌진흥청

원) 품종 외에 국내에서 붉은색, 자주색, 보라색, 노란색 등 다양한 색깔을 가진 컬러감자, 밸리감자가 개발되어 생으로 과일처럼 깎아먹거나, 갈아서 주스처럼 먹을 수 있게 되었다.

감자는 전분 함량에 따라 점질감자과 분질감자로 나누어진다. 점질감자는 전분의 양은 적은 대신 단백질이 많아 육색이 노랗고, 조리했을 때 잘 부서지지 않고 수분이 많아 부드럽고 촉촉하다. 10%의 소금물에 감자를 넣었을 때, 전분이 많아 비중이 큰 분질감자는 가라앉고, 비중이 낮은 점질감자는 위로 올라온다. 단백질량을 전분량으로 나누고 100을 곱한 것을 식용가라고 하며 단백질이 많을수록 또는 전분이 적을수록 식용가가 커서 점질을 나타낸다. 분질감자는 전분 함량이 많아 육색이 희고 수분이 적다. 조리했을 때 쉽게 부서지고 포슬포슬해지는 특징이 있어 오븐 구이용과 매시드 포테이토용으로 적합하다. 또한 당분이 적어 튀길 때 표면이 갈변되지 않아 튀김용으로도 적합하다.

$$감자의\ 식용가\ =\ \frac{단백질량}{전분량}\ \times\ 100$$

표 10-2 감자의 종류와 특징

구분	점질감자(waxy potato)	분질감자(mealy potato)
비중	1.07~1.08	1.09~1.12
전분 특성	전분 입자의 크기가 작고 전분 함량이 낮은 대신 단백질량이 많아 과육이 노란색임	전분 입자의 크기가 크고 전분 함량이 많아 과육이 흰색임
조리 특성	가열해도 잘 부서지지 않으며 찰진 질감을 나타냄	가열하면 잘 부서지고 세포가 분리되는 것같이 포슬포슬한 가루가 된다.
용도	볶음, 조림, 샐러드, 수프	오븐 구이용, 매시드 포테이토, 프렌치프라이드 포테이토

2) 감자의 성분 및 효능

감자는 수분 함량이 80% 내외이고 탄수화물은 대부분 전분의 형태로 존재한다. 감자 전분의 입자가 커서 곡류에 비해 빨리 호화된다. 감자가 숙성함에 따라 수분과 당분 함량이 감소하고 전분 함량은 현저하게 증가한다. 감자단백질은 글로불린에 속하는 튜버린(tuberin)이고 수미품종에는 1.9%가 함유되어 있다.

감자 싹에는 솔라닌(solanin)이라는 자연독 식중독을 일으키는 물질이 있다. 솔라닌은 아린 맛을 내는 알칼로이드의 일종으로 독성물질에 속하며 감자의 씨눈 및 껍질 부위에 많이 함유되어 있다. 감자를 빛에 쪼이면 솔라닌 함량이 높아져 이를 먹으면 식중독을 일으키게 되므로 싹이 튼 감자는 싹 부분을 제거하고 먹어야 한다. 감자의 발아를 방지하기 위하여 방사선 ^{60}Co의 γ-선을 조사하기도 하며, 햇빛을 차단하여 저장하는 것이 좋다.

3) 감자의 효소적 갈변반응

감자는 껍질을 벗기거나 썰어서 공기 중에 방치해두면 표면이 갈변되는데, 이는 감자에 들어 있는 페놀성 화합물, 티로신(tyrosine)이 세포 내에 함유되어 있던 티로시나아제(tyrosinase)라는 산화효소와 반응하여 갈색 물질을 형성하기 때문이다. 티로신은 효소의 작용에 의해 DOPA(3,4-dihydroxyphenylalanin)라는 중간물질을 거쳐 퀴논 형태가 된 후 중합하는 복잡한 여러 과정을 거쳐 최종적으로 멜라닌(melanin)이라는 갈색 물질을 만든다.

감자의 갈변을 방지하기 위해서는 진공포장과 같이 산소와의 접촉을 차단하여 산화가 일어나지 않도록 하거나 감자를 자른 후 즉시 물에 담가 티로시나아제에 의한 산화작용을 억제하는 것이 좋다.

4) 감자의 저장과 당분의 변화

감자의 당은 주로 비환원당인 서당(sucrose), 환원당인 포도당(glucose) 및 과당(fructose)으로 구성된다. 감자는 수확 후 저장온도에 따라 당의 함량이 달라진다. 감자의 당 함량은 가공 시 품질에 미치는 영향이 크므로 중요하다. 18~20℃의 고온에서 저장하면 감자의 호흡작용이 활발해져 당이 많이 소모되므로 당의 함량이 낮아진다. 그러나 4℃의 저온에 저장하면 호흡작용은 느려지고 감자에 함유된 아밀라아제(amylase)와 말타아제(maltase) 등의 효소가 천천히 전분을 당화하여 환원당을 생성한다. 따라서 점차 단맛이 증가하면서 포슬포슬한 가루가 없어지며 투명해진다. 이러한 현상은 프렌치프라이드 포테이토나 포테이토칩과 같이 감자를 기름에 튀겨서 만드는 제품의 품질에 중요한 영향을 준다. 당 함량이 높은 감자로 포테이토칩을 만들면 갈변반응에 의해 제품의 색이 어두운 갈색으로 변하고 씁쓸한 맛이 나서 상품성이 떨어지기 때문이다. 따라서 감자의 튀김음식에는 냉장온도보다는 실온에서 저장한 감자를 이용하는 것이 좋다.

2. 고구마

1) 특징

그림 10-2 고구마(단자미: 기능성 자색고구마)
출처: 농촌진흥청,
고구마-농업기술길잡이 028(개정판), 2018

고구마가 우리나라에 전래된 시기는 1763년 영조 때이며, 예조 참의 조엄이 통신사로 일본을 방문한 후 돌아오는 길에 대마도에서 구황작물로 들여왔다고 한다. 껍질은 적자색이고 육색은 황색 또는 황백색인 품종이 많다. 육질이 호박처럼 노란색을 띤다고 하여 이름이 붙여진 호박고구마(일명 '속노란고구마')와 보라색을 띠는 자색고구마도 있다.

2) 고구마의 성분 및 영양

고구마에는 변비 해소에 도움이 되는 양질의 식물성 섬유가 풍부하게 함유되어 있다. 식물성 섬유를 섭취하면 장내 고형물이 증가하여 세균의 영양원으로 쓰이고, 이는 장운동을 활발하게 촉진하여 배변을 원활하게 한다. 이로 인해 대변이 대장을 통과하는 시간이 단축되어 대장암 예방에 도움이 된다. 그리고 고구마의 식이섬유는 혈중 콜레스테롤 수치를 낮춘다.

생고구마를 자르면 하얀 유액이 나오는데 이것은 고구마의 상처를 보호하는 얄라핀 (jalapin)으로서 이 물질은 완화작용이 있어 변통을 돕는 하제로 사용된다. 얄라핀의 주성분은 야라피노르산이라는 지방산으로 아주까리의 리시노프산과 유사한 완화작용이 있다. 식물성 섬유와 얄라핀의 상승효과로 변비가 해소된다. 이 두 가지 물질은 안정성이 높으므로 가열하거나 조리해서 이용해도 좋으나, 생즙으로 섭취하는 것이 더 효과적이다.

고구마는 알칼리성 식품이며, 특히 칼륨이 많이 들어 있어서 체내에 과잉된 나트륨을 몸밖으로 배출하는 역할을 하므로 고혈압을 비롯한 성인병 예방에 좋다.

햇볕에 말린 고구마는 단맛이 증가하는데, 이는 햇볕의 따뜻한 열기로 최적온도가 50~75℃인 β-아밀라아제와 같은 전분 분해효소의 작용이 활발해져 맥아당과 포도당이 많이 생성되기 때문이다.

3. 토란

토란(土卵, taro)은 '흙 속의 알'이라는 뜻으로, 다년생 열대 초본식물이며 원산지는 열대지역이다. 식재료로 이용되는 것은 괴경인 알토란과 줄기에 해당하는 토란대이다. 알토란은 토란국 또는 조림으로 이용되며 주요 성분은 전분이고 미네랄 및 비타민이 함유되어 있다. 토란의 줄기는 토란대라 하여 육개장, 나물, 탕의 재료가 되며 칼슘, 인, 철분, 비타민 등이 많이 들어 있다.

그림 10-3 토란

토란은 줄기 및 괴경에 아린 맛 성분이 있는데 껍질을 벗긴 후에 냉수에 담가두면 없어진다. 아린 맛은 호모겐티스산(homogentisic acid)과 수산칼슘에 의한 것으로 열을 없애고 염증을 가라앉히는 역할을 한다고 알려져 있어, 삐었을 때나 독충에 쏘였을 때, 뱀에 물렸을 때 토란잎을 비벼서 붙이면 효과를 볼 수 있다. 토란의 진액이 피부에 닿으면 가려움증이 생기지만, 비누로 씻거나 암모니아수에 담그면 없어진다.

토란의 미끈거리는 성분은 갈락탄(galactan)으로, 이것은 간과 신장에 좋은 성분이지만 조리할 때 양념의 침투를 어렵게 하거나 가열 시 끓어 넘치게 하는 원인이 되므로 1%의 소금물이나 쌀뜨물에 데쳐 제거해야 한다.

4. 마

그림 10-4 마

마(yam)는 세계적으로 약 600여 종이 분포되어 있는데 이 중에서 식용으로 이용하는 것은 약 10여 종에 불과하다. 덩이뿌리의 형태에 따라 장마, 단마, 둥근마 등의 형태로 나누어진다. 주 생산지는 아프리카로 90% 이상을 차지하며, 우리나라의 최대 생산지는 안동이다. 장마는 수분이 많아 갈아서 생식으로 이용하며 단마는 한약재로 사용한다.

마는 예부터 강장제로 유명하며 아밀라아제, 우레아제와 같은 효소와 아르기닌, 콜린 등의 성분도 다량 함유하고 있다. 마의 점액질인 뮤신에는 위벽을 보호하는 효과가 있다.

5. 야콘

야콘(yacon)은 고구마를 닮은 국화과의 다년생 초본식물로, 원산지는 남아메리카의 안데스 산맥 지역으로 알려져 있다. 1985년 농촌진흥청이 일본에서 세 포기를 도입하여 시험 재배를 거친 후 강원, 충북, 경북 농가에 보급하면서 본격적으로 재배되기 시작하였다.

야콘의 가장 대표적인 별명은 '페루산 땅속의 과일'로 달달하고 시원한 과즙을 자랑한다. 생김새를 보면 뿌리는 고구마, 꽃은 감국, 잎과 줄기는 해바라기를 닮았다. 야콘의 식용

부위는 덩이뿌리로 수확 후 바로 먹거나 단맛이 증가하도록 1~2개월 숙성시킨 후 먹는다. 숙성된 야콘은 식감이 아삭하고 맛이 달아 '땅속의 배'라고 불린다. 야콘은 고구마와 비슷하지만 고구마와 달리 전분이 거의 없는데, 그 이유는 영양분을 전분 대신 프럭토올리고당(fructooligosaccharide) 형태로 저장하기 때문이다. 프럭토올리고당은 단맛이 설탕의

그림 10-5　야콘

30~50% 정도이며 다른 당과 달리 체내에 흡수되지 않아 당 조절이 필요한 당뇨병환자들에게 중요한 단맛의 공급원이 될 수 있다. 또한 수용성 식이섬유처럼 중성지방, 콜레스테롤을 흡착하여 체외로 배출하기 때문에 콜레스테롤 저하 및 비만 억제효과도 있다.

야콘의 성분을 보면 84%가 수분이며 칼슘, 칼륨이 풍부해 체내 나트륨을 배출하며 100g당 칼로리가 62kcal로 저칼로리 식품 기준에 적합하다. 야콘은 음식재료로서 닭, 돼지 등의 육류구이, 볶음에 사용되어 기름을 흡수하고, 생선류 찌개의 잡내를 제거하여 맛을 더해준다.

6. 돼지감자

돼지감자(Jerusalem artichoke)는 원산지가 북아메리카인 다년생 초본식물로, 덩이줄기의 모양이 생강처럼 울퉁불퉁하다. 전분 대신 이눌린과 식이섬유가 풍부하다. 이눌린은 과당으로 이루어진 단순다당류로 인체 내에 분해하는 효소가 없어 급격한 혈당 상승으로 이어지지 않기 때문에 당뇨병환자에게 좋다. 저칼로리 음식재료로 찜, 튀김, 조림 등에 사용된다.

그림 10-6　돼지감자

7. 카사바

그림 10-7 카사바

카사바(cassava)는 원산지가 남아메리카이며, 고구마처럼 생긴 덩이뿌리 식물이다. 열대지방의 중요한 식량 공급원이지만 청산배당체인 리나마린을 함유하고 있어 생것으로는 이용하지 않는다. 리나마린은 가열이나 물로 씻으면 없어진다. 쓴맛을 가진 카사바종이 단맛을 가진 카사바종보다 독성이 강하기 때문에 식용으로 이용하는 것은 감미종으로 고구마처럼 삶아서 먹는다. 덩이뿌리에는 전분이 20~30% 함유되어 있고, 이것을 추출하여 건조한 것이 타피오카 전분이며 과자, 알코올 발효, 풀의 재료로 이용된다.

두류 및 견과류

1. 두류

두류는 흔히 콩이라 불리는 콩과 식물의 종자를 말하며, 우리나라 식생활에서 쌀, 보리와 함께 중요한 식물성 식품으로 여겨지는 식물성 단백질의 공급원이다. 특히, 대두단백은 아미노산 조성이 우수하고 곡류 위주의 식생활에서 부족한 리신을 많이 함유하고 있다.

우리나라를 비롯하여 중국, 일본은 오래전부터 두류를 재배해왔으며, 밥에 넣어 먹거나 발효식품 · 제과제품 · 가공식품 등 다양한 형태로 가공하여 섭취해왔다. 우리나라에서 두류라 하면 강낭콩, 녹두, 동부, 리마콩, 렌틸콩, 병아리콩, 완두, 작두, 쥐눈이콩, 대두, 팥 등이 소개되고 있다.

일반적으로 두류에는 양질의 단백질과 전분이 함유되어 있는데, 특히 단백질과 지방이 많은 두류로는 대두와 쥐눈이콩이 있고, 지방이 적고 탄수화물 함량이 높은 두류에는 팥, 완두, 강낭콩, 동부 등이 있다(표 11-1, 표 11-2). 또한 두류는 다량의 엽산, 칼륨, 철과 마그네슘을 함유하고 있으며, 티아민, 아연, 구리가 들어 있고 식이섬유가 풍부한 식품군이다.

표 11-1 **두류의 구성성분**

두류의 구성성분	두류의 종류
단백질과 지질의 함량이 높은 두류	대두, 쥐눈이콩
단백질과 탄수화물의 함량이 높은 두류	팥, 녹두, 강낭콩, 완두, 동부
비타민 C의 함량이 높은 두류	풋콩, 미성숙 완두콩

표 11-2 두류의 영양성분

(단위: 가식부 100g 중, 말린 것)

구분	일반성분								무기질				비타민				
	에너지 (kcal)	수분 (g)	단백질 (g)	지방 (g)	회분 (g)	탄수화물 (g)	당류 (g)	총 식이 섬유 (g)	칼슘 (mg)	철 (mg)	인 (mg)	칼륨 (mg)	A (μg)	베타 카로틴 (μg)	B₁ (mg)	B₂ (mg)	C (mg)
대두(황)	409	11.2	36.21	14.71	4.89	32.99	6.64	25.6	260	6.66	660	1,838	1	11	0.553	0.384	3.27
대두(검정)	413	10.3	38.68	15.86	4.71	30.45	6.45	20.8	199	6.19	653	1,848	5	60	0.168	0.682	6.72
팥(검정)	330	16.1	20.63	0.96	3.54	58.72	0.43	15.8	72	4.81	394	1,181	0	6	0.584	0.175	4.10
팥(적)	335	15.2	21.82	1.07	3.35	58.56	0.45	15.6	64	5.12	400	1,263	0	2	0.424	0.165	4.29
쥐눈이콩	403	12.6	37.32	14.61	4.88	30.59	5.58	22.2	212	8.14	743	1,888	7	82	0.164	0.682	2.29
병아리콩	373	10.8	17.27	5.66	3.13	63.14	-	7.9	153	4.74	367	1,085	2	23	0.646	0.124	0
렌틸콩	359	9.6	21.01	1.43	2.54	65.42	1.30	10.2	72	7.17	384	943	2	22	0.193	0.262	0
녹두	352	9.4	24.51	1.52	4.42	60.15	0	22.4	100	4.11	441	1,420	20	243	0.156	0.358	5.29
동부	343	14.4	19.61	2.10	3.37	60.56	0.44	21.0	56	5.15	499	1,181	2	21	0.282	0.085	0.56
완두	363	8.1	20.7	1.3	2.8	67.1	-	-	85	5.8	248	926	0	522	0.49	0.25	0

*: 수치가 애매하거나 측정되지 않음

출처: 농촌진흥청 국립농업과학원, 국가표준식품성분표 제10개정판, 2023

1) 대두

대두(soy bean)는 고온다습한 기후에서 재배되는 작물로 영양학적으로 매우 우수한 식품이다. 대두단백질은 식물성 단백질이나 생물가가 높아 우수한 단백질 급원식품으로 우리나라의 식생활에 중요한 역할을 하고 있다. 단백질은 약 40%를 함유하며, 주로 글로불린(globulin)계에 속하는 글리시닌(glycinin)으로 구성되어 있다. 아미노산 조성은 필수아미노산이 고루 함유되어 있어 영양적으로 우수하나, 메티오닌(methionone), 시스틴(cystine)과 같은 함황아미노산의 함량이 부족하다. 또한 20% 내외의 지방을 함유하며, 리놀레산 등의 불포화지방산의 함량이 높아 혈중 콜레스테롤의 축적을 억제할 수 있다. 전분은 1% 이하로 매우 적은 편이며 소량의 소당류가 포함되어 있다. 비타민 B_1, B_2가 많고 칼륨, 마그네슘, 철, 엽산의 우수한 공급원이다.

이 외에도 대두에는 트립신 저해제(trypsin inhibitor)가 함유되어 있다. 따라서 저해제의 존재 때문에 생콩을 날로 먹을 경우, 트립신 소화효소가 제대로 작용을 못하기 때문에 소화장애를 일으켜 설사를 유발할 수 있다. 트립신 저해제는 가열할 경우 변성되어 본래의 기능을 상실하게 되므로 소화장애가 일어나지 않는다.

일반적으로 생콩은 두유나 두부로 만들어 먹는다. 두유를 만들 때 생콩은 딱딱하여 가공하기 어렵고, 나쁜 냄새와 맛 등이 존재할 수 있으므로 물에 넣고 12시간 정도 불린다. 이 과정에서 콩의 중량 대비 0.3%의 탄산수소나트륨을 첨가하면 알칼리성에 의해 콩의 연화가 촉진된다. 불리는 과정에서 발생하는 거품은 주로 사포닌(saponin) 성분이며, 조리에 나쁜 영향을 미치므로 조리 전에 미리 제거하는 것이 좋다.

그림 11-1 두유

2) 팥

팥(red bean, adzuki bean, red mung bean)은 구성성분 중 60%가 탄수화물로 대부분 전분이며 비타민 B_1의 함량이 비교적 높은 두류이다. 또한 칼륨의 우수한 공급원이며, 마그네슘,

인, 아연, 구리, 식이섬유소를 함유하고 있다. 팥의 껍질에는 시아니딘(cyanidin) 배당체가 들어 있어 아린 맛이 나며, 팥에는 장을 자극하는 사포닌이 함유되어 있어 처음 삶은 물은 버리고 조리하는 것이 좋다.

팥은 탄수화물 함량이 높기 때문에 잡곡밥의 재료로 쓰이며, 가공식품으로는 팥앙금, 죽, 젤 식품 등에 사용된다. 최근 팥 껍질 속의 안토시아닌계 색소가 생리활성효과가 있으며, 다이어트에 도움이 된다는 정보가 넓게 퍼지면서, 팥이 몸에 좋은 두류 중 하나라고 인식되고 있다.

그림 11-2 팥과 팥을 이용한 음식

3) 녹두

녹두(mung/moong bean, green gram, golden gram)는 오랫동안 우리에게 사랑받아 온 탄수화물의 공급 식재료로 60%의 탄수화물을 포함하고 있다. 펜토산, 갈락탄, 헤미셀룰로스 및 엽산, 칼륨과 마그네슘의 좋은 급원이며, 비타민 B_1, 판토텐산, 철, 인, 아연, 구리를 함유한다.

녹두는 껍질이 있는 상태에서는 녹색을 띠지만 껍질을 제거하면 노란색을 나타내므로, 껍질을 제거하고 가루로 만들어 녹두전(빈대떡), 청포묵 등의 조리에 사용한다. 또한 녹두에는 6% 정도의 당분이 함유되어 있기 때문에 곡류와 다르게 단맛이 나서 디저트로도 많이 사용된다. 녹두의 새싹인 숙주나물은 다양한 피토케미컬 성분이 있어 다양한 생리활성효과를 기대할 수 있다.

그림 11-3 녹두와 녹두를 이용한 음식

4) 렌틸콩

렌틸콩(렌즈콩, lentil, lens bean)은 원산지가 지중해, 유럽 남부지역이다. 렌틸콩은 스페인산 올리브유, 그리스 요구르트, 일본 낫토, 한국 김치 등과 더불어 세계 5대 건강식품으로 선정될 정도로 영양이 풍부하다. 65%의 탄수화물과 20%의 단백질을 함유하고 있어서 주식처럼 먹으면 생활에 필요한 영양소를 골고루 공급받을 수 있다. 또한 렌틸은 천천히 소화되는 전분(slowly digested starch)의 함량이 높아 당뇨병환자들에게 좋은 식재료이다. 최근 이슈가 되고 있는 소화효소에 저항성을 나타내는 저항전분도 65% 정도 함유되어 있다. 또한 렌틸콩에는 엽산이 영양소 기준치의

그림 11-4 렌틸콩과 인도의 달

70% 이상을 충족할 정도로 다량 함유되어 있고, 티아민, 판토텐산, 비타민 B_6, 철분, 아연 등이 풍부하다. 하지만 트립신 저해제가 들어 있고, 피틴산(phytate)이 많이 함유되어 있어 섭취 시 주의해야 한다.

5) 병아리콩

병아리콩(chick pea)은 콩과에 속하는 식물로, 씨의 전체적인 외관이 병아리의 머리 모양과 비슷한 특징이 있다. 기원전 7500년부터 재배되었으며, 인류 역사상 가장 먼저 재배된 두류 중 하나이다. 병아리콩은 인도의 중요한 식량작물이며, 단백질, 아연, 엽산이 풍부하여 채

그림 11-5 병아리콩

식주의자의 중요한 단백질 공급원이 된다. 주로 밀가루나 보릿가루와 혼용하거나 수프 등으로 사용하며, 중동지역에서는 병아리콩을 다진 마늘, 양파, 파슬리, 고수 등을 함께 갈아 만든 반죽을 둥근 모양으로 튀겨낸 형태인 팔라펠(falafel)이란 음식을 즐겨 먹는다.

6) 완두콩

그림 11-6 완두콩

완두콩은 꼬투리의 단단한 정도에 따라 연협종과 경협종으로 나뉜다. 껍질이 부드러운 연협종은 풋콩으로 불리며 중국요리에서 주로 채소로 활용된다. 껍질이 단단한 경협종은 그린피스라 불리는 미숙한 종실을 수확하여 밥에 넣거나 통조림, 수프로 이용된다. 통조림으로 가공 시에 황산동(CuSO$_4$)의 처리에 의해 선명한 녹색을 유지할 수 있다.

2. 견과류

견과류는 과육이 단단한 외과피에 싸여 있고, 종실을 먹는 과실이다. 우리나라에서 견과류라 하면 땅콩, 밤, 브라질너트, 아몬드, 아마인, 은행, 잣, 마카다미아, 캐슈넛 등이 소개되어 있다. 대부분의 견과류는 볶아서 식용으로 이용하게 되는데, 이 과정에서 수분의 함량이 5% 이내로 줄어들어 다른 영양성분의 함량이 높아지게 된다.

견과류도 두류처럼 탄수화물이 많은 견과류와 지방이 많은 견과류로 나눌 수 있다. 밤과 은행은 탄수화물 함량이 78.6%, 45.8%로 상대적으로 높다. 이에 비해 마카다미아(76.7%), 잣(75.0%), 호두(68.4%)는 지질의 함량이 매우 높아 견과류이면서도 좋은 유종(oil seed)으로 사용할 수 있다. 견과류 중에 가장 흔하게 접하는 땅콩은 지질 함량이 46.2%로 높지만, 단백질(28.5%)도 높아 영양적으로 고지방이면서 고단백식품이라 할 수 있다. 견과류는 볶는 과정에서 지질성분이 열에 의해 분해되고 변화하여 고소한 향이 나고, 수분 함량이 줄어들어 더욱 단단하고 잘 씹히는 조직적 특성이 나타난다.

표 11-3 견과류의 영양성분 (단위: 가식부 100g 중)

구분	일반성분							
	에너지 (kcal)	수분 (g)	단백질 (g)	지방 (g)	회분 (g)	탄수화물 (g)	당류 (g)	총 식이섬유 (g)
땅콩(볶은 것)	567	2.7	28.50	46.24	2.65	19.91	5.18	10.5
마카다미아(볶은 것)	751	1.3	8.3	76.7	1.5	12.2	(3.8)	6.2
밤(말린 것)	377	8.4	6.7	4.1	2.2	78.6	-	-
브라질너트(말린 것)	659	3.42	14.32	67.10	3.43	11.74	2.33	7.5
아몬드(볶은 것)	594	1.7	23.45	51.29	3.07	20.49	3.91	11.3
은행(볶은 것)	221	45.7	5.00	2.05	1.49	45.76	3.33	4.3
잣(볶은 것)	708	0.5	17.6	75.0	2.2	4.7	-	-
호두(말린 것)	688	2.9	15.47	71.99	1.72	7.92	0	6.7

구분	무기질				비타민				
	칼슘 (mg)	철 (mg)	인 (mg)	칼륨 (mg)	A (μg)	베타카로틴 (μg)	B_1 (mg)	B_2 (mg)	C (mg)
땅콩(볶은 것)	67	2.01	476	799	0	5	0.085	0.207	0
마카다미아(볶은 것)	47	1.3	140	300	0	0	0.21	0.09	0
밤(말린 것)	52	3.3	162	1281	-	-	0.32	0.38	-
브라질너트(말린 것)	160	2.43	725	659	659	0	0.617	0.035	0.7
아몬드(볶은 것)	337	4.59	542	759	1	15	0.012	1.364	0
은행(볶은 것)	6	0.99	192	622	24	291	0.222	0.030	10.08
잣(볶은 것)	10	5.6	-	176	0	0	0.37	0.10	0
호두(말린 것)	81	2.49	355	353	2	26	0.047	0.282	0

*-: 수치가 애매하거나 측정되지 않음
출처: 농촌진흥청 국립농업과학원, 국가표준식품성분표 제10개정판, 2023

1) 땅콩

땅콩(peanut)은 '낙화생(落花生)'이라고도 불리며, 수확까지 4~5개월이면 충분할 정도로 성장이 빠른 편이다. 원산지는 브라질이지만 세계에서 가장 많이 생산하는 국가는 중국으로, 38% 정도를 담당하고 있다.

땅콩은 비타민 B_1과 니아신 함량이 매우 높으며, 단백질은 20% 정도 함유되어 있고 주 단백질로는 아라킨(arachin)과 콘아라킨(conarachin)이 있다. 땅콩을 이용한 제품은 매우 다양한데, 흔히 먹는 것은 볶은 땅콩이다. 볶은 땅콩의 지질 함량은 43%에서 48%로 증가한다. 땅콩은 절반 가까이 지방을 함유하고 있어서 지방을 추출해낸 땅콩유가 요리에 사용된다. 땅콩유는 부드러운 향과 상대적으로 높은 발연점을 가지고 있다. 올리브유처럼 단일불포화지방산 함량이 높고 포화지방산의 함량이 낮아 건강에 더 적합한 것으로 알려져 있다.

땅콩은 영양 부족을 해소하기 위해서도 많이 사용된다. 땅콩은 저렴하면서도 단백질, 지방, 무기질 등의 영양소가 풍부하여 고단백질·고열량·고영양 제품을 만드는 데 적합한 식재료이다. 따라서 세계보건기구에서는 개발도상국의 산모나 어린이들에게 땅콩우유, 땅콩버터, 땅콩페이스트 등을 공급하고 있다.

그림 11-7   땅콩과 땅콩을 이용한 음식

2) 잣

잣(pine nut)은 우리나라에서 매우 익숙한 견과류 중 하나다. 잣은 100g 중 75g이 지질로 구성되어 있어 열량이 매우 높으므로 하루 20~40개 정도만 먹는 것이 권장된다. 지방의 대부분은 올레산(oleic acid), 리놀레산(linoleic acid) 등의 불포화지방산으로 구성되어 있다. 잣

기름은 특이하게 피노레닉산(pinolenic acid)을 포함하고 있
는데, 이 성분은 LDL-수용체(LDL-receptor)의 활성을 통
한 LDL 감소와 항암효과가 있는 것으로 보고된다. 또한 잣
기름의 항비만효과에 대해서도 다양한 연구가 진행되고 있
다. 무기질로는 칼륨, 인, 철이 다량 포함되어 있고, 비타민
B와 비타민 E의 함량이 높다.

그림 11-8 잣

잣은 생식으로 소비되기도 하고, 죽을 만들 때 사용되거나 요리의 고명으로도 활용된다.

3) 브라질너트

브라질너트(brazil nut)는 페루, 볼리비아, 브라질 등 아마존 지역에서 자생하는 브라질너트
나무의 열매이다. 브라질너트는 잣처럼 하나씩 단단한 껍질에 싸여 있고, 이것이 각각 열 개
남짓이 모여 단단한 껍데기로 보호받는다. 브라질너트에는 다양한 영양성분이 풍부하다.
지질이 70% 가까이 들어 있고, 총식이섬유가 7.2%, 단백질이 14.9% 들어 있다.

브라질너트는 셀레늄 함량도 매우 높은 식재료이다. 셀레늄은 항산화효소인 글루타티온
과산화효소의 구성성분으로 항산화작용을 하며, 과산화물질을 미리 파괴하여 비타민 E가
처리해야 할 일을 감소시켜 비타민 E 절약작용을 한다. 또한 치아의 구성성분이며, 갑상선
호르몬 활성화 등의 역할을 한다.

그림 11-9 브라질너트

4) 사차인치

사차인치(sacha inchi, star seed)는 안데스산맥과 아마존 열대우림에서 자생하는 나무의 열매이다. 사차인치에는 혈관 건강에 도움이 되는 불포화지방산이 풍부하고 비타민 E, 단백질, 폴리페놀, 필수아미노산 등이 함유되어 있다.

또한 27%의 단백질과 35~60%의 지질이 함유되어 있고, 지질에는 ω-3 계열인 리놀렌산이 전체 지방산 중 45~53%를 함유하고 있을 만큼 풍부하다. 리놀레산은 34~39% 정도 함유되어 있다. 다른 견과류의 지방산은 올레산의 함량이 높은 것에 비해 사차인치는 필수지방산의 함량이 90% 가까이 될 만큼 불포화지방산의 함량이 매우 높은 편이다. 사차인치의 씨앗과 잎에 있는 알칼로이드(alkaloid), 사포닌(saponin), 렉틴(lectin) 성분은 독성을 나타내서 요리하기 전에 제거해야 한다. 하지만 이 독성은 볶는 과정에서 줄어든다.

그림 11-10　사차인치

5) 호두

그림 11-11　호두

호두(walnut)는 가래나뭇과에 속하는 나무에서 얻는 핵과이다. 주성분은 지질로서 약 60% 정도를 차지하고 있으며 호두기름은 건성유로서 주로 리놀레산의 지방산으로 이루어져 있다. 단백질은 20~30% 정도로 구성되어 있고, 주 단백질은 글루텔린(glutelin)이며 그 외에도 트립토판, 리신 등의 아미노산의 함량이 높다. 호두에는 무기질인 인 외에도 칼슘, 마그네슘, 칼륨, 철 등이 함유되어 있으며, 티아민도 구성되어 있어 영양소가 적절한 고열량식품이라고 할 수 있다. 호두는 생식으로 이용하거나 가공하여 많은 식품에 활용되고 있다.

6) 밤

밤(chestnut)은 밤나무, 약밤나무 등 밤나무속 식물의 열매이며 견과류의 일종이다. 가시가 난 송이에 싸여 있고 갈색 겉껍질 안에 얇고 맛이 떫은 속껍질이 있다. 밤에는 40% 이상의 탄수화물이 구성되어 있으며, 그중 50%가 전분으로 이루어

그림 11-12 밤

져 있다. 당분으로는 포도당과 설탕 이외에 다당류의 형태인 펜토산과 덱스트린이 들어 있다. 단백질의 함량은 3% 내외이며 무기질 중에는 칼륨, 칼슘, 인, 철 등이 들어 있고, 그 외에 비타민 A, B, C 등이 함유되어 있다. 밤의 속껍질에는 탄닌이 있어 떫은맛이 나는 원인이 된다.

우리나라는 주로 남부지방에서 재배하는데, 부여, 공주 등 충청남도 지역과 광양, 순창, 임실 등 전라남도 지역, 하동, 산청 등 경상남도 지역이 대표적인 재배지이다. 국내개발 품종과 일본 등 외국에서 도입한 품종이 있으며, 일반적으로 한국 재래밤은 감미가 높다. 밤은 주로 구워먹거나 삶아먹으며, 그 외에 제과 및 통조림의 형태로 가공하여 이용된다.

7) 은행

은행(ginkgo nut)은 약 40% 이상의 탄수화물을 함유하고 있으며 전분의 함량이 높다. 단백질과 지방의 함량은 높지 않으나 아미노산 중 트립토판의 함량이 높고 인지질 성분인 레시틴(lecithin)이 함유되어 있으며 비타민 D의 전구물질인 에르고스테롤(ergosterol)이 포함되어 있

그림 11-13 은행

다. 무기질로는 인이 풍부하며, 비타민 A, C, 니아신 등이 들어 있다.

은행나무는 겉씨식물이며, 흔히 열매로 여겨지는 은행알은 식물형태학적으로는 종자이다. 9~10월 무렵에 열리는 황색의 은행알은 크게 바깥쪽 육질층(육질외종피)과 딱딱한 중간 껍질(후벽내종피) 그리고 그 안쪽의 얇은 껍질(내종피)로 이루어져 있다. 그중 황색의 육질외종피가 악취의 원인이 된다. 또한 빌로볼과 은행산이라는 점액물질이 있어 인체에 닿으면 염증을 일으킨다. 은행은 구워먹거나 전골재료로도 사용되며, 한방에서는 천식과 기침을 그치게 하는 데 많이 사용된다.

은행은 인체에 유해한 성분인 MPN(4-methoxypyridoxine)이 있으며, 날것 한 알에는 80μg의 MPN이 있어 어린이가 하루에 5알 이상을 먹거나 장기간에 걸쳐 섭취하는 경우에는 중독증상이 발생할 수 있고 사망에도 이를 수 있으므로 특히 주의해야 한다. 은행 열매에 의한 중독은 비타민 B_6(pyridoxine)로 어느 정도 완화되거나 예방이 가능한 것으로 알려져 있다.

8) 아몬드

그림 11-14 아몬드

아몬드(almond)는 장미과에 속하는 작물의 씨앗이며, 단맛이 나는 품종이 식용으로 이용된다. 쓴맛이 나는 품종에는 아미그달린(amygdalin)이 포함되어 있고 효소에 의해서 분해되면 시안화수소(HCN)가 발생할 수 있다. 아몬드는 단백질, 지방, 섬유소의 함량이 높고 비타민 B_1과 비타민 E가 풍부하게 들어 있다. 아몬드의 지방은 올레산이 주요 성분이며, 리놀레산의 함량도 높은 편이다. 무기질로서 칼슘, 인, 철, 칼륨, 마그네슘, 망간, 아연 등의 함량이 높다.

아몬드는 간 손상과 암을 유발하는 아플라톡신(aflatoxin)을 생산하는 진균류에 감염되기 쉬우므로, 함유량을 측정하여 기준치 이하를 나타내는 아몬드를 식용으로 이용해야 한다. 단맛을 내는 품종은 생식이나 구운 상태로 이용하거나 분쇄하여 다양한 식품에 활용할 수 있다.

CHAPTER

12

채소류

채소는 수분 함량이 80~90% 이상이다. 독특한 풍미와 질감을 가지고 있어 식욕을 돋워주고 다양한 색깔을 내며, 비타민과 무기질의 좋은 급원인 중요 식재료이다. 채소는 에너지가 낮으며 단백질, 탄수화물, 지질의 함량이 상대적으로 적다. 영양소 중에서는 비타민 C가 풍부하고 칼륨, 칼슘, 마그네슘 등의 무기질도 비교적 풍부하게 함유하고 있다. 채소는 식이섬유를 제공하는 중요한 식품으로, 당분 함량이 높지 않아 변비를 개선하고 대장암을 예방하는 중요한 식품이다. 이 외에도 폴리페놀 화합물 등 피토케미컬이 풍부하여 각종 질병 예방에도 좋다. 황색 채소류는 카로티노이드계 색소를 함유하고 있으며, 프로비타민 A(비타민 A 전구체)를 많이 가지고 있다.

채소는 잎, 줄기, 뿌리, 열매, 꽃의 유세포를 먹으며, 먹는 부위에 따라 엽채류, 경채류, 인경채류, 근채류, 과채류, 화채류 등으로 분류된다. 채소는 수확 후에도 증산작용과 호흡작용이 왕성하여 품질이 저하되기 쉬우므로 저장온도를 낮추어 대사활동을 억제하고, 품질을 유지시키는 것이 중요하다.

표 12-1 채소의 성분과 특성

성분	특성
수분	90% 이상 함유하여 신선도 판정의 기준이 되며, 저장성 감소의 원인이 된다.
에너지	탄수화물, 단백질, 지질 함량이 적어 에너지원으로서의 가치는 적다.
비타민	비타민 A와 비타민 C가 풍부하며 비타민 B_1과 B_2의 함유로 인체의 각종 생리기능을 조절한다.
무기질	칼륨, 칼슘, 마그네슘, 인, 철을 함유하여 체내 완충작용을 담당한다.
식이섬유	식이섬유가 풍부하여 정장작용 및 변비 예방효과가 우수하다.
색소	엽록소, 플라보노이드, 카로티노이드를 함유하여 아름다운 빛깔을 제공한다.
효소	소화를 돕기도 하지만 대부분 갈변의 원인이 된다.

출처: 조신호 외, 새로 쓰는 식품학, 교문사, 2020

1. 채소의 색소성분

채소는 클로로필, 카로티노이드, 플라보노이드 등의 여러 색소성분에 의해 녹색, 적색, 황색, 백색 등 다양한 색을 나타낸다.

1) 클로로필

클로로필은 가운데 마그네슘 한 분자에 4개의 피롤기가 결합되어 있는 구조로, 그중 한 개의 피롤기에는 피톨기가 결합되어 있고, 다른 1개의 피롤기에는 메틸알코올이 결합되어 있다. 클로로필에는 청록색을 나타내는 클로로필a와 황록색을 나타내는 클로로필b가 3:1의 비율로 존재한다.

클로로필을 산이나 열로 처리하면 중심부의 마그네슘이 수소이온으로 치환되어 갈색의 페오피틴으로 되었다가, 피톨이 떨어져 나가 갈색의 페오포바이드가 된다. 클로로필의 마그네슘이온이 구리 또는 아연과 치환되면 선명한 청록색의 구리-클로로필 또는 아연-클로로필을 형성한다.

반면, 클로로필을 알칼리로 처리하면 클로로필의 피톨이 분리되어 짙은 초록색의 클로로필리드가 되고, 이어서 메틸기가 떨어져 나가 짙은 청록색의 클로로필린이 된다.

따라서 녹색 채소를 데칠 때 베이킹 소다를 넣으면 선명한 녹색을 유지할 수 있지만, 채소조직이 물러지고, 비타민 B_1과 비타민 C를 파괴하여 질감과 영양이 좋지 않게 된다. 녹색 채소의 색을 선명하게 하려면 2% 이내의 소금물에 단시간 데치는 것이 좋으며, 채소를 데친 후에는 찬물로 빨리 헹구는 것이 좋다.

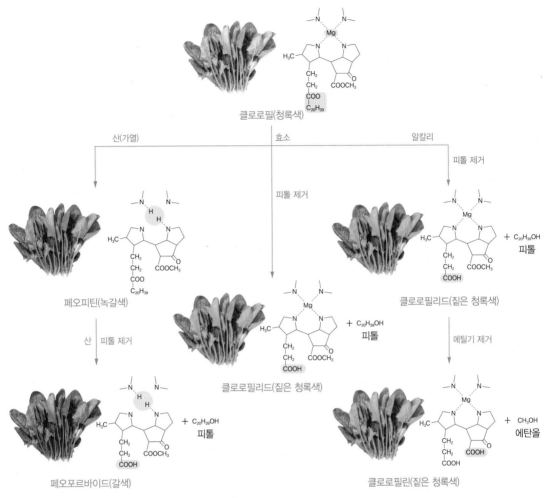

그림 12-1 클로로필의 반응
출처: 김철재 외, 식품과학, 교문사, 2015

2) 카로티노이드

카로티노이드는 붉은색, 주황색, 노란색을 띠는 채소와 과일에 많이 함유된 색소로, 클로로
필과 함께 존재한다. 카로티노이드는 천연색소 중 비교적 안정하여 일반적인 조리방법으로
는 색이나 영양가의 영향을 거의 받지 않지만, 이중결합이 많아 공기 중의 산소와 만나 산
화하여 저장 중 퇴색된다.

3) 플라보노이드

플라보노이드는 안토잔틴, 안토시아닌, 베타레인으로 분류된다.

(1) 안토잔틴
안토잔틴은 감자, 양파, 무, 연근 등에 있는 무색 또는 담황색 색소로 보통 화황소라고 한다. 산에서는 안정하여 백색을 더욱 선명하게 하지만 알칼리에서는 불안정하여 황색으로 변한다.

(2) 안토시아닌
안토시아닌은 적양배추, 가지, 딸기, 포도 등에 있는 적색, 청색, 자색의 색소로 화청소라고도 한다. 수용성이어서 조리수에 쉽게 용출되며, pH에 민감하여 pH에 따라 색이 변하며, 온도, 효소, 금속에 의해서도 색이 변한다. pH 4 이하의 산성에서는 적색이나 더욱 선명한 색을 띠고, pH 8.5 부근의 중성에서는 보라색, pH 11 이상의 알칼리성에서는 청색이나 녹색으로 변한다. 안토시아닌 색소는 열에 불안정하여 가열조리 시 색이 쉽게 변하나, 단시간 열처리 시에는 색을 유지할 수 있다.

(3) 베타레인
베타레인을 함유한 대표적인 채소는 비트이며, 물에 잘 녹기 때문에 조리수의 착색을 위해 많이 사용한다.

2. 채소의 향미성분

채소의 향미성분으로는 황화합물, 유기산류, 알코올류, 알데히드류, 케톤류, 에스테르류 등이 있으며, 황화합물과 유기산이 대표적이다.

1) 황화합물

파, 마늘, 양파 등의 채소에는 황화물이 함유되어 있어 독특한 강한 향미를 나타낸다. 마늘에 있는 알린은 절단 등으로 공기 중에 노출되거나 효소 알리나아제가 작용하면 매운맛이 나는 알리신으로 되었다가 디알릴디설파이드라는 강한 향미성분이 된다. 양파는 가열하면 n-프로필메르캅탄이 형성되어 설탕의 50배 정도의 단맛을 나타낸다. 배추, 양배추, 무, 겨자 등의 십자화과 채소에는 시니그린이 있어 절단 시 미로시나아제의 작용으로 알릴이소티오시아네이트가 되어 매운맛을 낸다.

2) 유기산

채소에는 구연산, 사과산, 주석산, 수산, 호박산 등의 유기산이 있으나, 일부 과일보다 낮은 산도를 유지한다.

3. 채소의 종류

1) 엽채류

엽채류는 잎을 주로 먹는 채소로 배추, 양배추, 시금치, 상추, 쑥갓, 부추, 들깻잎 등이 있다.

(1) 배추

배추(chinese cabbage, *Brassica campestris ssp. pekinensis*)는 십자화과 채소로, 원산지는 중국이며 김치의 재료로 가장 많이 사용되는 식물이다. 주로 저온에서 재배되며 늦가을과 이른 봄에 잘 자란다. 배추의 종류는 잎이 여러 겹으로 겹쳐서 둥글게 속이 드는 포기의 결구 형태에 따라 결구종,

그림 12-2 배추

표 12-2　엽채류의 영양성분

(단위: 가식부 100g 중)

구분	일반성분					무기질		비타민	
	에너지 (kcal)	수분 (g)	단백질 (g)	지방 (g)	총식이섬유 (g)	칼슘 (mg)	칼륨 (mg)	베타카로틴 (μg)	C (mg)
배추	15	94.8	1.25	0.04	1.4	53	258	145	15.16
양배추	33	89.7	1.68	0.08	2.7	45	241	13	19.56
시금치, 포항초	35	87.8	3.56	0.45	3.3	103	666	5042	66.45
상추, 로메인, 녹색	18	94.1	1.66	0.31	1.9	103	30	2331	9.54

출처: 농촌진흥청 국립농업과학원, 국가표준식품성분표 제10개정판, 2023

반결구종, 불결구종으로 구분한다. 최근에는 김장배추 등의 결구종이 흔히 재배되고, 단맛이 강한 봄동배추는 불결구배추로, 봄에 수확하여 겉절이용으로 사용한다.

　배추는 영양 면에서 에너지가 낮으며 비타민 A와 C가 풍부하고 칼슘, 칼륨, 나트륨 등의 무기질이 많이 들어 있다. 당질은 대부분 당분의 형태로 있어 단맛이 나며 미량의 전분과 연한 섬유소가 들어 있어 소화를 촉진한다.

(2) 양배추

양배추(cabbage, *Brassica oleracea var. capitata*)는 십자화과에 속하며, 원산지는 지중해 연안과 아시아이다. 잎이 두껍고 털이 없으며 수분 함량이 높다. 배추에 비해 아주 단단하여 데쳐서 먹거나 채를 썰지 않으면 날것으로 먹기 힘들어 채를 썰어 샐러드로 먹거나 양배

그림 12-3　양배추

추김치, 양배추말이 등으로 요리해서 먹는다. 독일에서는 절임음식의 일종인 사우어크라우트를 만드는 데 주로 사용된다.

　양배추는 비타민 C의 중요한 급원이며 이 외에도 당질, 칼슘, 비타민 A, B₁, B₂, 식이섬유가 풍부하다. 단백질은 1.6% 정도로 적지만, 육류와 같은 염기성 아미노산이 고루 함유되어 있다. 양배추의 색은 녹색과 적색(보라색)이 있는데, 녹색 양배추에는 클로로필 색소가 들어 있고, 적색 양배추에는 안토시아닌 색소가 많아 항산화효과 등의 생리활성기능을 한다. 양배추는 위궤양, 십이지장 궤양에 좋은 생리활성물질인 비타민 U가 들어 있어 항궤양식품

으로 알려져 있다.

(3) 시금치

시금치(spinach, *Spinacia oleracea*)는 원산지가 아시아 서남
부이며, 우리나라에는 조선 초기에 중국을 통해 도입된
1~2년생 초본식물이다. 시금치는 연중 재배되는데, 특히
추위에 잘 견뎌 겨울채소로 적당하다. 전국적으로 재배되
며 주산지는 경기도 남양주, 포천, 경북 포항 등이다. 우리
나라에서는 주로 국이나 나물에 사용하지만, 외국에서는
샐러드나 통조림으로 이용한다.

그림 12-4　시금치

　　시금치는 비타민 A와 C가 풍부하고 비타민 K도 들어 있는 중요한 비타민 급원식품이다.
또한 곡류에 부족하기 쉬운 리신, 트립토판, 메티오닌과 같은 아미노산이 풍부하고, 무기질
은 칼슘 외에 철이 많아 조혈작용을 하며 비타민 C는 철의 흡수를 돕는다. 시금치에 들어
있는 수산은 칼슘과 결합하여 칼슘의 흡수를 저해하나 데치면 상당 부분 제거된다. 시금치
를 데칠 때 1% 정도의 소금을 넣으면 잎의 색이 선명해진다.

(4) 상추

상추(lettuce, *Lactuca sativa*)는 원산지가 유럽, 아시아, 북부
아프리카이며 세계적으로 널리 재배되고 있다. 종류는 재
배 품종에 따라 결구상추, 잎상추, 배추상추, 줄기상추의
네 가지 변종으로 나눌 수 있다. 우리나라에서는 주로 잎
상추를 재배하나 최근에는 결구상추(양상추)도 많이 키운

그림 12-5　상추

다. 잎상추는 거의 저장되지 않으며, 가열하지 않고 날것으로 주로 샐러드나 쌈을 싸먹는 데
이용하며 겉절이로도 만들어 먹는다. 줄기상추는 흔히 궁채라고 부르며, 아삭아삭하고 식
감이 좋아 각종 요리에 사용된다.

　　상추는 칼슘, 철 등의 무기질과 비타민 등이 풍부하며, 말산이나 시트르산 등을 함유하고
있어 상큼한 맛이 난다. 상추의 줄기를 자르면 나오는 흰 유액에 있는 락투신과 락투카리움

은 진통과 최면효과를 내서 신경안정작용을 하기 때문에 상추를 많이 먹으면 잠이 올 수 있다. 또한 상추의 퀘르세틴은 심장, 소장, 위를 보호해준다.

(5) 쑥갓

쑥갓(crown daisy, *Chrysanthemum coronarium var. spatiosum*)은 1년생 식물로, 원산지는 유럽이며, 잎의 크기에 따라 대엽종, 중엽종, 소엽종으로 나누어진다. 비타민 A가 풍부하며, 섬유소도 많은 편이다.

그림 12-6   쑥갓

줄기는 연하며, 독특한 향과 산뜻한 맛이 특징이다. 향기가 좋아 대부분 쌈의 재료로 많이 이용하며 데쳐서 나물로 먹거나 생선국, 생선찌개에 넣어 먹기도 한다.

(6) 부추

부추(korean leek, *Allium tuberosum*)는 황, 철 등 무기질과 단백질을 비교적 많이 함유하고 있다. 잎의 당질은 대부분 단당류인 포도당이나 과당이며 β-카로틴, 비타민 B_1, C 및 섬유소가 많다. 연한 줄기에 독특한 향과 산뜻한 맛이 있어 중국요리에 많이 사용된다. 종류로는 호부추, 꽃이 핀 꽃부추, 노란색의 황부추 등이 있다. 부추의 냄새성분인 알

그림 12-7   부추

릴디설파이드는 비타민 B_1의 흡수를 돕고 살균력이 있으며 신진대사를 촉진하고 피로 해소, 항균, 항암, 항콜레스테롤 작용을 한다.

(7) 들깻잎

들깻잎(perilla leaf, *Perilla frutescens var. Japonica*)은 기름을 짜내기 위해 재배되는 들깨가 자라는 동안 잎을 따서 먹는 작물이다. 원산지는 인도, 중국이며 우리나라 전역에서 재배된다. 칼슘이 시금치의 2배 이상 들어 있고 철 등의 무기

그림 12-8   들깻잎

질과 식이섬유가 풍부하다. 들깻잎은 독특한 향을 내는데 이 향이 입맛을 돋워서 잎채소로 많이 이용된다. 특히, 육류의 누린내와 생선 비린내를 없애주어 쌈으로 많이 이용하며 나물, 장아찌, 무침, 깻잎김치로도 만들어 먹는다. 들깻잎은 짙은 녹색이고 부드러우며 줄기가 마르지 않은 것을 고르는 것이 좋다.

(8) 청경채

청경채(pak choi, *Brassica campestris var. chinensis*)는 원산지가 중국이며, 우리나라에서는 연중 재배된다. 잎은 둥글고 얇은 초록색을 띠며, 조직이 연하므로 데칠 때 밑동부터 넣는 것이 좋다. 비타민 A, C, 칼슘, 철이 많이 함유되어 있으며 기름에 볶아도 양이 줄어들지 않고 씹는 맛이 좋다. 공기가 통하도록 종이에 싸서 냉장보관하는 것이 좋다.

그림 12-9　청경채

(9) 루콜라

루콜라(rucola, *Eruca sativa Mill*)는 지중해산 에루카속 1년생 식물로, 피자나 스파게티, 샐러드 등 이탈리아 요리의 재료로 많이 쓰인다. 고소하면서도 쌉싸래한 끝맛이 특징이며, 가정에서 요리에 사용하고 직접 재배도 한다. 루콜라에는 비타민과 함께 칼륨, 칼슘 등의 무기질이 있어 뼈를 튼튼하게 한다. 또한 비타민 A, C, E 등이 풍부하여 피로 해소 및 감기를 예방하는 데 도움을 준다.

그림 12-10　루콜라

2) 경채류와 인경채류

경채류는 셀러리, 아스파라거스, 죽순, 두릅 등 줄기를 먹는 채소이고, 인경채류는 양파, 마늘 등 비늘줄기를 먹는 채소이다.

(1) 셀러리

셀러리(celery, *Apium graveolens var. dulce*)는 미나릿과에 속하는 1~2년생 초본식물로, 원산지는 남부 유럽, 북아메리카 등이다. 전체적으로 독특한 향기가 나며, 연한 잎과 줄기를 식용하며 서양요리에서 없어서는 안 될 중요한 재료이다. 조리 시에는 잎을 제거하고 억센 줄기는 벗겨서 이용한다. 세다놀리드(sedanolide), 세다놀(sedanol)은 셀러리 특유의 방향성분이다.

그림 12-11 셀러리

(2) 아스파라거스

아스파라거스(asparagus, *Asparagus officinalis*)는 백합과에 속하는 다년생 초본식물로, 원산지는 지중해 동부이며 우리나라에서는 보령, 김해 등에서 주로 재배된다. 이 식물에서 아스파라진(asparagine)이라는 성분을 처음 발견하였기 때문에 아스파라거스라는 이름이 붙었다. 아스파라진은 아스파라거스의 함질소 화합물로, 신진대

그림 12-12 아스파라거스

사를 촉진하고 단백질 합성을 높여준다. 뿌리는 끈같이 긴 것과 양 끝이 짧은 원기둥 모양이 있다. 줄기가 연하고 굵으며 수염뿌리가 없는 것이 좋다. 아스파라거스는 4~5℃의 저온에서 저장하는 것이 바람직하며, 냉동 아스파라거스는 삶지 않는다. 단백질 함량이 높으며 비타민 B군과 혈관 강화작용을 하는 루틴과 사포닌을 포함하고 있다.

(3) 양파

양파(onion, *Allium cepa*)는 대표적인 백합과 식물의 식품으로, 우리나라에는 조선 말기에 도입되었다. 양파의 매운맛 성분은 황함유 성분인 알릴화합물(propyl allyldisulfide)인데, 가열하면 함황성분이 프로필메르캅탄(propyl mercaptan)으로 변한다. 이것은 설탕보다 50배 정도의 단맛을 내어, 가열

그림 12-13 양파

표 12-3 **경채류와 인경채류의 영양성분** (단위: 가식부 100g 중)

구분	일반성분					무기질		비타민	
	에너지 (kcal)	수분 (g)	단백질 (g)	지방 (g)	총식이섬유 (g)	칼슘 (mg)	칼륨 (mg)	베타카로틴 (μg)	C (mg)
양파	29	92	0.95	0.04	1.7	15	145	2	5.88
아스파라거스	17	94.5	2.02	0.34	1.7	11	293	207	14
셀러리	17	93.9	1.04	0.07	2.2	88	343	683	10.6

출처: 농촌진흥청 국립농업과학원, 국가표준식품성분표 제10개정판, 2023

한 양파에서는 매운맛보다 단맛이 강하게 느껴진다. 양파는 선명한 적황색을 띠고 육질이 단단한 것이 좋은 것이며, 저장할 때는 온도 2℃, 습도 70~80%를 유지하며 냉장하는 것이 좋다.

양파의 퀘르세틴(quercetin)은 지방의 산패를 방지하고 고혈압 예방 등의 효과를 낸다. 매운맛 성분인 알리신은 신진대사 촉진, 피로 해소, 콜레스테롤 저하의 효과가 있다. 안토시아닌 색소가 들어 있는 자색 양파는 맵지 않고 달아서 샐러드용으로 주로 이용된다.

(4) 파

파(spring onion, *Allium fistulosum*)는 매운맛을 내는 백합과 채소로, 원산지는 중국 서부로 추정되며, 서양보다는 동양에서 주로 재배된다. 우리나라의 주산지는 진도, 부산, 대구, 아산, 남양주 등이다. 파는 대파, 쪽파, 실파 등이 있는데, 대파는 잎의 수가 많고 굵으며, 쪽파와 실파는 노지에서 재배하며 잎의 수가 적고 굵기가 가늘다.

그림 12-14 파

파에는 칼슘, 나트륨 등의 무기질과 비타민 등이 많이 들어 있고, 독특한 자극적인 냄새와 매운맛을 가진 이황화아릴(allyl disulfide)을 함유하고 있어 육류와 어류의 비린내를 제거해준다. 매운맛 성분인 알린은 체내에 흡수되어 비타민 B_1의 흡수를 돕는다. 파를 양념으로 사용할 때는 흰 부분을 곱게 다져서 쓰고 마늘의 2배 정도를 사용하는 것이 좋다. 푸른잎은 진액이 많고 쓴맛이 나므로 다지지 말고 물에 주물러 진을 뺀 후 헹구어 사용하는 것이 좋다. 육개장을 만들 때처럼 파를 많이 넣어 고기의 비린내를 없애려고 할 때는, 파를 끓는 물에 데쳐 사용하면 국물이 깨끗하게 조리된다.

(5) 마늘

마늘(garlic, *Allium scorodorpasum var. viviparum Regel*)은 백합과 채소로, 원산지는 서부아시아이며, 단군신화에 나올 정도로 오랜 역사를 가졌다. 주산지는 충남, 전남, 경북, 경남 지역이다. 땅속의 비늘줄기를 주로 요리에 사용하며, 잎과 줄기를 먹기도 한다.

그림 12-15 마늘

　마늘에 들어 있는 알린은 그 자체로는 냄새가 나지 않지만, 마늘을 썰거나 다지면 효소 알리나아제의 작용으로 알린이 파괴되어 알리신과 디알릴 디설파이드가 생기며 이러한 물질들이 마늘의 특징적인 향을 만들어낸다. 마늘에는 당질이나 단백질 외에도 비타민 B_1, B_2, C와 무기질인 칼륨, 칼슘, 인, 셀레늄, 아연, 게르마늄, 생리활성물질인 사포닌과 폴리페놀이 풍부하게 들어 있다. 마늘의 알리신은 비타민 B_1과 결합하여 알리티아민이 되면 체내에서 흡수력이 높아져 신진대사를 원활하게 한다. 마늘은 조리에서 맛을 내는 데 중요한 역할을 할 뿐만 아니라 항산화, 항혈전, 항암, 항균, 생활습관병 예방 등의 다양한 생리활성기능을 하므로 한국인에게 아주 중요한 식재료이다.

3) 근채류

근채류는 뿌리를 주로 먹는 채소로 무, 당근, 도라지, 더덕, 우엉, 연근 등이 있다.

(1) 무

무(radish, *Raphanus sativus*)는 십자화과에 속하며, 배추, 고추와 함께 3대 채소로 불린다. 원산지는 중국이며 당질과 무기질, 비타민 C 등이 다량 들어 있어 영양적으로 우수하다. 잎에는 카로틴이 들어 있어서 비타민 A 활성을 보이며,

그림 12-16 무

표 12-4 **근채류의 영양성분** (단위: 가식부 100g 중)

구분	일반성분					무기질		비타민	
	에너지 (kcal)	수분 (g)	단백질 (g)	지방 (g)	총식이섬유 (g)	칼슘 (mg)	칼륨 (mg)	베타카로틴 (μg)	C (mg)
무, 조선무	20	94.3	0.67	0.12	1.1	23	261	2	8.65
당근	31	91.1	1.02	0.13	3.1	24	299	5516	3.02
도라지	65	82	2.01	0.15	4.2	40	231	6	7.58
더덕	80	78.7	2.28	0.76	8.2	30	226	4	4.72

출처: 농촌진흥청 국립농업과학원, 국가표준식품성분표 제10개정판, 2023

비타민 C도 90mg% 정도 함유되어 있다. 무에는 아밀라아제인 디아스타아제(diastase)가 있어 생무를 먹으면 전분 소화에 도움이 되는데, 무를 익히면 효소의 활성을 잃어 이러한 기능이 없다. 무의 단백질은 리신 함량이 높아 곡류단백질의 결점을 보완할 수 있다. 독특한 매운맛과 향기성분은 겨자유(mustard oil)와 메틸메르캅탄(methyl mercaptan)이다.

무의 잎은 무청이라고도 하는데 β-카로틴과 비타민 C, 칼슘, 철, 식이섬유가 많이 들어 있다. 최근에는 일명 '보르도 무'라고 하는 자색 무가 재배·보급되고 있다.

(2) 당근

당근(carrot, *Daucus carota var. sativa*)은 미나릿과에 속하는 2년생 초본으로, 매우 오래전부터 재배되었으나 우리나라의 재배 역사는 비교적 짧다. 우리나라에서는 제주산 당근을 최우수 품질로 본다. 당근의 주홍색은 다량의 카로티노이드(β-카로틴) 때문이며, 지용성이기 때문에 날로 먹기보다는 기름과 함께 조리해야 소화흡수율이 증가한다.

그림 12-17 당근

생당근에는 비타민 C 산화효소인 아스코르비나아제가 들어 있어서 다른 채소와 함께 조리하면 비타민 C가 파괴될 수 있으므로 조심해야 한다. 당근은 익혀서 조리하거나 무칠 때 식초를 넣으면 산화효소가 불활성화되므로 비타민 C 산화를 막을 수 있다. 따라서 비타민 C가 많은 무와 당근을 함께 조리할 때는 식초를 넣어 당근의 아스코르비나아제의 활성을 억제하는 것이 좋다. 저장온도 0℃, 상대습도 93~98%에서 6개월까지 저장이 가능하다.

(3) 도라지

도라지(balloonflower root, *Platycodon grandiflorum*)는 '길경'
이라고도 하며, 원산지는 한국, 중국, 일본이다. 배수와 통
풍이 잘되는 양지바른 곳에서 자란다. 뿌리는 굵게, 줄기는
곧게 자라는데 자르면 끈적한 흰색 즙액이 나온다.

그림 12-18 도라지

　도라지의 쓴맛 성분은 알칼로이드, 수용성이기 때문에
소금물에 담가 사용하거나, 껍질을 벗긴 후 잘게 찢어 소금
에 넣고 주물러서 쓴맛을 빼고 물에 충분히 담갔다가 조리한다. 보관 시에는 통째로 종이에
싸거나 비닐에 넣어 냉장하는 것이 좋다.

(4) 더덕

더덕(deodeok, *Codonopsis lanceolata*)은 '사삼' 또는 '백삼'이
라고도 부르며, 주로 2월과 8월에 채취하고, 해발 300m 이
상에서 자라는 것의 품질이 우수하다. 도라지처럼 굵고, 자
르면 흰 즙액이 나온다. 더덕에는 사포닌이 들어 있는데 쓴
맛이 있어 소금물에 담가 쓴맛을 제거한 후 구이, 무침, 튀
김 등으로 조리하거나 술에 담가 먹기도 한다.

그림 12-19 더덕

(5) 연근

연근(lotus root, *Nelumbo nucifera*)은 구멍이 많은 연의 뿌리
로 당과 단백질이 결합한 끈끈한 액체즙을 함유하고 있다.
연못이나 저수지에서 자생하는데, 최근 재배하는 농가가
늘고 있다. 정과(正果)나 조림 등에 사용되며 아삭아삭한
촉감이 특징이다. 0~5℃의 저온에 저장하는 것이 좋다.

그림 12-20 연근

　연근의 주성분은 전분으로, 폴리페놀 함량이 높아 산화

효소에 의해 갈변이 잘 일어나므로, 조리 시에는 껍질을 벗긴 후 소금이나 식초를 넣은 물에 담갔다가 조리한다.

(6) 우엉

우엉(burdock, *Arctium lappa*)은 국화과에 속하는 2년생 초본식물이다. 식용으로 사용하는 뿌리가 1.5m 정도인데, 단단하며 향기가 난다. 우엉의 탄수화물 성분으로는 이눌린(inulin)이 대표적이며, 플라보노이드계의 루틴도 들어 있다. 우엉을 잘랐을 때 쉽게 갈변되는 것은 산화효소인 폴리페놀 화합물이 들어 있기 때문이다. 따라서 우엉은 껍질을 벗기는 즉시 물이나 식초물에 담그는 것이 좋다.

그림 12-21   우엉

(7) 생강

생강(ginger, *Zingiber officinale*)은 생강과에 속하는 다년생 초본으로, 원산지는 인도, 말레이시아 등 동남아시아이다. 생강의 뿌리줄기는 황색의 덩어리 모양이며 옆으로 자라는 다육질이다. 일반적으로 식이섬유가 적고 껍질이 잘 벗겨지며 고유의 매운맛과 향기가 강한 것이 좋다. 생강은 특유의 향기와 매운맛을 지니고 있는데 매운맛의 성분은 진저론(zingerone), 진저롤(gingerol), 쇼가올(shogaol)이다. 생강을 조리에 이용할 때는 편이나 채를 썰어서 사용하며, 양념에 쓸 때는 즙을 짜서 넣으면 음식의 비린내를 제거할 수 있다. 말린 생강은 건강(乾薑)이라고 부르며 한약재로도 사용한다.

그림 12-22   생강

(8) 순무

순무(turnip, *Brassica rapa*)는 십자화과 채소로, 원산지는 유럽이며 우리나라에서는 강화도에서 주로 재배된다. 순무는 배추 뿌리와 유사하며 일반 무와는 달리 단맛이 난다. 모양

그림 12-23   순무

은 구형과 팽이형이 있고 색은 흰색, 초록색, 홍색, 적자색 등 다양하다. 국내에서 재배되는 순무는 적자색의 팽이형이 일반적인데, 적자색을 띠는 것은 안토시아닌 색소 때문이다. 성분은 무와 비슷하지만 수분 함량이 적어 단단하고 포도당, 펙틴, 비타민 B_6, C, 무기질인 칼륨, 칼슘, 인이 들어 있다. 보통 자색 순무가 비타민 C 함량이 높으며, 항암성분인 글루코시놀레이트 등이 함유되어 있다.

(9) 비트

비트(beet, *Beta vulgaris*)는 원산지가 지중해 연안과 북아프리카이며 우리나라에서는 경기 이천, 강원 평창, 제주도 등지에서 주로 재배된다. 비트는 '빨간 무'라고도 불리며, 아삭한 식감과 풍부한 영양소를 함유하고 있다. 특유의 붉은색 때문에 샐러드를 비롯한 다양한 요리에 사용된다. 붉은 색소의 성분은 베타레인으로, 세포 손상을 억제하고 항산화 활성이 우수하여 암 예방과 염증 완화에 좋다.

그림 12-24 비트

(10) 콜라비

콜라비(kohlrabi, *Brassica oleracea Gongylodes*)는 양배추와 순무를 교배시킨 신종채소로, 십자화과로 분류된다. '콜라비'라는 명칭은 독일어의 kohl(양배추)과 rabi(순무)의 합성어이며, 순무양배추 또는 구경양배추라고도 부른다. 콜라비는 크게 아시아종과 서유럽종으로 나누어지는데, 아시아종은 잎이 회색을 띤 녹색이며 뿌리는 녹색이고 거칠다. 유럽종

그림 12-25 콜라비

은 뿌리가 녹색 또는 자주색이고 표면이 매끄러우며 흰 납질로 덮여 있다. 탄수화물, 칼슘, 철, 비타민 C가 풍부하고 단백질도 들어 있는데 비타민 C의 함량이 상추나 치커리 등 엽채류보다 4~5배 많다. 맛은 배추 뿌리와 비슷하지만 매운맛이 덜해서 생으로 먹기도 한다.

4) 과채류와 화채류

과채류(果菜類)와 화채류(花菜類)는 일년생 초본의 열매나 꽃을 식용으로 하는 채소류의
총칭이다. 고추, 호박, 오이, 가지는 과채류이고, 브로콜리, 콜리플라워, 아티초크는 화채류
이다. 일반적으로 다른 채소류에 비해 당이 많고 색이 아름다우며 맛과 향기가 좋다.

표 12-5 과채류와 화채류의 영양성분 (단위: 가식부 100g 중)

구분	일반성분						무기질		비타민	
	에너지 (kcal)	수분 (g)	단백질 (g)	지방 (g)	탄수화물 (g)	총식이섬유 (g)	칼슘 (mg)	칼륨 (mg)	베타카로틴 (μg)	C (mg)
애호박	22	93.1	1.07	0.09	5.14	2.2	15	224	270	3.11
오이, 취청	12	96.1	0.95	0.04	2.55	0.8	34	161	184	3.39
가지	19	93.9	1.13	0.03	4.36	2.7	16	232	52	0
토마토	19	93.9	1.03	0.18	4.26	2.6	9	250	380	14.16
브로콜리	32	89.4	3.08	0.2	6.32	3.1	39	365	264	29.17
풋고추	29	91.1	1.71	0.19	6.42	4.4	15	270	458	43.95

출처: 농촌진흥청 국립농업과학원, 국가표준식품성분표 제10개정판, 2023

(1) 고추

고추(hot pepper, *Capsicum annuum*)는 가짓과에 속하는 1년
생 초본으로, 원산지는 남아메리카이며 우리나라에는 조
선 중기에 전래되었다. 고추는 짙은 녹색이며 익어갈수록
점점 붉어지고, 껍질과 씨가 아주 매운맛을 내는 것이 특
징이다. 붉게 익은 열매는 말려서 향신료로 쓰며 관상용이
나 약용으로도 사용한다. 고추의 매운맛 성분은 캡사이신
(capsaicin)으로 고추의 종류에 따라 함량이 다양하다. 과피

그림 12-26 고추

의 적색 색소는 카로티노이드 성분인 캡산틴과 카로틴을 함유하고 있다. 유기산인 푸마르
산, 숙신산, 시트르산이 있어 약간의 신맛을 내는 데 기여한다.

　고추씨에는 약 30%의 지질이 함유되어 있는데, 트리글리세리드가 대부분이고 자극성의

독특한 향과 맛을 낸다. 일반 성분으로는 단백질, 당질, 지방이 있고 무기질로는 칼슘, 인, 철, 비타민 A, B₁, B₂, C가 함유되어 있으며, 특히 비타민 A와 C의 함량이 높다. 청양고추는 작고 끝이 뾰족하고 매운맛이 강하며, 비타민 함량이 높다.

(2) 파프리카

파프리카(paprika, *Capsicum annuum*)는 단고추(sweet pepper)의 일종으로 우리나라에서는 '착색 단고추'라고도 부른다. 주산지는 전남, 경남, 강원 등이며 국내에서 최근 활발하게 재배되고 있다. 열매의 색은 주홍색, 녹색, 빨간색, 노란색 등 다양하다. 녹색 파프리카에는 클로로필 색소, 주황색 파프리카에는 카로티노이드 색소, 적색 파프리카에는 안토시

그림 12-27 파프리카

아닌 색소가 들어 있다. 신선한 것은 생식용, 피클, 샐러드 등에 이용하고 건조 분말로 만든 것은 어패류, 카나페 등에 다양하게 사용한다.

(3) 호박

호박(pumpkin/squash, *Cucurbita spp.*)은 원산지가 열대지방 및 남아메리카이며, 세계적으로 널리 재배된다. 호박의 색소는 카로틴과 잔토필이 대표적이며, 이들은 몸속에서 비타민 A로 전환된다. 호박에는 비타민 A뿐만 아니라 비타민 C도 많이 함유되어 있어 비타민의 급원으로 좋은 식품이다. 씨도 식용으로 이용하는데, 지질 함량이 높고 레시틴과 필수아미노산이 많이 들어 있다.

그림 12-28 호박

(4) 오이

오이(cucumber, *Cucumis sativus*)는 박과의 1년생 덩굴식물이며, 원산지는 인도이다. 백다다기 오이는 백오이, 조선오이라고 하며, 주로 오이소박이와 오이지를 만드는 데 이용

그림 12-29 오이

한다. 취청오이는 냉면, 김밥, 김치나 절임에 주로 이용한다. 뾰족한 돌기에 가시가 있는 가시오이는 무침이나 냉채 등 주로 푸른색을 이용하는 요리에 사용되며, 노각은 노각장아찌 등에 이용한다. 오이의 수분 함량은 95%로 높으며, 나머지 5%의 고형물에 당질, 식이섬유, 무기질, 비타민류가 들어 있다. 오이의 꼭지 부분에는 쿠쿠르비타신(cucurbitacin)이라는 성분이 있어 쓴맛이 난다.

(5) 가지

가지(eggplant, *Solanum melongena*)는 가짓과에 속하는 1년생 식물이며, 원산지는 중앙아시아이다. 가지는 모양, 색, 크기에 따라 여러 가지로 분류되며, 우리나라에서 주로 재배되는 것은 진한 흑자색에 긴 장방형을 띠고 있다. 껍질의 독특한 자색은 안토시아닌계 색소인 나스닌(nasunin) 때문이다. 이 외에도 등황색, 갈색, 잿빛 등을 띠는 것도 있다.

그림 12-30   가지

가지는 수분 함량이 높으며 조리과정에서 조직 속 프로토펙틴이 쉽게 펙틴으로 전환되어 가열에 의해 조직이 쉽게 물러진다.

(6) 토마토

토마토(tomato, *Lycopersicon esculentum*)는 가짓과에 속하는 1년생 식물이며, 원산지는 남미이다. 생식하거나 샐러드, 주스, 케첩 등의 가공품으로 많이 이용되는 과채류이다. 비타민과 칼슘 등 무기질이 풍부하며 붉은색의 주된 색소는 리코펜(lycopene)이다. 리코펜은 수확 후에도 계속 합성되어 붉은색이 진해지며, 비타민 A로 전환되지는 않지만 항산화력을 갖고 있다. 개량종인 방울토마토, 대추토마토, 대저토마토, 흑토마토, 토망고 등이 널리 보급되어 있다. 토마토의 색은 붉은색 외에도 노란색, 보라색, 흑색, 오렌지색 등 다양하다.

그림 12-31   토마토

(7) 브로콜리

브로콜리(broccoli, *Brassica oleracea var. italica*)는 배추속에 속하는 채소의 일종이다. 가지 끝에 녹색 꽃봉오리가 다발로 뭉쳐 있으며, 주로 꽃 부분을 식용한다. 비타민 A, B, C 등이 모두 풍부하며 칼슘 및 구리 등 무기질도 풍부하다. 진한 녹색의 꽃봉오리가 탐스럽고 조밀하며 단단하게 뭉쳐 있다. 손으로 만져보았을 때 단단하며 줄기는 짧고 연한 것

그림 12-32 브로콜리

이 좋다. 카로틴, 비타민 B_1, B_2, C, 칼슘, 칼륨, 철, 식이섬유가 풍부하고 유황을 함유한 이소시아네이트(isocyanate)의 일종인 설포라판(sulforaphane)이 있으며, 특히 새싹에는 설포라판이 50~100배 정도 들어 있다. 설포라판은 해독, 항산화, 항염, 항암작용을 한다고 알려져 있다.

(8) 아티초크

아티초크(artichoke, *Cynara scolymus*)는 국화과에 속하며, 원산지는 지중해 연안이다. 우리나라에서는 남부 해안지방이나 제주도에서 재배되며 개화 직전의 꽃봉오리를 식용한다. 육질이 연하고 맛이 담백하며 단백질, 비타민 A, C, 칼슘, 철, 이눌린, 식이섬유가 함유되어 있다. 조리 시에는 물에 담가서 쌉싸래한 맛을 제거하고 끓는 물에 살짝 데쳐서 사용한다.

그림 12-33 아티초크

과일류

과일류에는 비타민과 무기질이 풍부하며, 식이섬유와 피토케미칼 등의 성분이 있어 건강에 좋다. 당과 산에 의한 새콤달콤한 맛과 독특한 향은 식욕을 돋워주고, 펙틴이 있어 잼이나 젤리를 만들 수 있다.

1. 과일의 성분과 이용

1) 과일의 성분

과일은 수분이 약 80~90% 정도로 많으며, 정장작용을 하는 식이섬유도 많이 있다. 일반적으로 지질은 1% 정도로 적게 들어 있으나, 아보카도와 코코넛에는 예외적으로 지질이 많이 들어 있다. 과일은 종류별로 다양한 비타민을 함유하고 있다. 단감, 수박, 황도(복숭아) 등의 과일에는 베타카로틴이 많고, 딸기와 귤, 레몬 등의 감귤류에는 비타민 C가 많다. 과일은 칼슘, 칼륨, 마그네슘 등이 많은 알칼리성 식품인데, 특히 바나나, 단감, 멜론, 아보카도 등에는 칼륨이 많고 유자, 오렌지, 키위, 대추 등에는 칼슘이 많다.

과일은 포도당, 과당, 설탕 등에 의하여 단맛을 내고 감귤류의 구연산(citric acid), 사과의 사과산(말산: malic acid), 포도의 주석산(tartaric acid) 등 과일에 함유된 유기산에 의해 과일 고유의 신맛을 낸다.

과일은 익어가면서 전분이 포도당이나 과당으로 전환되어 단맛이 증가하고, 유기산은 감소하여 신맛이 줄고 향이 좋아진다. 또한 과일은 익으면서 덜 익은 과일에 있던 녹색의 클로로필이 분해되어 플라보노이드나 카로티노이드가 증가하면서 과일 특유의 적색, 주황색, 보라색을 띠게 된다.

과일의 조직감에 관여하는 주성분은 펙틴이다. 덜 익은 과일에는 불용성 프로토펙틴이 있어 단단하지만 익어가면서 수용성 펙틴으로 변하면서 연해진다.

2) 과일의 이용

과일에 있는 펙틴은 당과 산을 첨가하면 잼, 젤리, 마멀레이드 등으로 만들 수 있다. 일반적으로 잼은 펙틴 1%, 당 65%, 산 0.3%(pH 3.0~3.3)에서 잘 만들어진다.

한걸음더 ◦ **잼, 젤리, 마멀레이드**

- 잼(jam): 과일에 당을 넣어 졸인 것
- 젤리(jelly): 과즙에 당을 넣어 졸인 것
- 마멀레이드(marmalade): 감귤류의 껍질과 과육에 당을 넣어 졸인 것

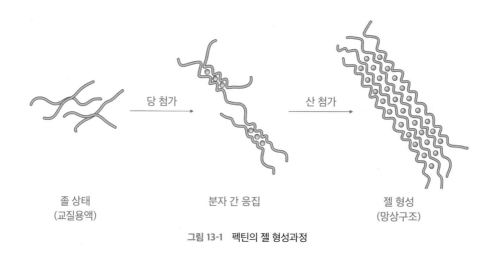

당 첨가   산 첨가

졸 상태   분자 간 응집   젤 형성
(교질용액)   (망상구조)

그림 13-1 펙틴의 젤 형성과정

2. 과일의 특성

1) 후숙과일과 완숙과일

과일은 수확 후 호흡률에 따라 후숙과일과 완숙과일로 분류할 수 있다. 후숙과일은 수확 후 호흡률이 증가하는 과일로, 약간 덜 익었을 때 수확하여 익혀서 먹는다. 대표적인 과일로는

바나나, 토마토, 살구, 자두, 감, 망고, 아보카도 등이 있다. 후숙을 촉진하기 위해 에틸렌가스를 사용하는데, 사과와 감을 함께 보관하면 사과의 에틸렌에 의해 감의 숙성이 촉진된다. 완숙과일은 수확 후 호흡률이 저하되는 과일로 완전히 익은 후 수확해야 한다. 대표적인 과일로는 딸기, 포도, 수박, 오렌지 등이 있다.

표 13-1 **후숙과일과 완숙과일**

호흡 여부	특징	과일의 종류
후숙과일 (호흡기 과일)	• 수확 후 호흡률 증가 • 약간 덜 익었을 때 수확	바나나, 토마토, 키위, 살구, 자두, 감, 한라봉, 망고, 아보카도
완숙과일 (비호흡기 과일)	• 수확 후 호흡률 저하 • 완전히 익은 후 수확	딸기, 포도, 수박, 귤, 오렌지, 레몬, 체리, 버찌, 블루베리

출처: 송태희 외, 이해하기 쉬운 조리과학(3판), 교문사, 2020

2) 과일의 갈변현상

사과, 배, 복숭아 등의 과일은 껍질을 벗기거나 잘라서 과육이 산소와 만나면 갈색으로 변한다. 이는 과일에 있는 폴리페놀 화합물과 효소인 폴리페놀옥시다제(polyphenol oxidase)가 산소와 만나 멜라닌을 형성함으로써 갈색이 되는 효소적 갈변 반응이다. 이러한 갈변을 방지하기 위해서는 단백질인 효소를 불활성시키기 위해 가열처리하거나 pH를 3.0 이하로 조절하여 최적조건을 변화시켜야 한다. 또한 설탕물 및 소금물에 넣거나 진공포장을 하여 산소를 제거하거나, 비타민 C나 황화합물이 많은 파인애플 주스 등 환원성 물질을 첨가하여 갈변을 방지할 수 있다.

3. 과일의 분류

과일은 일반적으로 인과류, 핵과류, 장과류, 열대과일류로 분류한다.

표 13-2 **과일의 분류**

분류	특징	종류
인과류	씨방이 자라 열매의 과육이 되는 과일로 꼭지가 배꼽 반대쪽에 있음	사과, 배, 감, 감귤류, 모과 등
핵과류	과육의 가운데에 단단한 핵이 있고, 그 안에 씨앗이 들어 있는 과일	복숭아, 살구, 자두, 매실, 대추, 앵두, 체리, 오미자 등
장과류	중과피와 내과피로 구성되어 있으며, 껍질이 부드럽고 과즙이 많은 과일	포도, 딸기, 복분자, 오디, 베리류, 무화과 등
열대과일류	열대나 아열대지방에서 나는 과일	바나나, 파인애플, 키위, 망고스틴, 아보카도, 파파야, 망고, 두리안, 구아바, 패션프루트, 코코넛, 용안, 리치, 람부탄, 용과, 칼라만시 등

1) 인과류

인과류는 씨방이 자라 열매의 과육이 되는 과일로, 꼭지가 배꼽 반대쪽에 있다. 종류는 사과, 배, 감, 감귤류, 모과 등이 있다.

표 13-3 **인과류의 영양성분**   (단위: 가식부 100g 중)

구분	에너지 (kcal)	수분 (g)	단백질 (g)	지방 (g)	탄수화물		무기질			비타민	
					당류 (g)	총 식이섬유 (g)	칼슘 (mg)	철 (mg)	칼륨 (mg)	베타 카로틴 (μg)	C (mg)
사과, 부사	53	85.2	0.2	0.07	11.13	1.7	4	0.1	107	9	1.41
배, 신고	46	87	0.3	0.04	9.81	1.3	1	0.05	128	0	2.76
감, 단감	51	85.6	0.41	0.04	10.52	6.4	6	0.15	132	81	13.95
귤, 온주밀감, 하우스	42	88.2	0.53	0.1	8.76	1.4	16	0.17	96	51	31.72

출처: 농촌진흥청 국립농업과학원, 국가표준식품성분표 제10개정판, 2023

(1) 사과

사과(apple)는 품종이 다양하며 우리나라에서는 부사(후
지), 홍로, 국광, 홍옥, 홍장군, 감홍, 아오리(쓰가루), 황
옥, 아리수 등 다양한 품종이 재배되는데, 그중 부사(후지)
가 가장 많이 생산된다. 사과의 신맛은 주로 사과산(말산,
malic acid)에 의하여 생기며, 과당과 포도당에 의해 단맛이
나게 된다. 사과에는 칼륨이 많아 혈압을 낮추는 데 도움을
주지만 비타민 C는 많지 않다.

그림 13-2 사과

　사과의 껍질을 벗기거나 자르면 사과에 함유된 폴리페놀 화합물이 공기 중의 산소와 폴
리페놀옥시다아제의 작용을 받아 갈색으로 변하기 쉽다. 껍질을 벗긴 사과는 설탕물이나
소금물에 담가두면 갈변을 방지할 수 있다. 또한 사과에는 펙틴이 1% 정도 들어 있어 잼이
나 젤리를 만드는 데 적합하다.

(2) 배

배(pear)는 일본배와 중국배
등의 동양배와 서양배로 구분
된다. 우리나라에서는 과즙이
많고 저장성이 좋은 동양배인
일본배를 주로 재배하는데,
품종은 '신고'가 대부분이다.
그 외에도 원황, 장십랑, 만삼
길 등을 재배한다.

동양배　　　　　　　　　서양배

그림 13-3 배

　배의 씨방에는 난소화성 식이섬유인 펜토산과 리그닌으로 이루어진 석세포가 있어 거
칠거칠한 식감을 주며 장운동을 촉진하고 변비를 예방해준다. 배의 단맛은 주로 흡수가 잘
되는 과당으로 피로 해소에 효과가 있다. 또한 배에는 단백질 분해효소가 있어 고기 양념에
사용하면 고기의 육질이 연해지고 고기를 먹은 다음 후식으로 먹으면 소화가 촉진된다.

(3) 감

감(persimmon)은 특유의 단맛과 쓴맛이 있으며 단감과 떫은 감으로 구분할 수 있다. 다 익은 단감은 수확 후에 바로 먹을 수 있지만, 떫은 감은 수확 후 껍질을 벗기고 건조하여 곶감으로 만들거나 떫은맛을 없애는 탈삽과정을 거쳐야 한다. 감의 떫은맛이 사라지고 붉어지며 말랑말랑하게 무른 것은 홍시 또는 연시라고 한다.

감의 단맛은 주로 포도당과 과당에 의해 나타나며, 이들은 쉽게 흡수되어 에너지원으로 전환되므로 피로 해소의 효과가 있다. 감에는 주황색을 나타내는 비타민 A뿐만 아니라 비타민 C도 많아 항산화작용이 풍부하다. 시상 또는 시설이라고 하는 곶감 표면의 하얀 가루는 만니톨로, 설탕의 약 60% 정도의 단맛을 낸다.

감의 떫은맛은 탄닌의 일종인 시부올(shibuol)에 의해 생긴다. 덜 익은 감은 수용성인 시부올에 의해 혀에서 떫게 느껴지며, 감을 항아리에 넣고 소주를 뿌려 뚜껑을 덮고 20℃에서 4~5일간 보관하거나 두꺼운 종이에 싸서 10일 정도 보관하면 떫은맛이 없어진다. 또한 덜 익은 감을 사과와 함께 보관하면 사과에서 나온 에틸렌가스에 의해 감이 쉽게 익는다.

단감   홍시

그림 13-4 감

(4) 감귤류

감귤류(citrus fruits)에는 귤, 오렌지, 자몽, 레몬, 라임, 유자, 금귤 등이 있으며, 최근에는 한라봉, 천혜향, 레드향, 황금향, 진지향, 카라향 등 다양한 품종이 개발되고 있다. 감귤류의 신맛은 구연산에 의하며, 비타민 A와 C가 많고 비타민 P의 효력이 있는 헤스페리딘(hesperidin)이 들어 있다.

① 귤

귤(mandarin orange)이라고 하면 일반적으로 '온주밀감'을 일컫는다. 수확시기에 따라 10~11월 초순에 나오는 조생종과 12~1월에 나오는 보통종으로 구분된다. 8~10%의 당과 1% 정도의 산에 의해 새콤달콤한 맛이 난다. 귤에는 구연산이 많아 신맛이 강하지만 익어가면서 구연산이 줄어 신맛은 줄고, 당이 많아져 단맛이 증가한다. 과육 표면에 하얀

그림 13-5 귤

그물처럼 붙어 있는 부분에는 비타민 P의 일종인 헤스페리딘이 많다. 이는 모세혈관의 투과성을 유지시키지만, 통조림 백탁의 원인이 되므로 통조림 제조 시에는 이 부분을 제거해야 한다. 귤은 나린진 때문에 쓴맛이 나며, 과육보다 껍질에 비타민 C와 비타민 P가 더 많다.

② 오렌지

오렌지(orange)는 귤보다 크고 즙이 많으며 껍질이 두껍다. 종류로는 발렌시아 오렌지, 네이블 오렌지, 블러드 오렌지가 있다. 발렌시아 오렌지는 즙이 풍부하며, 네이블 오렌지는 껍질이 얇고 씨가 없으며, 블러드 오렌지는 과육이 붉다. 오렌지는 생으로 먹거나 즙을 짜서 주스로 먹기도 하며, 껍질로는 마멀레이드를 만들어 먹는다.

그림 13-6 오렌지

③ 자몽

자몽(grape fruit)은 새콤달콤하며 쓴맛이 난다. 오렌지보다 껍질이 두꺼우며, 포도와 비슷한 향이 나고 포도송이처럼 열매가 열려서 '그레이프 프루트'라고 한다. 자몽은 과

레드자몽

옐로자몽

그림 13-7 자몽

육의 색이 다양하지만 주로 흰색, 분홍색, 붉은색이 재배되며, 비타민 C의 함량이 많다.

④ 레몬

레몬(lemon)은 신맛이 강한 과일로 비타민 C를 많이 함유하고 있다. 레몬은 생선회에 사용하면 생선살을 단단하게 하고, 생선의 신선도가 떨어지면서 생긴 아민을 레몬즙의 산성으로 중화하여 비린내를 없애준다.

그림 13-8 레몬

⑤ 라임

라임(lime)은 열매가 녹색이며, 신맛과 단맛이 나는 감귤류 속 과일이다. 비타민 C가 풍부하며 열매는 피클에 사용하고 즙은 음료수나 음식에 사용한다.

그림 13-9 라임

⑥ 유자

유자(citron)는 껍질이 울퉁불퉁하고 신맛이 강하다. 비타민 C와 칼슘이 다른 과일보다 많으며, 모세혈관을 튼튼하게 하는 헤스페리딘이 있다. 유자는 보통 얇게 저며 설탕이나 꿀에 재워 유자청을 만들어 차로 마신다.

그림 13-10 유자

⑦ 금귤

금귤(kumquat)은 보통 '낑깡'이라고 부르며, 껍질째 먹는 작은 과일이다. 비타민 C와 유기산이 많다.

⑧ 기타 감귤류

한라봉은 껍질이 두껍고 잘 벗겨지며, 과육이 부드럽고 단맛이 강하다. 이 외에도 껍질이 붉은 레드향, 껍질이 얇고 단맛이 강한 천혜향, 통통한 알맹이와 단맛이 많은 황금향 등이 있다.

그림 13-11 금귤

그림 13-12   한라봉　　　　　　　　그림 13-13   모과

(5) 모과

모과(quince)는 껍질이 단단하고 향기가 강하다. 떫은맛이 나서 생으로 먹기는 어려워 주로 얇게 저며서 설탕이나 꿀에 재어놓고 모과청을 만들어 차로 우려내어 마신다.

2) 핵과류

핵과류는 과육의 가운데에 단단한 핵이 있고, 그 안에 씨앗이 있는 과일로 복숭아, 살구, 자두, 매실, 대추, 오미자, 체리 등이 있다.

표 13-4 **핵과류의 영양성분**　　　　　　　　　　　　　　　　　　　　　(단위: 가식부 100g 중)

구분	에너지 (kcal)	수분 (g)	단백질 (g)	지방 (g)	탄수화물		무기질			비타민	
					당류 (g)	총 식이섬유 (g)	칼슘 (mg)	철 (mg)	칼륨 (mg)	베타 카로틴 (µg)	C (mg)
복숭아, 백도	49	85.8	0.59	0.04	9.45	2.6	4	0.11	216	3	2.1
복숭아, 황도	49	86.1	0.4	0.04	9.59	4.3	5	0.09	188	105	1.67
살구	30	90.9	1.2	0.05	7.39	1.9	15	0.45	249	2280	-
자두	26	93.2	0.5	0.6	-	-	3	0.2	164	-	5
대추, 말린 것	781	24.8	2.2	0.2	59	7	71	0.8	556	160	0
체리	57	83.6	1.36	0.15	8.01	2.3	11	0.63	231	113	11.79

*-: 수치가 애매하거나 측정되지 않음
출처: 농촌진흥청 국립농업과학원, 국가표준식품성분표 제10개정판, 2023

(1) 복숭아

복숭아(peach)는 수분과 비타민 및 아스파라긴산이 풍부한 과일이다. 종류로는 흰색 과육에 수분이 많고 부드러운 백도, 황색 과육에 단단한 황도, 털이 없고 딱딱하며 다소 신맛이 나는 천도복숭아가 있다. 특히, 황도에는 비타민 A가 많고 에스테르와 알데히드 등이 있어 좋은 향기가 난다. 백도는 주로 생으로 먹고, 황도는 통조림 등 가공용으로 많이 사용되었으나, 최근에는 황도를 생과일로도 많이 먹고 있다.

백도   황도   천도복숭아

그림 13-14 복숭아

(2) 살구

살구(apricot)는 주황색이며, 신맛과 단맛이 난다. 비타민 A가 많고 비타민 C는 적은 편이다. 생과일로 먹거나 잼이나 통조림 등으로 만들어 먹는다. 살구의 씨(행인, 杏仁)는 한약재로 쓰이는데, 아미그달린이라는 독성물질이 있으므로 주의해야 한다.

그림 13-15 살구

(3) 자두

자두(plum)는 사과산에 의해 신맛이 나며, 노란 과육에는 카로티노이드 색소가 많다. 서양 자두를 말린 프룬(prune)은 식이섬유가 많아

자두   프룬

그림 13-16 자두와 프룬

변비 예방에 좋다.

(4) 매실

매실(Japanese apricot)은 매화나무의 열매이며, 과육이 단단하고 신맛이 강하다. 덜 익은 녹색 매실은 청매, 노랗게 익어 향이 좋은 것은 황매라고 한다. 청매의 씨에는 아미그달린이라는 독성물질이 있어 생으로 먹기보다는 설탕에 절여서 매실청이나 장아찌, 술 등으로 가공하여 먹는다. 청매의 껍질을 벗기고 연기에 그을려 검게 만든 오매(烏梅)는 한약재로 쓴다.

청매

황매

오매

그림 13-17 매실

(5) 대추

대추(jujube)는 열매가 많이 열리기 때문에 풍요와 다산의 의미가 있어 폐백상에서 며느리의 치마폭에 던져주는 등 관혼상제에서 널리 사용된다. 생으로 먹거나 말려서 대추차, 약식 등에 사용하기도 한다.

그림 13-18 대추

(6) 오미자

오미자(schisandra fruit)는 단맛, 신맛, 쓴맛, 짠맛, 매운맛의 다섯 가지 맛이 나는 붉은색의 열매이다. 말려서 찬물에 우린 후 음료 등으로 만들어 먹는다.

그림 13-19 오미자

(7) 체리

체리(cherry)는 벚나무의 열매이며, 단맛이 나는 것과 신맛이 나는 것이 있다. 즙이 많고 과당·포도당 등의 당과 구연산, 사과산 등의 유기산에 의해 새콤달콤한 맛이 난다. 붉은색에 있는 안토시아닌계 색소에 의해 항산화작용을 한다. 생으로 먹거나 병조림 등으로 만들어 오랫동안 보관하면서 먹기도 한다.

그림 13-20 체리

3) 장과류

장과류는 중과피와 내과피로 구성되어 있으며, 그 속에 부드러운 육질과 과즙이 많은 과일이다. 종류에는 포도, 딸기, 복분자, 오디, 베리류, 무화과 등이 있다.

표 13-5 **장과류의 영양성분** (단위: 가식부 100g 중)

구분	에너지 (kcal)	수분 (g)	단백질 (g)	지방 (g)	탄수화물		무기질			비타민	
					당류 (g)	총 식이섬유 (g)	칼슘 (mg)	철 (mg)	칼륨 (mg)	베타 카로틴 (μg)	C (mg)
포도 (캠벨얼리)	57	83.9	0.50	0.10	11.90	1.4	3	0.11	180	39	2.42
딸기(설향)	34	90.4	0.7	0.07	6.09	1.4	17	0.33	153	9	67.11
무화과(생것)	57	84.6	0.6	0.1	10.8	1.9	26	0.3	170	15	-

*-: 수치가 애매하거나 측정되지 않음
출처: 농촌진흥청 국립농업과학원, 국가표준식품성분표 제10개정판, 2023

(1) 포도

포도(grape)는 우리나라에서 주로 캠벨얼리가 재배된다. 최근에는 거봉도 일부 재배되며, 수입산 포도도 많이 유통된다. 포도당, 과당 등의 당과 주석산, 사과산 등의 유기산과 비타민 A, B, C와 안토시아닌 색소 및 레스베라트롤 등의 폴리페놀 성분이 풍부하여 항산화작용이 활발하다. 포도는 주로 생으로 먹지만, 통조림이나 잼으로도 만들어 먹는다. 알이 작고 씨가 없으며 신맛이 적은 것으로는 건포도를 만든다. 적포도는 껍질째 발효시켜 적포도주를 만들고, 청포도는 씨와 껍질을 제거하거나 적포도의 즙만으로 백포도주를 만들어 마신다. 적포도주를 마실 때 떫은맛이 나는 것은 탄닌이 들어 있기 때문이다.

청포도

캠벨얼리

거봉

그림 13-21 포도

(2) 딸기

딸기(strawberry)는 과당, 포도당 등의 당과 사과산, 구연산 등의 유기산이 풍부한 과일이다. 단맛과 신맛이 조화롭고 향기가 좋으며 비타민 C와 안토시아닌 색소가 많다. 생으로 먹거나 잼 등으로 가공해서 먹기도 한다. 펙틴이 1% 정도 들어 있어 잼이나 젤리를 만들기에 적당하다.

그림 13-22 딸기

(3) 무화과

무화과(fig)는 뽕나뭇과에 속하며, 꽃이 꽃받침 속에 숨어 보이지 않아 무화과(無花果)라는 이름이 붙었다. 당질, 무기질, 비타민, 칼슘 등의 무기질과 식이섬유가 많다. 대부분 생으로 먹는데 건조하거나 잼으로 만들어 먹기도 한다. 단백질 분해효소인 피신(ficin)을 함유하고 있어 육류요리에 사용하면 육류를 연화하고 소화를 돕는다.

그림 13-23 무화과

한걸음더 ∘ 베리류

딸기 외에도 복분자, 오디, 블루베리, 라즈베리, 크랜베리, 구즈베리, 블랙커런트, 블랙베리, 아로니아, 아사이베리 등의 베리류에는 안토시아닌 등의 항산화성분이 풍부하다. 생으로 먹거나 잼 등으로 가공하여 먹는다.

블루베리   아로니아   아사이베리

4) 열대과일류

열대과일은 열대나 아열대지방에서 나며, 강한 햇빛에 의해 광합성이 활발하게 일어나 포도당을 많이 함유하고 있어 비교적 단맛이 강하다.

표 13-6 열대과일류의 영양성분 (단위: 가식부 100g 중)

구분	에너지(kcal)	수분(g)	단백질(g)	지방(g)	당류(g)	총식이섬유(g)	칼슘(mg)	철(mg)	칼륨(mg)	베타카로틴(μg)	C(mg)
바나나	77	78	1.11	0.2	14.4	2.2	6	0.25	355	21	6.6
파인애플	53	84.9	0.46	0.04	10.26	2.5	16	0.09	97	62	45.43
키위, 골드	54	84.6	0.77	0.26	7.07	2	19	1.72	262	46	90.94
망고스틴	71	81.5	0.6	0.2	-	1.4	6	0.1	100	0	3
아보카도	160	73.23	2	14.66	8.53	6.7	12	0.55	485	62	10
애플망고	52	85.6	0.65	0.2	13.27	1.5	9	0.17	156	278	32.41
코코넛, 말린 것	660	3.0	6.88	64.53	7.35	16.3	26	3.32	543	0	1.5
리치, 냉동	56	84.3	0.85	0.08	12.21	2.1	3	0.18	151	0	7.88

*-: 수치가 애매하거나 측정되지 않음
출처: 농촌진흥청 국립농업과학원, 국가표준식품성분표 제10개정판, 2023

(1) 바나나

바나나(banana)는 대개 생으로 먹으며, 일부가 건조바나나,
바나나칩 등으로 가공된다. 당분에 의한 단맛과 에스테르
향이 좋으며 먹기 쉽고 소화도 잘되어서 남녀노소가 선호
한다. 바나나는 당질이 많아 다른 과일보다 열량이 높고 칼
륨, 마그네슘 등의 무기질과 식이섬유가 풍부하다. 후숙과
일로 바나나의 전분이 익으면서 과당, 포도당, 설탕 등의 당

그림 13-24 바나나

으로 분해되어 단맛이 증가하게 된다. 일반적으로 덜 익은 것을 사서 익혀 먹는데, 냉장고에
보관하면 저온장해가 일어나 껍질이 검게 되므로 실온에 보관해야 한다.

(2) 파인애플

파인애플(pineapple)은 즙이 많고, 서당과 구연산에 의해
새콤달콤한 맛과 좋은 향기가 나서 사람들이 선호하는 과
일이다. 비타민 A, B군과 C가 많고 식이섬유가 많아 변비
예방에 도움이 된다. 브로멜린(bromelin)이라는 단백질 분
해효소가 있어 육류요리에 사용하면 육질이 부드러워지고
고기요리를 먹은 후 파인애플을 먹으면 소화가 잘된다. 생

그림 13-25 파인애플

으로 먹거나 건조해서 먹기도 하고 주스, 통조림 등으로 가공해서 먹기도 한다.

(3) 키위

키위(kiwi)는 껍질에 황갈색의 털이 나 있는 모습이 뉴질랜드의 키위새와 닮아서 그 이름이
붙었다. 초록색 과육의 그린키위, 노란색 과육의 골드키위, 과육 가운데가 붉은 레드키위 등
이 있다. 대개 골드키위나 레드키위가 그린키위보다 더 달고 덜 시다. 후숙과일인 키위는 수
확 후 실온에 익혀 먹어야 맛있다. 키위에는 엽산과 비타민 C, E 및 칼슘과 식이섬유 등 영
양소가 많다. 키위에는 액티니딘(actinidin)이라는 단백질 분해효소가 있어 고기를 연하게
하는 데 사용된다.

키위

골드키위

레드키위

그림 13-26 키위

(4) 망고스틴

망고스틴(mangosteen)은 새콤달콤한 맛이 좋으며, '과일의
여왕'이라고 불린다. 두꺼운 자주색 껍질은 염료로 사용하
기도 한다.

그림 13-27 망고스틴

(5) 아보카도

아보카도(avocado)는 무기질과 비타민이 풍부하며, 과일이
면서도 지질 함량이 높은 편이고 지질은 대부분 불포화지
방산으로 이루어져 있다. 생으로 먹거나 김밥, 샌드위치 및
샐러드 등의 재료로도 사용하고 주스로 만들어서 먹기도
한다.

그림 13-28 아보카도

(6) 파파야

파파야(papaya)는 멜론의 일종이며, 초록색 껍질 안에 오렌
지색 과육이 들어 있다. 파파인(papain)이라는 단백질 분해
효소가 있어 불고기, 갈비, 스테이크 등을 만들 때 고기를
연하게 하는 데 사용되고 소화를 돕는다. 열매는 생으로 먹
거나 볶음요리에 사용하고, 잼이나 설탕에 절여 과자로 만
들어 먹기도 한다.

그림 13-29 파파야

(7) 망고

망고(mango)는 즙이 많은 노
란색 과육을 가지며, 껍질이
노란색이나 붉은색을 띤다.
단맛이 있어 생으로 먹거나
주스, 빙수, 디저트, 과자의 재
료로도 사용된다. 과육을 갈
아 소스나 드레싱으로도 사용
한다.

노란망고 　　　　　 애플망고

그림 13-30　망고

(8) 두리안

두리안(durian)은 도깨비 방망이와 같이 굵은 가시를 가지
며, '열대과일의 왕'이라고 불린다. '지옥의 향과 천국의 맛'
이라고 묘사될 정도로 냄새가 지독하여 공공장소에 가지고
갈 수 없다. 생으로 먹거나 주스, 잼을 만들어 먹는다.

그림 13-31　두리안

(9) 구아바

구아바(guava)는 공이나 달걀처럼 생겼으며, 안에 분홍빛
과육이 들어 있다. 칼륨과 비타민 C 등 비타민이 풍부하고
단맛이 나며 즙이 많다. 생으로 먹거나 잼, 젤리, 주스, 통조
림으로 만들어 먹는다.

그림 13-32　구아바

(10) 패션프루트

패션프루트(passion fruits)는 새콤달콤한 맛이 나며, 백 가
지 맛이 난다고 해서 '백향과'라고도 한다. 반으로 자르면
노란 과육 안에 씨가 많이 든 것을 볼 수 있다. 생으로 먹거
나 주스, 소스로 만들어 먹는다.

그림 13-33　패션프루트

(11) 코코넛

코코넛(coconut)은 당질, 지질, 칼륨, 칼슘 등이 많은 과일
이다. 식물성이면서도 라우르산(lauric acid)이라는 중간사
슬의 포화지방산을 다량 함유하고 있어 에너지원으로 쉽게
사용된다. 윗부분을 자르고 빨대를 꽂아 액체를 마신 후에
안에 있는 흰 과육을 긁어 먹으면 구수한 맛이 난다. 생으
로 먹거나 과즙 음료, 과자, 빵의 원료로 사용한다.

그림 13-34 코코넛

(12) 리치

리치(litchi)는 갈색의 울퉁불퉁한 둥근 열매로 껍질을 벗기
면 부드럽고 달콤한 흰 과육이 나온다. 생으로 먹거나 냉동
하여 디저트로 먹는다.

그림 13-35 리치

(13) 용안

용안(longan, 龍眼)은 껍질을 벗긴 모양이 '용의 눈'을 닮았
다고 해서 그 이름이 붙었다. 갈색의 매끄러운 둥근 열매의
껍질을 벗기면 검은색 씨가 박힌 반투명한 과육이 나온다.
과육의 맛이 달고 독특한 향이 난다. 생으로 먹거나 냉동하
여 디저트로 먹는다.

그림 13-36 용안

(14) 람부탄

람부탄(rambutan)은 말레이시아어로 '털이 있는'이라는 단
어에서 유래되었으며, 빨간 표면에 잔털이 많이 나 있다. 껍
질을 벗기면 달고 신맛이 나는 흰 과육이 나오는데, 과육
안에 커다란 씨가 있고 씨에 붙은 과육이 잘 떨어지지 않는
다. 생으로 먹거나 냉동하여 디저트로 먹는다.

그림 13-37 람부탄

(15) 용과

용과(dragon fruit)는 용의 여의주 모양을 한 선인장 열매로, 적육종, 백육종, 황육종이 있다. 적육종은 껍질과 과육이 모두 붉은색이고, 백육종은 껍질은 붉고 과육은 하얀색이며, 황육종은 노란 껍질에 하얀 과육이 붙어 있다. 용과는 비타민과 무기질이 풍부하며, 생으로 먹거나 주스, 화채, 젤리로 만들어 먹는다.

| 적육종 | 백육종 | 황육종 |

그림 13-38   용과

(16) 칼라만시

칼라만시(kalamansi fruits)는 라임처럼 시고 쌉쌀한 맛이 난다. 주스, 젤리 등으로 만들어 먹거나 동남아 요리에 곁들여 먹는다.

그림 13-39   칼라만시

버섯류 및 해조류

1. 버섯류

버섯류(mushroom)는 균류에 속하며 산야에 널리 자생한다. 여러 가지 색깔과 모양을 가지며 향미도 독특하다. 일반적으로 포자의 형성방식에 따라 담자균류와 자낭균류로 구분된다. 그리고 영양기관인 균사체와 번식기관인 자실체로 되어 있으며, 자실체가 비대하여 갓 모양을 이룬다. 식용이나 약용으로 이용되는 버섯도 많으나, 독버섯도 많이 자생하므로 주의해야 한다.

버섯류는 고등식물과 달리 엽록소가 없어 광합성을 하지 못하며, 다른 유기물체에 기생하여 필요한 영양분을 섭취한다. 식용버섯은 70~95%가 수분이고 나머지 5~30%가 단백질, 지질, 탄수화물 등 유기 및 무기성분이다. 비타민 B_1, B_2, 에르고스테롤이 함유되어 있고 비타민 D의 대표적인 급원식품으로 알려져 있다. 종류로는 표고버섯, 송이버섯, 양송이버섯, 느타리버섯, 팽이버섯, 목이버섯, 석이버섯, 싸리버섯, 밤버섯, 만가닥버섯 등이 있다.

1) 표고버섯

표고버섯(shiitake mushroom, *Lentinula edodes Sing.*)은 느타리과에 속하며, 원산지는 우리나라, 중국, 일본 등이다. 봄부터 가을에 걸쳐 참나무, 밤나무, 신갈나무 등의 죽은 나무에 기생하거나 자생하며, 대부분은 참나무에 종균을 접종하여 인공적으로 재배된다. 모양이 원형·타원형으로 고르고 일정하며, 갓의 크기가 5~7cm 정도이고, 적당한 육질과 광택이 나는 것이 좋다.

표고버섯에는 에르고스테롤이 많이 들어 있다. 일반적으로 이 성분은 버섯의 갓 부분에 많이 들어 있는데 건조 중 햇빛에 의해 에르고스테롤은 비타민 D로 전환된다. 표고버섯의 감칠맛은 주로 구아닐산, 아데닐산에 의해 난다. 생표고를 그대로 사용하거나 마른 표고를 불려서 국물이나 각종 요리에 널리 사용한다. 채취상태에 따라 품종이 달라지며 화고, 동고, 향고, 향신 등으로 나눌 수 있다.

표 14-1 건표고버섯의 상품 특성

등급	품종	상품 특성
특품	화고	가장 적합한 조건에서 생육한 최고 등급의 표고버섯이다. 갓에 하얀 꽃무늬가 있다.
1등품	동고	갓이 완전히 펴져 있지 않으며 두꺼워 높은 등급의 표고버섯이다.
2등품	향고	갓이 어느 정도 펴져 있으며 동고와 향신의 중간 정도 등급의 표고버섯이다.
3등품	향신	갓이 80~90% 이상 펴져 있으며, 동고에 비해 육질이 얇고 중량이 가벼운 보통 등급의 표고버섯이다.

출처: 「전통식품 표준규격」, 국립농산물품질관리원고시 제2023-13호

백화고　　　　　　　흑화고

동고　　　　　　향고　　　　　　향신

그림 14-1　표고버섯
출처: 「전통식품 표준규격」, 국립농산물품질관리원고시 제2023-13호

2) 송이버섯

송이버섯(pine mushroom, *Tricholama matsutake Sing.*)은 원산지가 우리나라, 중국, 일본, 대만 등이며, 주로 9~10월경에 생산된다. 인공 재배가 어렵고 채취기간이 짧아 귀하기 때문에 가격이 비싼 식품이다. 신선한 송이버섯은 특유의 풍미와 육질로 인해 먹을 때 식감이 우수하다. 좋은 송이버섯

그림 14-2　송이버섯

은 갓의 피막이 터지지 않고, 대가 굵고 살이 두꺼우며, 탄력성이 높은 것이다. 송이버섯 특유의 향기성분은 메틸시나메이트(methylcinnamate)와 마츠타케올(matsutakeol)이 혼합된 것이며 비타민 B_1, B_2, C, D, 니아신 등이 함유되어 있다.

3) 양송이버섯

양송이버섯(mushroom, *Agaricus bisporus Sing.*)은 '서양송이'라고도 부르며, 원산지는 유럽이다. 세계 각국에서 널리 재배하는 버섯으로 여러 변종이 있다. 진균식물인 갓균목 송이버섯과 담자균류에 속하는 식용버섯으로, 맛과 향기가 뛰어나서 널리 소비되고 있다. 우리나라의 주산지는 충남의 부여·논산, 경북의 월성·구미, 전북의 김제, 전남의 순

그림 14-3 양송이버섯

천·광양이다. 색은 크게 흰색, 크림색, 갈색이 있는데 우리나라에서는 흰색을 주로 재배한다. 향기는 송이버섯보다 약하지만 매우 연하고 감칠맛이 좋다. 수프, 샐러드 등에 다양하게 이용되며 통조림으로도 가공된다. 껍질을 벗기거나 자르면 공기 중에서 티로시나아제의 작용으로 인해 암갈색으로 변하는 갈변 반응이 일어나므로 바로 조리해야 한다.

4) 느타리버섯

느타리버섯(oyster mushroom, *Pleurotus ostreatus*)은 미루나무 등과 같은 활엽수의 고목에 자생하며 전 세계에 분포되어 있고 대부분 인공재배로 수확한다.

우리나라에서 가장 많이 생산되는 버섯이며, 주로 포천, 가평, 양평, 정읍, 담양 등지에서 재배된다. 표면에 윤기가 있고, 대의 길이와 갓 등이 균일하고 두께가 두꺼운 것, 신

그림 14-4 느타리버섯

선하고 탄력이 있으며 고유의 향기가 뛰어나고 육질이 부드러운 것이 좋다.

느타리버섯은 열량이 낮아 성인병 예방과 다이어트에 좋다. 조리할 때는 살짝 데친 후

꼭 짜서 사용하면 더 쫄깃한 식감을 낸다. 맛이 좋아서 국, 전골, 샤브샤브, 조림, 볶음 등에 널리 이용된다. 최근에는 느타리버섯을 개량한 애느타리버섯도 생산되고 있으며, 노란색과 빨간색 느타리버섯도 보급 중이다.

한걸음더 ∘ 다양한 버섯들

- 송로버섯: 둥근 모양으로 유럽 떡갈나무숲의 땅속에서 자란다. 독특하고 강한 풍미와 향이 있어 세계 3대 진미에 속하며 '음식 속의 다이아몬드'라고 불린다. 인공재배가 불가능하여 훈련된 동물의 후각을 통해서만 찾을 수 있으므로 매우 고가에 거래된다.
- 영지버섯: 북아메리카, 아시아, 유럽에 널리 분포하며 30℃ 이상의 고온 다습한 조건에서 잘 생육한다. 자실체에 광택이 나는 버섯으로 활엽수의 뿌리 밑동에 군생하며, 약용으로 이용된다.
- 능이버섯: 굴뚝버섯과의 버섯으로, 가을에 참나무나 물참나무 등 활엽수림에서 자란다. 연한 갈색을 띠며 자루 길이가 3~6cm 정도이고 표면은 매끄럽다. 살이 두껍고 육질이 질기며, 독특한 맛과 향으로 미식가들의 관심을 많이 받는다.
- 동충하초: 봄부터 가을에 걸쳐 숲속의 죽은 나비, 나방 등의 번데기 가슴 부위에서 한두 개씩 나오는 버섯이다. 약용으로 주로 사용되며 인공으로 재배되기도 한다.

송로버섯　　　　　　　영지버섯

---

5) 팽이버섯

팽이버섯(winter mushroom, *flammulina velutipes*)은 팽나무의 고목에서 자라고 세계적으로 재배되며, '팽나무버섯'이라고도 한다. 갓은 백색이고 지름은 2~8cm이며, 반구형을 거쳐 편평해지는 모양을 띤다. 중심부는 담갈색이며 살이 두꺼울수록 좋은 품종이다. 표면은 점성이 강하고 황갈색

그림 14-5　팽이버섯

또는 노란색을 띤다. 먹을 때는 밑동을 자르고 생으로 먹거나 국, 찌개, 구이 등 다양한 조리에 이용한다.

6) 목이버섯

목이버섯(wood ear, *Auricularia auricula*)은 여름에서 가을까지 활엽수의 고목에서 자라며, 검은 것과 흰 것이 있다. 버섯 표면은 한천질로 되어 있으며, 습할 때는 아교질로 부드럽고 탄력성이 있으나 건조하면 수축되는 특징이 있다. 자실체는 귀 모양이고 주름이 있다. 주로 찬물에 불려 사용하며, 중국요리에 많이 이용된다.

그림 14-6 목이버섯

2. 해조류

해조류(seaweed)는 바다에 사는 조류로, 꽃이 피지 않으며 포자로 번식하는 하등 동물이다. 우리나라 연안에 서식하는 것은 약 400종이며 그중에서 식용할 수 있는 것은 50여 종이다. 자라는 바다의 깊이와 색깔에 따라 녹조류, 갈조류, 홍조류로 나누어진다. 일반적으로 소화율이 낮으나 무기질인 칼슘, 철, 요오드, 비타민 A가 풍부하다. 특히, 칼륨이 많이 함유된 알칼리성 식품으로 알려져 있다.

1) 미역

미역(seaweed, *Undaria pinnatifida*)은 미역과에 속하는 갈조류로, 한국과 일본 등지에 분포한다. 난류성 해조류로 주로 완도, 진도, 양산에서 많이 양식되며, 주산지는 경상도, 강원도 일원이다. 미역은 크게 북방형과 남방형으로 구분되

그림 14-7 미역

는데, 북방형은 주로 동해안에서 자라며 건조미역으로 많이 이용되고, 남방형은 생미역으로 이용된다. 수확은 12월부터 다음 해 5월까지 가능하다.

건조미역에는 단백질 20%, 탄수화물 35%, 무기질 25% 정도가 함유되어 있다. 식이섬유와 칼륨, 칼슘, 요오드 등이 풍부하여 신진대사에 도움을 주고 산후조리, 변비·비만 예방, 철 및 칼슘 보충에 탁월하여 오래전부터 이용되어 왔다. 생미역은 주로 건조하여 사용하지만, 소금에 절여 가공한 염장미역도 쓴다. 사용할 때는 물에 담가 소금기를 제거한 후 미역초무침이나 미역나물로 만들어 먹는다. 미역은 다이어트 식품으로도 각광받고 있다.

2) 김

김(laver, *Porphyratenera*)은 홍조류로 '해태(海苔)'라고도 하며, 자줏빛 또는 붉은 자줏빛을 띤다. 김은 전 세계적으로 약 50여 종이 알려져 있으며, 국내에서는 약 10여 종이 분포되어 있다. 우리나라의 주산지는 서해안, 남해안, 제주도이며, 매년 12월 중순부터 다음 해 3월 중순까지가 최적의 출하시기이다.

그림 14-8 건조 김

김을 구우면 독특한 향기가 나는데 이 향기의 주성분은 디메틸설파이드(dimethylsulfide)이다. 색소로는 붉은색의 피코에리트린(phycoerythrin), 청색의 피코시안(phycocyan), 녹색의 클로로필(chlorophyll) 등이 있다. 김을 구우면 피코에리트린이 피코시안으로 바뀌기 때문에 청록색으로 변하게 된다. 김을 오래 저장하면 엽록소 등의 색소가 분해되어 이때는 구워도 녹색으로 변하지 않는다.

김에는 단맛과 감칠맛을 내는 글리신(glycine), 알라닌(alanine) 등의 아미노산이 많이 들어 있어서 특유의 맛을 낸다. 단백질 함유량은 건조 김 100g당 30~40%이며, 필수아미노산도 많이 들어 있다. 최근에는 다양한 김 가공품이 해외로 수출되고 있으며, 김을 이용한 다양한 조리방법도 개발되고 있다.

3) 다시마

다시마(sea tangle, *Laminaria spp.*)는 다시마과에 속하는 갈조류이다. 겉으로 보기에는 줄기, 잎, 뿌리의 구분이 뚜렷하고 잎은 띠 모양으로 길며 가운데 부분보다 약간 아래쪽이 가장 넓다. 성분의 약 50%가 탄수화물인데 그중 20%가 섬유질이며, 나머지는 알긴산(alginic acid)이다. 요오드, 칼륨, 칼슘 등 무기질이 풍부하며, 글루탐산나트륨이 다량 함유되

그림 14-9 건조 다시마

어 감칠맛을 내는 데 이용한다. 건조 다시마 표면의 하얀 가루는 만니톨(mannitol) 성분으로 이것을 물로 씻으면 모두 손실된다. 다시마에 들어 있는 라미닌(laminin)이라는 아미노산은 혈압을 낮추는 효과가 있다. 잎이 두껍고 검은빛이 도는 것이 좋은 제품이다. 다시마로 다시마조림, 튀각을 만들며, 우동이나 어묵의 국물을 내는 데도 많이 사용한다.

4) 파래

파래(green laver, *Enteromorpha*)는 녹조식물 갈파래과에 속하며 얇은 막질로 이루어져 있다. 또한 모양이나 크기가 매우 다양하며, 때로 수 m에 이르는 것도 있다. 파래는 녹색 또는 연녹색을 띤다. 다양한 영양소를 풍부하게 지니고 있

그림 14-10 건조 파래

는데, 특히 탄수화물과 단백질이 매우 풍부하다. 비타민 A가 다량 함유되어 있으며 비타민 B₁, B₂, 니아신도 상당량 들어 있다. 칼슘과 철분이 많이 들어 있고 식물성 식이섬유도 풍부하여 건강을 유지하는 데 도움을 주는 식품이다. 익혀서 먹기보다는 주로 생으로 무쳐 먹거나, 파래김으로 가공하여 섭취한다.

5) 톳

톳(brown algae, *Hizikia fusiforme*)은 모자반과에 속하는 갈조류로, 우리나라에서는 남해안과 제주에서 잘 자라며, 주로 초봄에 채취한다. 톳은 진한 갈색이며, 끝이 뾰족하고 가운데 부위에는 통통한 침상의 잎이 모여 있다. 제주지역에서는 '톨'이라고 부르며 톳밥 등을 지어 구황식품으로 이용하였다. 칼슘, 요오드, 철 등의 무기염류가 풍부하며 주로 국이나 무침에 이용된다. 말린 톳은 '녹미채'라고 한다.

그림 14-11 건조 톳

6) 매생이

매생이(seaweed fulvescens, *Capsosiphon fulvescens*)는 부드러운 녹조류로, 주로 우리나라 남해안 청정지역에서 서식하며 주로 겨울에 채취한다. 가늘고 매끄러우며 파래와 유사하게 보이지만, 파래보다는 더 가늘고 길며 부드러우면서도 미끌거리는 질감을 갖는 것이 특징이다. 보통 정월대보름에 먹는 향토음식에 이용되는데, 굴을 넣고 국으로 끓여 먹기도 한다.

그림 14-12 매생이

CHAPTER

15

육류 및 가금류

오늘날은 식생활의 서구화와 기호 변화로 소, 돼지, 말, 염소, 양, 토끼, 닭, 오리, 칠면조, 꿩 등의 육류를 식용하고 있다. 이들은 곡류를 위주로 하는 한국인의 식사에 양질의 단백질을 공급해주는 중요한 식품이다.

1. 육류의 구조

육류는 크게 근육조직, 결합조직, 지방조직, 골격조직으로 이루어져 있다.

1) 근육조직

근육조직(muscle tissue)은 동물조직의 약 30~40%를 차지하며 뼈에 부착된 골격근(횡문근), 내장과 혈관을 구성하는 내장근(평활근)과 심장에만 존재하는 심근으로 나누어진다. 이 중에서 주로 식용으로 이용되는 것이 바로 가로무늬가 있는 골격근이다.

근육조직은 미오신(myosin)과 액틴(actin)단백질이 화합되어(그림 15-1) 근원섬유(myofibril)를 만들고, 근원섬유가 모여 근섬유(muscle fiber) 또는 근섬유 다발을 만든다. 근섬유는 다시 근육(muscle)을 만들어 힘줄(tendon, 건)에 의해 뼈에 부착된다.

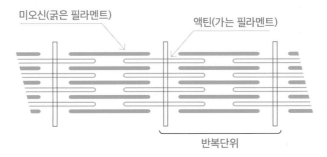

그림 15-1 근육 수축에 의한 액토미오신의 형성
출처: 조신호, 식품학, 교문사, 2008

2) 결합조직

결합조직은 근육이나 장기를 다른 조직과 결합시켜주고 근섬유나 지방조직을 둘러싸고 있다. 기초가 되는 물질인 기질(基質, ground substance), 콜라겐 섬유(collagen fiber), 엘라스틴 섬유(elastin fiber), 레티쿨린 섬유(reticulin fiber)로 구성되어 있다.

3) 지방조직

지방조직은 대부분 단일불포화지방산과 포화지방산으로 이루어진 중성지방이며, 소량의 인지질도 존재한다. 지방의 양은 유전, 성장도, 영양상태, 운동, 호르몬, 성(性)의 영향을 받는다. 즉, 유전적으로 돼지는 소보다 지방이 많으며 성장하면서 지방량이 증가하고 수컷보다 암컷의 지방량이 많다. 요즘에는 지방이 많은 육류를 소비자들이 꺼려하지만, 근육 사이에 마블링(marbling)이 잘 형성된 고기는 부드럽고 맛있어서 높은 등급을 받는다.

4) 골격조직

골격조직은 사골, 도가니, 꼬리뼈, 잡뼈 등을 말하며 칼슘과 인의 공급원이다.

2. 육류의 성분

육류는 종류, 부위, 성별, 연령에 따라 조성과 특성이 다르나, 대부분 60~70%의 수분, 15~20%의 단백질, 10~20%의 지방을 함유하고 있다(표 15-1). 일반적으로 지방 함량이 많은 부위는 수분 함량이 적고, 지방이 적은 부위에는 수분이 많다. 나이 어린 동물의 고기에는 결합조직이 적으므로 고기는 연하지만 지방 함량이 적어 맛은 떨어진다. 나이 많은 동물의 고기는 결합조직이 많고 근육간의 지방 함량이 낮아 고기가 질기고 맛이 없다.

표 15-1 **육류의 영양성분**

(단위: 가식부 100g 중)

식품명		에너지 (kcal)	수분 (g)	단백질 (g)	지방 (g)	탄수화물		회분 (g)	무기질			레티놀 (μg)	베타 카로틴 (μg)	비타민			
						총당류 (g)	총 식이섬유 (g)		칼슘 (mg)	인 (mg)	철 (mg)			B₁ (mg)	B₂ (mg)	나이아신 (mg)	C (mg)
쇠고기 한우	갈비	292	56.4	16.5	24.4	-	-	-	9	110	3	0	0	0.03	0.27	0.9	0
	등심	298	55.3	15.61	26.3	0	0	0.69	11	147	2.24	26	0	0.02	0.34	1.75	0.8
	살코기	199	58.2	18.62	14.09	0	0	0.8	5	160	2.23	5	0	3.92	0.15	2	0.48
	양지	240	61	18.58	18.59	0	0	0.83	5	163	1.92	12	0	0.01	0.24	2.3	0.93
	제비	118	76.2	17.1	5.6	-	-	0.9	11	111	2.2	7	0	0.07	0.19	4.2	0
돼지 고기	안심	114	74.4	22.21	3.15	0	0	1.17	3	211	0.78	3	0	0.87	0.3	3.95	0.26
	삼겹살	373	50.3	13.27	35.7	0	0	0.69	6	143	0.42	19	0	0.49	0.16	1.19	0.44
	살코기	178	68.4	19.78	11.25	0	0	0.99	6	183	0.65	7	0	0.66	0.09	4.9	1.12
	등심	125	71.6	24.03	3.6	0	0	1.12	4	222	0.38	1	0	0.27	0.18	1.8	0.52
	갈비	223	65	17.77	17.06	0	0	0.88	9	185	0.73	4	0	0.61	0.18	3.09	0.87
닭고기	가슴살	98	76.2	22.97	0.97	0	0	1.13	4	251	0.28	10	0	0.2	0.05	10.82	0
	넓적다리	179	69.6	18.59	11.83	0	0	0.86	9	176	0.54	41	0	0.16	0.12	4.53	0
	살코기	106	73.1	24	1.4	-	-	1.4	11	110	1.1	47	0	0.2	0.21	2.9	0
	다리	144	75.1	19.41	7.67	0	0	0.88	9	170	0.62	28	0	0.16	0.07	4.13	0
	날개	168	70.8	18.78	10.53	0	0	0.78	17	155	0.56	45	0	0.13	0.07	5.68	0
오리 고기	살코기	109	76.8	21	3.07	0	0	1.05	11	212	2.16	11	0	0.2	0.1	5.16	0.45
	껍질포함	236	64.6	16.63	18.99	0	0	0.72	16	155	1.56	35	0	0.07	0.01	3.3	0.23
어린 양고기 미국산	살코기	143	72.55	20.88	5.94	-	0	1.06	12	190	1.91	0	-	0.13	0.23	6.51	0
	어깨	264	61.39	16.58	21.45	0	0	0.89	16	158	1.5	0	0	0.11	0.21	5.66	0
	갈비	372	50.8	14.52	34.39	-	0	0.74	15	137	1.39	0	-	0.1	0.19	6.09	0
	다리	201	67.17	18.58	13.49	-	0	0.98	8	178	1.71	0	-	0.13	0.23	6.22	0

*-: 수치가 0이거나 측정되지 않음

출처: 농촌진흥청 국립농업과학원, 국가표준식품성분표 제10개정판, 2023

1) 단백질

식육단백질은 조직에서의 위치와 각종 염용액에 대한 용해도에 따라 근장단백질(구상단백질, globular protein), 근원섬유단백질(섬유상단백질, fibrous protein), 결합조직단백질(stroma protein)로 나누어진다(표 15-2).

표 15-2 **식육단백질의 종류**

종류	구성	성질
근장단백질 (약 30%)	미오겐, 미오글로빈, 헤모글로빈, 해당과정 관여 효소 등	• 근장에 용해된 수용성 단백질 • 저농도의 염용액에 추출되며 55~65℃에서 응고 • 고기의 사후변화, 색의 변화, 조리 시 변화에 직접 관여
근원섬유단백질 (약 60%)	미오신, 액틴, 트로포미오신, 트로포닌 등	• 미오신은 굵은 필라멘트에 존재하고, 약산성 용액에서 근육으로부터 쉽게 추출 • 액토미오신은 미오신과 액틴이 혼합되어 형성된 것으로 육제품의 보수성·결착성에 관여
결합조직단백질 (약 10%)	콜라겐, 엘라스틴, 레티쿨린 등	• 콜라겐은 근육에서 근섬유와 근섬유의 다발을 둘러싸고 있으며, 근육 끝부분에서는 한데 모여 힘줄을 형성하여 뼈에 부착됨 • 고기의 질긴 정도에 관여 • 동물의 나이가 많아짐에 따라 함량이 높아짐

출처: 조신호 외, 식품학, 교문사, 2020

2) 지질

식육지질은 조직지질과 축적지질로 나누어진다. 조직지질은 주로 근육세포의 막을 구성하는 인지질, 당지질, 스테롤류 등이며, 에너지원으로 사용되지 않는다. 축적지질은 대부분 중성지방으로 올레산(oleic acid), 팔미트산(palmitic acid), 스테아르산(stearic acid), 리놀레산(linoleic acid) 등의 지방산으로 이루어져 있다.

필수지방산인 리놀레산의 함량은 동물에 따라 다른데, 쇠고기보다는 돼지고기에 더 많이 들어 있다(표 15-3). 육류조직 전체 지질의 약 5~10%인 인지질은 고기 산패의 원인이며, 가열 시 풍미 저하의 주원인이다.

각종 식육지질의 융점은 표 15-4와 같으며 고기를 입에 넣었을 때의 촉감과 관계가 깊다. 즉, 돼지기름의 융점은 사람의 체온과 비슷해서 쇠기름에 비해 입에서의 촉감이 좋으며 닭고기기름의 융점은 더 낮아서 찬 요리로 먹기에도 좋다.

한걸음더 ● 콜라겐(collagen)

- 동물의 결합조직을 만드는 백색 단백질
- 콜라겐 섬유는 세 가닥의 폴리펩티드 사슬이 꼬여서 만들어짐
- 1/3이 글리신(glycine), 1/4이 프롤린(proline)과 히드록시프롤린(hydroxyproline), 그 외에 리신 (lysine)과 히드록시리신(hydroxylysine)으로 구성됨
- 신축성이 작으나, 가열하면 수용성의 젤라틴(gelatin)으로 전환

표 15-3 **식육지질의 함량** (단위: 가식부 100g 중)

식품명			콜레스테롤 (mg)	총지방산 (g)	총필수지방산 (g)	총단일 불포화지방산 (g)	총다중 불포화지방산 (g)
쇠고기	한우	등심	78.96	23.95	0.55	11.72	0.62
		살코기	60.73	12.19	0.31	6.4	0.36
		양지	65.49	14.03	0.34	7.45	0.38
돼지 고기	안심		67.85	3	0.55	1.23	0.58
	삼겹살		68.55	34.12	3.9	15.37	4.17
	살코기		62.82	9.4	1.7	3.9	1.82
	등심		53.48	3.44	0.45	1.61	0.49
	갈비		76.22	11.75	1.54	5.51	1.65
닭고기	가슴살		56.11	0.92	0.18	0.36	0.2
	넓적다리		80.32	11.3	1.86	5.6	1.9
	다리		91.96	7.33	1.25	3.67	1.28
	날개		94.76	10.06	1.69	5.06	1.73
오리 고기	살코기		97.86	2.94	0.49	1.22	0.53
	껍질포함		91.45	18.15	3.38	8.39	3.45
어린 양고기	미 국 산	살코기	66	5.06	-	2.39	0.54
		어깨	72	19.78	-	8.79	1.71
		갈비	76	31.98	-	14.13	2.69
		다리	67	12.41	-	5.53	1.08

*-: 수치가 애매하거나 측정되지 않음
출처: 농촌진흥청 국립농업과학원, 국가표준식품성분표 제10개정판, 2023

표 15-4 식육지질의 융점

지질의 종류	융점
쇠고기	40~50℃
돼지고기	33~46℃
양고기	44~55℃
닭고기	30~32℃

출처: 조신호 외, 식품학, 교문사, 2008

3) 탄수화물

식육의 탄수화물은 주로 글루코스의 중합체인 글리코겐(glycogen)으로, 간이나 근육에 0.5~1.0% 이하로 존재한다. 글리코겐 함량은 동물의 종류, 고기의 부위, 도살 전 동물의 환경, 사후시간 경과 등에 의해 달라진다. 이 글리코겐은 도축 후 해당 과정을 거쳐 젖산이 되므로 사후강직과 깊은 관계가 있다(그림 15-2).

4) 무기질

식육의 무기질 함량은 1% 전후로 인, 황, 칼륨 등이 있고 칼슘, 마그네슘 등이 적어 산성식품으로 분류된다. 철의 함량은 다른 무기질에 비해 적은 편이나, 흡수율이 좋아서 철의 좋은 급원이다. 또한 칼슘, 마그네슘, 아연 등의 2가 금속이온은 고기의 보수성과 밀접한 관계가 있어 고기의 질에 영향을 준다.

5) 비타민

식육은 비타민 B 복합체를 골고루 함유하고 있다. 비타민이 근육보다는 내장기관에 더 많이 저장되어 있어, 간에는 비타민 A, B_1, B_2, C, D 등이 풍부하다. 특히, 돼지고기는 비타민 B_1 함량이 다른 육류보다 높다.

6) 색소

식육의 적색은 육색소인 미오글로빈과 혈색소인 헤모글로빈에 의해 만들어지며 동물의 종
과 연령, 근육의 종류에 따라 달라진다. 쇠고기는 송아지고기나 돼지고기보다 많은 미오글
로빈을 함유하고 있어 색이 더 진하고, 볼기살과 같이 운동을 많이 한 부위는 미오글로빈을
더 많이 함유하고 있어 등심이나 안심의 색보다 진하다. 헤모글로빈은 혈액 내에서 각 조직
에 산소를 운반하며, 미오글로빈은 근육조직에 존재하면서 헤모글로빈이 운반해온 산소를
받아가지고 있다가 에너지를 발생시켜 근육의 수축과 이완을 일으킨다.

신선한 고기를 공기 중에 놓아두면 미오글로빈은 공기 중의 산소와 결합하여 선홍색의
옥시미오글로빈(oxymyoglobin)이 되고, 계속 놓아두면 산화되어 적갈색의 메트미오글로
빈(metmyoglobin)이 된다. 고기를 가열하면 글로빈이 변성되어 떨어져 나가고 헤마틴 또
는 헤민으로 변화하여 갈색 내지 회색의 가열육이 된다. 햄, 소시지, 베이컨 등의 가열한 소
금 절임 육제품이 분홍색을 띠는 것은 발색제인 아질산염에 의해 니트로소미오크로모겐
(nitrosomyochromogen)이 생성되었기 때문이다.

식육에 세균이 번식하면 미오글로빈이 분해되어 녹색의 설프미오글로빈(sulfmyoglobin)
을 생성하며, 이때 녹색 식육은 식용할 수 없다.

7) 냄새

식육의 냄새성분은 아세톤, 아세트알데히드, 포름알데히드 등의 카보닐 화합물(carbonyl
compound)과 유기산, 황화수소, 암모니아 등의 염기성 물질이다. 고기 부패 시 요소의 분해
로 인한 암모니아 냄새와 각종 단백질 분해물에 의한 나쁜 냄새가 난다. 육류를 가열할 때
생기는 냄새는 육류 중의 아미노산과 당의 아미노카보닐 반응(aminocarbonyl reaction)에 의
해 생기는 것이다.

8) 맛

고기에서 추출되는 맛난맛 성분은 단백질, 펩티드, 유리아미노산, 뉴클레오티드, 히포잔틴, 질소화합물(크레아틴, 크레아티닌, 요소, 요산 등), 이노신산 등으로 주로 단백질 대사의 중간물질들이다.

3. 육류의 사후변화

동물이 도살되고 산소 공급이 중단된 후에도 1~3시간 동안은 크레아틴인산염(CP, Creatin Phosphate)이나 글리코겐으로부터 ATP가 생성될 수 있다. 이는 수축된 근육의 이완, 즉 액틴(actin)과 미오신(myosin) 간의 가역적 반응에 이용될 수 있어 근육이 유연하고 신전성이 높은 상태가 유지된다. 그러나 시간이 경과함에 따라 근육조직의 글리코겐이 혐기적 대사인 해당과정을 거쳐 젖산이 생성되면 근육조직의 pH가 7.0~7.2에서 6.5 정도로 떨어진다.

근육의 pH가 약 6.5가 되면 포스파타아제(phosphatase)가 활성화되어 크레아틴 인산염(CP)의 인산이 분해되고, ATPase에 의해 ATP가 분해되어 ADP와 인산이 된다. 인산에 의해 근육의 pH가 5.4로 떨어져 액틴과 미오신이 결합하여 불가역적인 액토미오신 브리지를 형성하는 것을 사후강직이라 하는데, 이 경우 근육의 부드럽고 유연하던 성질은 없어지며 굳고 뻣뻣해진다(그림 15-2).

사후강직 개시시간과 지속기간은 동물의 종, 영양수준, 도축방법, 도살 후 환경, 온도 등에 따라 다르나 대개 어류는 1~4시간, 조류는 6~12시간, 말과 소는 12~24시간, 돼지는 2~3일 만에 최대 강직상태에 이른다.

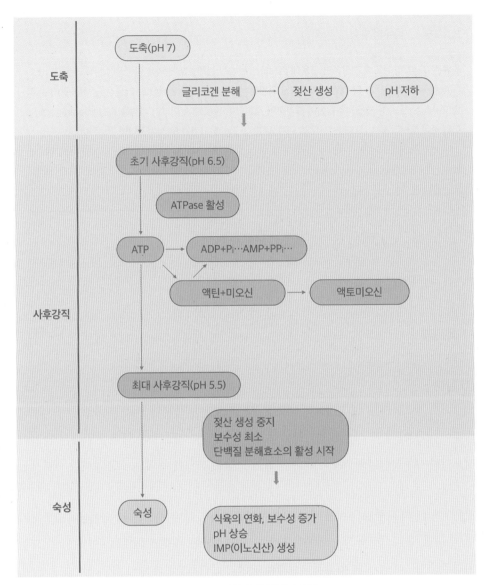

그림 15-2 육류의 사후강직과 숙성
출처: 송태희 외, 이해하기 쉬운 조리과학(3판), 교문사, 2020

> **한걸음더** ● **육류의 숙성**
>
> 육류는 0~4℃의 온도에 저장하면 근육에 존재하는 단백질 분해효소에 의해 단백질이 분해되는 자가소화
> (autolysis)가 일어난다. 이 과정에서 경직된 육류단백질이 분해되어 연해지고, 가용성 단백질, 펩티드, 각
> 종 아미노산 등 수용성 질소화합물이 증가하여 감칠맛이 증대된다. 이러한 과정을 숙성(ripening, aging)
> 이라 하며, 0~4℃에서 쇠고기는 7~17일, 돼지고기는 1~2일, 닭고기는 8~24시간이면 완료된다.
>
> 　육류의 숙성은 육질이 연화되는 과정이다. 숙성 중 ATP는 IMP(inosine monophosphate), 이노신
> (inosine), 히포잔틴(hypoxanthine) 등의 맛 성분들로 분해되고, 지방과 단백질도 일부 분해되어 맛 성분에
> 도움을 준다.

4. 육류의 분류

1) 쇠고기

(1) 성분

쇠고기의 수분 함량은 60~80%로 돼지고기에 비해 조금 많은 편이며, 특히 붉은살 부위에 수분이 많다. 도살 후 시간이 경과함에 따라 수분 함량도 감소한다. 단백질 함량은 약 20% 정도이며 대부분 근육단백질이다. 아미노산 조성은 우수한 편이나, 트립토판과 메티오닌이 다소 부족하므로 트립토판이 많은 채소류와 함께 조리하면 보충효과를 얻을 수 있다. 지방은 부위에 따라 함량 차이가 커서 적은 부위는 4~6%, 많은 부위는 40% 이상이고 중성지방, 인지질, 콜레스테롤 등을 함유하고 있다. 탄수화물은 대부분 글리코겐이며, 소가 도살되기 직전이나 추운 곳에 있었거나 굶었을 때에는 글리코겐의 함량이 적다. 무기질로는 인, 황, 칼륨의 함량이 높은 대표적인 산성식품이다. 비타민 A, B_1, B_2, C, D, E는 근육보다 간에 많이 함유되어 있으며, 특히 비타민 A와 철은 다른 육류보다 풍부하다.

(2) 부위별 조리용도 및 특징

쇠고기의 분할 부위 및 명칭과 부위별 조리용도 및 특징은 그림 15-3, 표 15-5와 같다.

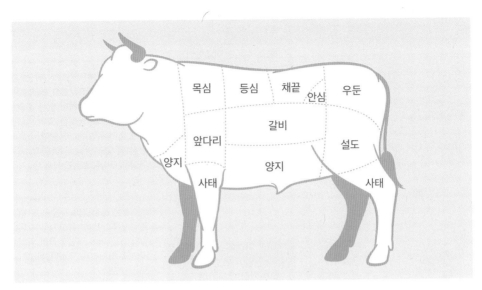

그림 15-3 쇠고기의 분할 부위 및 명칭
출처: 축산물품질평가원 축산유통정보

표 15-5 쇠고기의 부위별 조리용도 및 특징

사진	소분할명칭	특징	용도
	갈비	본갈비 꽃갈비 참갈비 갈빗살 마구리 토시살 안창살 제비추리	• 육즙과 골즙이 어우러진 부위로 농후한 맛을 낸다. • 갈빗살은 막이 많고 근육이 비교적 거칠고 단단한 부위지만 근내지방이 많아 맛이 있다.	• 마구리살은 통갈비 상하단 부위로 갈비탕용으로 사용된다. • 갈빗살·토시살·안창살·제비추리는 구이용으로, 그 외에는 찜갈비·불갈비·양념갈비 등으로 사용된다.
	사태	앞사태 뒷사태 뭉치사태 아롱사태 상박살	• 앞·뒷다리 사골을 감싸고 있는 부위로 운동량이 많아 색상이 진하며, 근육다발이 모여 있어 특유의 쫄깃한 맛을 낸다. • 장시간 물에 넣어 가열하면 연해진다. • 기름기가 없어 담백하면서도 깊은 맛이 난다.	• 장조림, 찜, 육회, 탕에 적합하다.

(계속)

사진	소분할명칭	특징	용도
양지	양지머리 차돌박이 업진살 업진안살 치마양지 치마살 앞치마살	• 앞가슴에서 복부 아래쪽에 걸쳐 있는 부위로 결합조직이 많아 육질이 질기다. • 오랜 시간 동안 끓이면 맛이 매우 좋다. • 국물 맛이 좋고 육질이 치밀하다. • 업진살과 치마살은 양지의 뒤쪽 부분으로 지방과 살코기가 교차하여 풍미가 좋다.	• 양지의 대부분은 근육이 단단하여 국거리나 장조림으로 쓰인다. • 차돌박이는 양지 하단 부분 중의 하얀 조직으로 독특한 맛이 있어 얇게 썰어 구이로 사용된다. • 양지 중 업진안살, 치마양지, 치마살은 구이용으로도 사용된다.
설도	보섭살 설깃살 설깃머리살 도가니살 삼각살	• 엉덩이살 아래쪽 넓적다리살로 바깥쪽 엉덩이 부분에 있다. 다소 결이 거칠고 질기며 우둔과 비슷하고 부위별 육질 차가 크다.	• 설깃살은 운동량이 가장 많은 부위로 산적, 편육, 불고기로 사용된다. 도가니살은 근육결이 가장 가늘고 부드러워 육회나 불고기로 사용된다. • 삼각형 모양의 삼각살과 설깃머리살은 구이, 불고기 전골에 이용된다. • 보섭살은 막이 적고 맛이 좋아 스테이크로 이용된다.
우둔	우둔살 홍두깨살	• 지방이 적고 살코기가 많다.	• 우둔살은 고기의 결이 약간 굵으나 근육막이 적어 연하여 주물럭, 산적과 육포 및 불고기용으로 많이 사용된다. • 홍두깨살은 결이 거칠고 단단하여 육회나 장조림에 많이 활용된다.
앞다리	꾸리살 부채살 앞다리살 갈비덧살 부채덮개살	• 갈비 바깥쪽에 위치하고 있다. • 내부에 지방층과 근막이 많기 때문에 연한 부위와 질긴 부위가 서로 섞여 있으며, 운동량이 많아 육색이 짙다. • 설도, 사태와 비슷한 특징이 있다.	• 꾸리살은 카레, 육회나 칭기즈칸 요리에 사용된다. • 부채살·갈비덧살은 구이용으로, 그 외는 불고기나 장조림용으로 사용된다.
목심	목심살	• 어깨 위쪽에 붙어 있는 근육으로, 여러 개의 다양한 근육이 모여 있다. 두꺼운 힘줄이 여러 갈래로 표면에 존재하기 때문에 약간 질긴 편이다.	• 1등급 이상의 고급육에서 스테이크나 구이로 이용되며 2등급 이하는 불고기, 장조림으로 이용된다.

출처: 축산물품질평가원 축산유통정보

(3) 등급

쇠고기 육질등급은 근내지방도, 육색, 지방색, 조직감, 성숙도에 따라 고기 품질을 1++, 1+, 1, 2, 3등급 및 등외로 구분한다. 육량등급은 도체중량, 등지방두께, 등심단면적을 종합적으로 고려하여 고기량의 많고 적음을 표시하는 기준으로 A · B · C 등급 및 등외 등급으로 구분한다(표 15-6).

표 15-6 쇠고기의 육질등급

회차		육질등급					
		1++등급	1+등급	1등급	2등급	3등급	등외(D)
육량등급	A등급	1++A	1+A	1A	2A	3A	
	B등급	1++B	1+B	1B	2B	3B	
	C등급	1++C	1+C	1C	2C	3C	
	등외(D)						

출처: 축산물품질평가원 축산유통정보

(4) 좋은 쇠고기 고르는 법

쇠고기의 육질은 근내지방도, 고기색 및 지방색, 고기의 결 등을 보고 판단할 수 있으며, 소비자들은 구입하려는 고기의 용도에 적합한 부위 및 육질등급(1++, 1+, 1, 2, 3등급)을 고려해야 한다.

- 근내지방이 섬세하고 고르게 분포되어 있는 것이 부드럽고 맛이 좋다.
- 색깔은 오래되거나, 나이가 많거나, 운동량이 많은 부위일수록 짙어지므로 선홍색을 띠면서 윤기가 나는 것이 좋다.
- 지방색은 사료, 나이, 영양 섭취상태 등에 따라 다르다. 푸석푸석한 노란색보다는 우윳빛을 나타내면서 윤기가 나는 것이 좋다(그림 15-4).

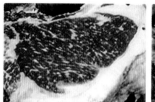

정상지방   황색지방

그림 15-4 쇠고기의 지방색
출처: 축산물품질평가원 축산유통정보

한걸음더 ○ **한우, 육우, 젖소**

- 한우 : 식용을 목적으로 사육되는 우리나라 토종 황색소로, 30개월 정도에 도축하여 마블링이 풍부하다.
- 육우 : 개발, 실험, 식용 등을 목적으로 외국에서 수입하여 6개월 이상 국내에 거주한 소 또는 홀스타인종의 수컷 소를 말한다. 6개월 이상 거주하면 '국내산'이라고 표기할 수 있으나, '한우'라고 표기할 수는 없다. 곡물사료를 먹이지 않고 20개월 정도에 도축하므로 마블링이 적어 등급이 잘 나와도 1등급 정도이나 가격이 한우의 절반으로 가성비가 좋다.
- 젖소 : 우유 생산을 목적으로 사육되는 암컷 소로, 홀스타인종, 저지종, 건지종, 에어셔종 등이 대표적 품종이다.

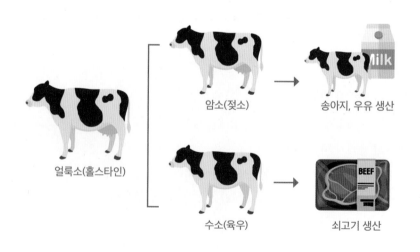

2) 돼지고기

(1) 성분
돼지고기의 수분 함량은 55~70%, 단백질 함량은 17~22%이다. 지방 함량은 고기의 육질을 좌우하며, 지방의 색이 순백색이고, 단단하고 방향(芳香)을 가진 것이 상등품으로 취급된다. 외국에서는 지방 함량이 적은 안심, 등심을 선호하는 데 비해 우리나라에서는 지방 함량이 높은 삼겹살을 선호한다. 돼지고기는 쇠고기에 비하여 올레산, 리놀레산이 풍부하며 돼지고기 지방의 융점은 쇠고기 지방의 융점보다 낮아 입안에서 비교적 잘 녹는다.

　돼지고기의 근육섬유는 섬세하여 고기가 부드럽고 쇠고기와 마찬가지로 필수아미노산이 풍부하다. 무기질은 고기의 보수성과 관계가 깊어, 고기에 소금이나 인산염 등을 적당히 가하면 보수성과 결착성이 커진다. 돼지고기의 비타민 B_1 함량은 쇠고기의 10배 정도이며, 특히 안심과 등심 부위에 많다. 돼지고기의 복부 삼겹살은 지방이 많아 베이컨으로, 뒷다리살은 지방이 적고 단백질과 수분이 많아 햄으로 가공한다.

(2) 부위별 조리용도 및 특징
돼지고기의 분할 부위 및 명칭과 부위별 조리용도 및 특징은 그림 15-5, 표 15-7과 같다.

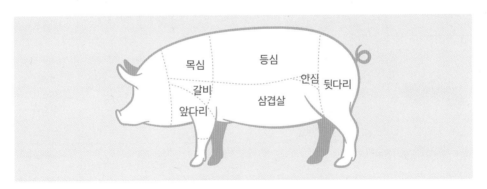

그림 15-5　돼지고기의 분할 부위 및 명칭
출처: 축산물품질평가원 축산유통정보

표 15-7 **돼지고기의 부위별 조리용도 및 특징**

사진	소분할명칭		특징	용도
	목심	목심살	• 등심에서 목 쪽으로 이어지는 부위로 여러 개의 근육이 모여 있다. • 근육막 사이에 지방이 적당히 박혀 있어 풍미가 좋다.	구이
	등심	등심살 알등심살 등심덧살	• 표피 쪽에 두터운 지방층이 덮인 긴 단일 근육으로 고기의 결이 고운 편이다.	포크찹, 돈가스, 스테이크
	갈비	갈비 갈빗살 마구리	• 옆구리 늑골(갈비)의 첫 번째부터 다섯 번째 늑골 부위를 말하며 근육 내 지방이 잘 박혀 있어 풍미가 좋다.	바비큐, 불갈비, 갈비찜
	안심	안심살	• 허리 부분 안쪽에 위치하며 안심 주변에는 약간의 지방과 밑면의 근막이 형성되어 있고 육질은 부드럽고 연하다.	탕수육, 구이, 로스, 스테이크
	앞다리	앞다리살 앞사태살 항정살	• 어깨 부위의 고기로 안쪽에 어깨뼈를 떼어낸 넓은 피막이 나타난다.	불고기, 찌개, 수육(보쌈)
	삼겹살	삼겹살 갈매기살 토시살 오돌삼겹	• 갈비를 떼어낸 부분에서 복부까지의 넓고 납작한 모양의 부위이다. • 근육과 지방이 삼겹의 막을 형성하며 풍미가 좋다.	구이, 베이컨 (가공용)
	뒷다리	볼깃살 설깃살 도가니살 홍두깨살 보섭살 뒷사태살	• 볼기 부위의 고기로 살집이 두터우며 지방이 적은 편이다.	튀김, 불고기, 장조림

출처: 축산물품질평가원 축산유통정보

- 스페인 이베리아 반도에서 하몬(jamón)을 생산하기 위해 사육되는 돼지 품종으로 풀, 도토리, 곡물사료 등을 먹고 자란다.
- 사육기간과 방식, 먹이에 따라 최고 등급인 '베요타(bellota)'부터 중간 등급인 '세보 데 캄포(cebo de campo)', 하위 등급인 '세보(cebo)'로 나뉜다. 이 중 베요타는 자연 방목되어 풀과 도토리 등 자연산물을 먹고 자라므로 도토리에 함유된 올레산 성분으로 인해 특유의 풍미를 낸다. 또한 긴 사육기간 동안 지방이 많이 축적되어 농축된 감칠맛이 나는 것이 특징이다.

3) 닭고기

(1) 성분

닭고기는 근육섬유가 미세하며, 조리 시 부위에 따라 고기의 색이 달라진다. 닭고기는 73%의 수분, 21%의 단백질, 5%의 지방으로 이루어져 있으며 다른 식육류보다 비타민 A를 3배 많이 함유하고 있다.

(2) 부위별 조리용도 및 특징

닭고기의 분할 부위 및 명칭과 부위별 조리용도 및 특징은 그림 15-6, 표 15-8과 같다.

그림 15-6 닭고기의 분할 부위 및 명칭
출처: 축산물품질평가원 축산유통정보

표 15-8　닭고기의 부위별 조리용도 및 특징

사진	소분할명칭	특징	용도
	가슴살, 안심살	• 지방이 매우 적어 맛이 담백하고 근육섬유로만 되어 있다. • 회복기 환자 및 어린이 영양간식에 적합하며, 특히 칼로리 섭취를 줄이고도 영양 균형을 이룰 수 있다.	튀김, 볶음, 조림
	날개	• 살은 적으나 뼈 주위에 펙틴질이 많아 육수를 만들면 감칠 맛이 난다. • 피부 노화를 방지하고 피부를 윤택하게 해주는 콜라겐 성분이 다량 함유되어 있다. • 맛이 좋아 조림이나 튀김요리에 많이 활용된다.	튀김, 볶음, 조림
	안심	• 가슴살 안쪽 고기로 담백하고 지방이 거의 없다.	육회, 육개장, 돈가스
	다리살	• 운동을 많이 하는 부위로 탄력 있고 육질이 단단하며 근육의 색이 짙다. • 지방과 단백질이 조화를 이루어 쫄깃쫄깃하다.	튀김, 볶음, 조림, 구이용

출처: 축산물품질평가원 축산유통정보

4) 양고기

양고기는 유목민족이 애용하는 식육이었으나, 근래 다양한 요리 보급으로 수요가 점차 증가하고 있다. 육색은 쇠고기보다 엷고 돼지고기보다 진한 선홍색이다. 근육이 가늘고 조직이 약해 소화가 잘되며, 특유의 냄새가 있어 조리할 때 민트(박하)나 로즈메리를 많이 이용한다. 다른 식육보다 융점이 높아 가열 후 냉각되면 지방이 굳어지므로 가열 중에 먹는 것이 좋다.

우리나라에서는 호주나 뉴질랜드 등에서 수입한 냉동 양고기를 소시지의 원료로 사용하고 있으나, 외국에서는 어린 양고기를 칭기즈칸, 바비큐, 불고기, 스튜 등으로 만들어 즐겨 먹는다. 생후 6~10주 된 양고기는 베이비램(baby lamb), 생후 1년 미만의 양고기는 램(lamb), 생후 12~20개월의 양고기는 이어링머튼(yearling mutton)이라고 한다.

5) 오리고기

오리고기는 12월부터 다음 해 3월이 제철이며, 최근 건강식품으로 인식되면서 지방이 적은 육질로 개선된 식용 위주의 오리 사육이 증가하고 있다. 오리고기는 단백질이 풍부하며 인체에 유익한 불포화지방산, 칼슘, 철, 칼륨, 비타민 B_1, B_2 등이 다른 육류보다 많이 들어 있다. 고를 때는 선홍색에 가깝고, 반드시 냉장이나 냉동 보관되어 육질이 탄력 있는 것을 선택해야 한다. 주로 백숙, 구이, 탕, 훈제 등으로 만들어 먹는다.

어패류

우리나라는 3면이 바다로 둘러싸여 있어 수산 자원이 풍부하다. 최근에는 국민소득 증가와 영양 및 건강에 대한 관심 증대로 어패류가 소비자들에게 저지방·고단백 건강식품으로 인식되어 소비량이 계속 증가하는 추세이다. 특히, 등 푸른 생선에 많이 함유된 EPA(eicosapentaenoic acid)와 DHA(docosahexaenoic acid)는 동맥경화 예방, 혈중 콜레스테롤 저하, 노인성 치매 예방 및 두뇌를 좋게 하는 작용이 있다고 알려져 어류에 대한 관심이 점점 높아지고 있다.

1. 어패류의 구조

어류의 피부는 결합조직으로 표피와 진피로 구성되어 있다. 표피에는 점액을 분비하는 점액선이 있고, 진피의 일부분은 석회화되어 비늘을 만든다. 생선의 색은 표피와 진피 사이의 색소세포와 비늘의 색소에 의한다. 어류의 가식부는 근육으로 등뼈의 양쪽에 대칭적으로 붙어 있는데, 등쪽 근육은 두껍고 배 쪽의 근육은 얇다. 등근육과 배근육의 경계에 어두운 적색을 띠는 근육을 '혈합육'이라고 하는데, 도미와 같은 백색어에는 혈합육이 체표면 부분에만 분포되어 있다. 적색어 근육은 그림 16-1과 같이 곡선의 근절들로 이루어지며, 근절과 근절 사이에는 얇은 결합조직인 근격막이 존재한다.

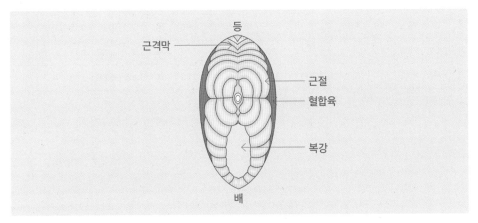

그림 16-1 적색어 근육의 단면
출처: 이혜수 외, 조리과학, 교문사, 2001

패류는 전복처럼 껍데기 하나에 가식부 근육이 들어 있는 것과 홍합 또는 모시조개처럼 두 개의 껍데기 안에 근육이 들어 있는 것도 있다.

오징어 같은 연체류는 근섬유가 가로 방향으로 발달해 있어 통째로 말린 오징어가 가로로 잘 찢어지는 이유가 된다. 오징어는 가장 질긴 겉껍질인 표피, 그 아래층의 색소층, 그 외에 다핵층, 진피 등으로 구성되어 있다.

2. 어패류의 성분

어패류의 영양성분은 식육류와 비슷하며, 수분 70~80%, 단백질 15~20%, 지질 1~10%, 탄수화물 0.5~1%, 무기질 1~2% 정도이다(표 16-1~5). 일반적으로 어류의 성분 조성은 종류, 연령, 암수, 부위, 계절, 서식처 등에 따라 차이가 나는데, 특히 지방과 수분 함량은 계절에 따른 변동이 크다.

표 16-1 담수어의 영양성분 (단위: 가식부 100g 중)

구분	에너지 (kcal)	수분 (g)	단백질 (g)	지방 (g)	탄수화물 (g)	회분 (g)	무기질					비타민				
							칼슘 (mg)	철 (mg)	인 (mg)	칼륨 (mg)	나트륨 (mg)	레티놀 (μg)	B₁ (mg)	B₂ (mg)	니아신 (mg)	C (mg)
메기	107	78.4	15.1	5.3	0.1	1.1	26	0.8	190	320	46	48	0.2	0.07	2.3	1
붕어	87	78.9	18.1	1.8	0.1	1.1	56	2.4	193	340	30	7	0.31	0.15	2.6	1
잉어	105	76.9	17.5	4	0.3	1.3	50	1.4	225	370	48	11	0.35	0.12	3.3	1
장어	211	67.1	14.4	17.1	0.3	1.1	157	1.6	193	250	65	1050	0.66	0.48	4.5	1

출처: 농촌진흥청 국립농업과학원, 국가표준식품성분표 제10개정판, 2023

표 16-2 해수어의 영양성분

(단위: 가식부 100g 중)

종류	에너지(kcal)	수분(g)	단백질(g)	지방(g)	탄수화물(g)	회분(g)	무기질					비타민				
							칼슘(mg)	철(mg)	인(mg)	칼륨(mg)	나트륨(mg)	레티놀(μg)	B₁(mg)	B₂(mg)	니아신(mg)	C(mg)
가자미	120	72.3	22.1	3.7	0.3	1.6	40	0.7	196	377	230	8	0.18	0.26	4.3	2
갈치	140	72.7	18.5	7.5	0.1	1.2	43	1	191	260	100	20	0.13	0.11	2.3	1
고등어	172	68.1	20.2	10.4	-	1.3	26	1.6	232	310	75	23	0.18	0.46	8.2	1
꽁치	132	70.9	22.7	4.7	0.4	1.3	42	1.7	241	150	80	21	0.02	0.28	6.4	1
광어	116	74.5	22,36	3.28	-	1.14	61	0.45	274	465	49	-	0.09	0.12	-	-
농어	88	78.5	18.2	1.9	0.2	1.2	58	1.5	196	390	108	36	0.18	0.13	3.1	1
대구	79	78.6	19.5	0.3	0.3	1.3	35	0.4	193	-	-	23	0.12	0.16	2.4	1
옥돔	76	79.5	18.1	0.2	0.9	1.3	40	0.6	232	-	-	33	0.15	0.2	0.45	1
참돔	76	79.3	18.4	0.1	0.8	1.4	33	0.5	270	-	-	9	0.26	0.15	4.8	1
멸치	118	73.4	17.7	5.4	0.3	3.2	496	3.6	202	-	-	38	0.04	0.26	8.8	1
명태	74	80.3	17.5	0.7	-	1.5	109	1.5	202	293	132	17	0.04	0.13	2.3	-
민어	79	79.4	18	0.8	0.5	1.3	22	0.3	178	-	-	9	0.05	0.29	3.7	1
박대	83	77.9	19.2	0.7	0.6	1.6	15	0.3	265	-	-	-	-	-	-	1
방어	80	75.6	18.4	0.8	0.4	1.5	16	0.7	289	380	32	14	0.15	0.16	7.8	1
병어	122	75.5	16.4	6.3	0.3	1.5	22	0.4	242	360	158	63	0.32	0.09	3.2	1
삼치	104	76	20.08	2.93	-	2.05	5	0.1	211	387	39	-	0.08	0.06	-	-
숭어	112	73.8	21	3.4	0.1	1.7	35	1.3	263	400	110	26	0.46	0.12	9.8	1
승어	99	74.1	21.7	1.5	0.4	2.3	42	1	217	-	-	-	0.1	-	4.2	-
아귀	59	84	14.1	0.2	0.5	1.2	10	2.5	150	-	-	26	0.03	0.13	4.2	1
연어	98	75.8	20.6	1.9	0.2	1.5	24	1.1	243	330	95	18	0.19	0.15	7.5	1
우럭	81	79.2	18.3	1.1	0.1	1.3	28	0.9	213	-	-	11	0.09	0.15	4.1	1
조기	110	76.3	19.02	4.04	-	1.3	19	0.43	158	329	51	-	0.05	0.21	-	-
홍어	80	77.5	19.6	0.5	-	2.4	305	1.2	250	240	222	-	0.07	0.13	2.4	-
청어	201	66.3	16.3	15.1	0.4	1.9	35	0.8	304	-	-	69	0.03	0.25	6.3	1

*-: 수치가 애매하거나 측정되지 않음
출처: 농촌진흥청 국립농업과학원, 국가표준식품성분표 제10개정판, 2023

표 16-3 갑각류의 영양성분

(단위: 가식부 100g 중)

구분	에너지 (kcal)	수분 (g)	단백질 (g)	지방 (g)	탄수화물 (g)	회분 (g)	무기질					비타민				
							칼슘 (mg)	철 (mg)	인 (mg)	칼륨 (mg)	나트륨 (mg)	레티놀 (μg)	B₁ (mg)	B₂ (mg)	니아신 (mg)	C (mg)
갯가재	81	79.3	16.1	1.7	0.8	2.1	149	1.2	238	–	–	0	0.26	0.1	2.2	0
바닷가재	119	74.1	15.5	5.1	3	2.3	230	15.8	256	320	124	38	0.07	0.39	2.6	2
꽃게	71	80.6	16.19	0.7	0.43	2.08	127	0.74	137	216	418	–	0.04	0.12	–	0
대게	78	79.7	17.4	1	0.5	1.4	158	0.5	114	–	475	0	0.02	0.06	0.8	0
대하	76	80	18.1	0.6	0.1	1.2	74	1.4	210	340	120	0	0.02	0.06	1.9	1

*–: 수치가 애매하거나 측정되지 않음
출처: 농촌진흥청 국립농업과학원, 국가표준식품성분표 제10개정판, 2023

표 16-4 연체류의 영양성분

(단위: 가식부 100g 중)

구분	에너지 (kcal)	수분 (g)	단백질 (g)	지방 (g)	탄수화물 (g)	회분 (g)	무기질					비타민				
							칼슘 (mg)	철 (mg)	인 (mg)	칼륨 (mg)	나트륨 (mg)	레티놀 (μg)	B₁ (mg)	B₂ (mg)	니아신 (mg)	C (mg)
꼴뚜기	73	81.6	13.6	1.8	1	2	48	1	166	244	152	0	0.02	0.1	2.4	0
낙지	54	82.3	12.99	0.43	–	2.19	26	1.48	166	237	479	–	0.03	0	–	–
문어	68	81.5	15.5	0.8	0.2	2	31	1	188	300	211	0	0.03	0.12	2.2	0
오징어	87	78.3	18.84	1.44	0.16	1.26	11	0.18	270	351	199	–	0.05	0.02	–	0
해파리	5	96.9	1.3	0.	0.1	1.7	2	–	8	–	–	–	–	–	–
멍게	80	80.9	7.3	2	7.8	2	89	1.7	84	–	–	–	0.05	0.2	1.1	2
미더덕	45	87.6	4.3	1.2	4.1	2.8	40	3.2	111	–	–	–	0.03	0.13	2	4
성게	146	71.5	15.8	8.5	2	2.2	20	4	196	490	190	–	0.03	0.4	2.5	0
해삼	23	91.8	3.7	0.4	1.3	2.8	119	2.1	27	1300	0	70	0.01	0.03	1.2	0

*–: 수치가 애매하거나 측정되지 않음
출처: 농촌진흥청 국립농업과학원, 국가표준식품성분표 제10개정판, 2023

표 16-5 조개류의 영양성분 (단위: 가식부 100g 중)

구분	에너지 (kcal)	수분 (g)	단백질 (g)	지방 (g)	탄수화물 (g)	회분 (g)	무기질					비타민				
							칼슘 (mg)	철 (mg)	인 (mg)	칼륨 (mg)	나트륨 (mg)	레티놀 (μg)	B_1 (mg)	B_2 (mg)	니아신 (mg)	C (mg)
가리비	74	81.6	15.18	1.73	-	1.69	65	2.95	110	221	735	-	0.13	0.1	-	2
개조개	60	82.6	10.9	0.6	3	2.9	83	6	158	-	-	-	0.02	0.2	1.5	2
굴	80	80.3	9.66	2.19	5.27	2.58	428	8.72	159	322	480	-	0.22	0.12	-	-
꼬막	58	82.9	12.6	0.3	1.6	2.6	83	6.8	136	-	-	39	003	0.24	3.4	3
맛조개	52	85.2	9.7	1	1.3	2.8	166	5.5	123	151	303	10	0.02	0.16	1.5	1
바지락	70	80.4	12.27	0.93	3.2	3.2	70	2.68	129	121	383	-	0.04	0.3	-	2
백합	70	79.9	11.7	1	3.6	3.8	161	11.9	133	-	-	-	0.03	0.22	4.3	3
새조개	106	73.9	21.5	1.9	1.3	1.4	32	3.7	131	190	100	-	0.1	0.11	2.7	2
소라	100	72.5	20.7	0.3	4	2.5	92	8.2	185	-	-	-	0.04	0.23	1.7	1
재첩	90	77.5	12.5	1.9	5.8	2.3	181	21	213	210	390	-	0.09	0.21	2.6	2
전복	86	77.2	15	0.7	5.1	2	49	2.4	141	-	-	-	0.26	0.25	3.5	2
키조개	53	86.5	10.3	1.1	0.8	1.3	38	8.2	128	260	260	-	0.04	0.14	1.8	2
홍합	77	79.7	13.8	1.2	3.1	2.2	43	6.1	249	-	-	30	0.02	0.33	2.5	4

*-: 수치가 애매하거나 측정되지 않음
출처: 농촌진흥청 국립농업과학원, 국가표준식품성분표 제10개정판, 2023

1) 단백질

어류는 12~20%, 패류는 10~15% 정도의 단백질을 함유하고 있다. 어육단백질은 식육단백질과 같이 근원섬유단백질, 근장단백질, 결합조직단백질로 이루어진다. 어육은 식육류에 비해 근장단백질 함량이 약간 많고 결합조직단백질의 함량이 상당히 적어 부드러우며 필수아미노산을 많이 함유하고 있다.

근원섬유단백질은 어육 전 단백질의 약 75%를 차지하며, 미오신(myosin), 액틴(actin), 트로포미오신(tropomyosin) 등으로 되어 있다. 액틴과 미오신은 2~6%의 염용액에서 액토

미오신(actomyosin)을 형성한다. 이는 생선살에 소금을 넣어 반죽하여 만드는 어묵 제조 시 탄력감의 원인이 된다.

근장단백질은 어육 전 단백질의 16~22%를 차지하는 수용성의 구형단백질로 1% 이하의 염용액에 의해 용출된다. 이 단백질에는 미오겐(myogen), 글리코겐 생성 및 분해효소, 단백질 분해효소 등이 있다.

결합조직단백질에는 콜라겐과 엘라스틴이 있다. 어육 콜라겐의 아미노산 조성은 수조육류와 비슷하나 프롤린(proline)과 히드록시프롤린(hydroxyproline)을 더 적게, 세린(serine)과 트레오닌(threonine)을 더 많이 함유한다.

2) 지질

어류의 지질 함량은 입안에서의 촉감, 맛에 영향을 미치는 중요한 요소로 어류의 종류, 연령, 성별, 계절, 몸의 부위 등에 따라 다르다. 일반적으로 붉은 살 생선의 지질 함량이 흰 살 생선의 지질 함량보다 많고, 큰 생선이 작은 생선보다 지질 함량이 많다.

어류의 지질은 대부분 실온에서 액체로, 대부분 중성지방이며, 그 외에 인지질, 콜레스테롤, 알코올, 탄화수소 등을 함유한다. 어유의 포화지방산은 주로 팔미트산(C_{16})이며, 불포화 지방산은 팔미톨레산($C_{16:1}$), 올레산($C_{18:1}$), 바센산($C_{18:1}$), 가돌레산($C_{20:1}$) 등이 있다. 또한 어유에 포함된 고도의 불포화지방산으로는 아라키돈산($C_{20:4}$), 아이코사펜타에노산($C_{20:5}$, EPA), 클루파돈산($C_{22:5}$), 도코사헥사에노산($C_{22:6}$, DHA), 니신산($C_{24:6}$) 등이 있다. 이들은 불포화도가 높기 때문에 가공 또는 저장하는 동안 산패되기 쉽다. 최근에는 정어리, 고등어, 꽁치, 참치와 같은 등 푸른 생선에 많은 ω-3 지방산인 DHA, EPA가 생리활성에 중요하다고 인식되고 있다. 이들 지방산은 혈중 중성지방 감소, 혈중 콜레스테롤 감소, 혈전의 생성 방지, 노인성 치매 예방, 대장암 및 유방암의 예방 및 두뇌를 좋게 하는 작용이 있는 것으로 밝혀져 성인병 예방 차원에서 어류의 중요성이 재조명되고 있다.

어유의 인지질은 주로 레시틴이며, 스테롤은 대부분 콜레스테롤이다. 그 외 탄화수소인 스쿠알렌(squalene)이 상어의 간유에 상당량 함유되어 있다.

3) 무기질과 비타민

어류에는 인, 황, 나트륨, 칼륨, 구리, 마그네슘 등의 무기질과 비타민 A와 비타민 D도 많다.

4) 색

어류는 헤모글로빈(hemoglobin)과 미오글로빈(myoglobin)의 함량 차이에 의해 대구, 가자미 등과 같은 흰 살 생선과 가다랭어, 참치 등과 같은 붉은 살 생선으로 나누어진다. 혈합육은 보통육보다 미오글로빈을 더 많이 함유하고 있다.

연어나 송어의 육색소는 카로티노이드의 일종인 아스타잔틴(astaxanthin)으로 조직 중에 지방산이나 단백질과 결합한 형태로 존재하며, 가열해도 색이 거의 변하지 않는다. 새우와 게의 껍데기는 아스타잔틴이 단백질과 결합하여 청록색을 띠지만, 가열하면 단백질과의 결합이 끊어져서 적색의 아스타잔틴이 되고 이것이 산화하여 아스타신(astacin)이 되면서 선명한 적색을 나타낸다. 어류 표피의 검은색과 오징어, 문어의 먹물은 티로신으로부터 합성된 멜라닌이다.

오징어와 낙지의 표피에는 갈색의 색소포가 존재하는데, 여기에 트립토판으로부터 합성되는 오모크롬(ommochrome)이 함유되어 있다. 오징어가 죽으면 색소포가 수축되어 백색을 띠고, 신선도가 떨어지면 홍색을 띠는데, 이것은 오모크롬이 약알칼리성의 체액에 용해되기 때문이다. 오징어를 가열하면 홍색으로 변하는 것도 이 색소가 피부에 침착되어 나타나는 현상이다. 또한 갈치의 껍질은 구아닌(guanine)과 요산이 섞인 침전물에 빛이 반사되기 때문에 은색을 나타낸다.

5) 냄새

트리메틸아민옥시드(TMAO, trimethylamine oxide)는 살아 있는 어육에 존재하는 물질로 해수어에는 많으나 담수어에는 거의 없다. 어류가 죽으면 TMAO는 세균의 트리메틸아민옥시드 환원효소에 의해 트리메틸아민(TMA, trimethylamine)으로 환원되어 어류 특유의 비린내를 내며, 이는 선도 판정의 좋은 지표가 된다.

어류가 신선할 때 해수어는 비린내가 약하지만 담수어는 강하다. 해수어의 비린내는 트리메틸아민, 델타-아미노발레르산(δ-aminovaleric acid), 델타-아미노발레랄(δ-aminovaleral) 등에 의한 것이다. 그리고 담수의 비린 냄새는 피페리딘(piperidin)과 아세트알데히드(acetaldehyde) 등에 의한 것이다. 어류의 선도가 떨어지면 TMA의 양이 증가할 뿐만 아니라 암모니아, 황화수소, 메틸메르캅탄(methylmercaptane), 인돌(indol), 스카톨(skatol) 등이 많이 생성된다.

6) 맛

어패류를 조리하면 생성되는 맛 성분(엑기스)은 근육으로부터 물로 추출되는 추출물(extracts)로 유리아미노산, 저분자 펩티드, 베타인(betaine, 문어, 전복, 낙지, 새우), 타우린(taurine, 오징어, 문어), 이노신산(inosinic acid) 등의 질소화합물과 숙신산(succinic acid, 패류) 등이다.

어패류도 다른 동물처럼 ATP에서 에너지를 공급받는데, 사후 ATP는 ADP(adenosine diphosphate) → AMP(adenosine monophosphate) → IMP(inosine monophosphate, 이노신산) → 이노신(inosine=hypoxanthine ribose) → 히포잔틴(hypoxanthine) 순으로 분해된다. 이 중에서 ATP, AMP, IMP가 감칠맛과 관계가 있다. ATP와 AMP는 글루탐산과 함께 존재하면 강한 감칠맛을 내며, IMP도 어패류의 감칠맛 성분이다.

7) 독성성분

복어의 독성분은 테트로도톡신(tetrodotoxin, 신경독)으로 난소, 간, 내장 등에 존재하며 치사율이 높다. 열대나 아열대지방에서 서식하는 곰치, 부시리 등은 시구아톡신(ciguatoxin, 신경독)이라는 독성성분을 가지고 있다. 바지락, 모시조개 등에는 베네루핀(venerupin, 간장독)이 들어 있고 홍합, 섭조개, 가리비, 대합 등에는 삭시톡신(saxitoxin, 마비성 독)이 들어 있다.

3. 어패류의 사후변화

1) 사후강직

어패류의 사후변화는 식육류와 마찬가지로 사후 산소 공급이 중단되면 해당과정에 의해 글리코겐이 분해되어 젖산이 생성되고, pH가 낮아져 사후강직이 시작된다.

어류의 사후강직 개시시간과 지속시간은 어종, 죽기 전의 상태, 죽은 후의 환경 및 온도 등에 따라 차이가 나며 보통 1~7시간 사이에 시작되어 5~22시간 동안 지속된다. 일반적으로 식육류에 비해 사후강직 개시시간과 지속시간이 짧으며, 붉은 살 생선이 흰 살 생선보다 사후강직 개시까지의 시간과 지속시간이 짧다. 또한 죽기 전에 격렬히 장시간 운동한 어류는 사후강직이 빨리 시작되고 강직의 지속시간도 짧은 반면, 격렬한 운동을 장시간 하지 않은 어류는 조직 중에 글리코겐의 함량이 높기 때문에 사후강직 개시까지의 시간이 길고 강직의 지속시간도 길다.

사후강직의 지속시간을 늘리면 사후강직 후 발생하는 자가소화(autolysis)와 세균에 의한 부패가 늦춰지므로 저장기간을 연장할 수 있다. 그러므로 바다에서 고기를 잡자마자 죽여서 바로 얼음에 담그거나 동결하면 조직 중의 글리코겐 함량을 그대로 유지할 수 있어 사후강직의 개시시간을 늦출 수 있다.

2) 자가소화 및 부패

사후강직이 시작된 후 어육은 조직 중의 각종 효소의 작용에 의해 분해가 일어난다. 이것을 '자가소화'라고 하며 이는 pH, 온도 등의 영향을 받는다.

어류는 사후 산소의 공급이 차단되면 어육 중의 글리코겐이 혐기적 해당작용에 의해 젖산으로 축적되며 어육의 pH는 5정도로 떨어져 자가소화가 시작된다. 식육류는 자가소화(숙성)에 의해 조직이 연화되고 맛도 좋아지나, 대부분의 어육은 본래 조직이 연하기 때문에 자가소화에 의하여 더 이상 연해질 필요가 없으며, 맛도 자가소화에 의해 저하된다. 그러므로 어류에서는 자가소화가 가능한 한 일어나지 않게 어획 직후부터 계속 사후강직이 지속되도록 선도를 유지하는 것이 원칙이다. 또한 어육의 자가소화과정에서 저분자의 질소화합물이 생성되는데, 이들은 어피의 점질물, 아가미, 내장 등에 부착된 부패세균의 먹이가 된다.

어류가 부패하면 TMA와 암모니아양이 증가하며, 어류의 지질은 불포화도가 높아 저장 중에 저급지방산, 알데히드, 케톤 등으로 산화되어 악취를 낸다. 또한 자가소화에 의하여 생성된 히스티딘(histidine)은 히스타민(histamine)이라는 유독물질로 분해되어 알레르기 반응을 일으킬 수 있다.

3) 핵산 관련 물질의 변화

어육의 주된 감칠맛 성분인 이노신산(IMP)은 사후 근육 중의 ATP로부터 많이 생성되지만, 저장 중에 탈인산효소(phosphatase, 포스파타아제)의 작용으로 이노신이 된다. 따라서 어류는 되도록 잡은 후 바로 신선할 때 먹거나 쪄서 효소의 활성을 억제하여 저장해야 IMP의 잔존량을 높일 수 있다.

$$\text{ATP} \xrightarrow{-P} \text{ADP} \xrightarrow{-P} \text{AMP} \xrightarrow{-NH_3} \text{IMP} \xrightarrow{-P} \text{이노신} \xrightarrow{-리보스} \text{히포잔틴}$$

오징어, 문어, 패류는 근육에서 다음과 같이 AMP가 아데노신(adenosine)을 거쳐 분해되기 때문에 IMP는 생성되지 않는다. 그러므로 오징어, 문어의 감칠맛은 아미노산, 펩티드, 아미드, 베타인 등의 저분자 질소화합물에 기인하며, 패류는 여기에 숙신산의 시원한 감칠맛이 합쳐진 것이다. 또한 갑각류에서는 위와 아래의 두 과정이 동시에 일어난다.

$$\text{ATP} \xrightarrow{-P} \text{ADP} \xrightarrow{-P} \text{AMP} \xrightarrow{-P} \text{아데노신} \xrightarrow{-NH_2} \text{이노신} \xrightarrow{-리보스} \text{히포잔틴}$$

4. 어패류의 선도판정법

어패류의 신선도를 정확히 판정하는 것은 영양상·위생상 대단히 중요하다. 어패류의 선도판정법에는 관능적 방법, 이화학적 방법, 미생물학적 방법 등이 있다(표 16-6).

표 16-6 **어패류의 선도판정법**

방법		내용
관능적 방법	탄력성	• 사후강직 중에 살을 약간만 눌러도 빨리 원래대로 되돌아오는 것
	안구	• 안구가 밖으로 튀어나오고 투명한 것
	피부	• 어종 특유의 피부색을 가지며 광택이 있는 것
	아가미	• 밝고 진한 붉은색을 띠는 것 • 선도가 떨어지면 회색 또는 암녹색으로 점착성이 증대, 부패취 발생
	복부	• 복부를 눌렀을 때 탄력이 있어 팽팽하고 내장·뼈 등이 노출되지 않은 것
	냄새	• 해수나 담수의 본래의 독특한 갯내음을 가진 것
	비늘	• 비늘이 윤택하며 탈락되지 않은 것
이화학적 방법	휘발성 염기질소	• 30~40mg% 이상이면 초기부패, 50mg% 이상이면 부패
	암모니아 및 아미노산	• 암모니아는 30mg%, 아미노산은 80mg% 이상이면 부패
	트리메틸아민	• 질소로서 2~3mg%이면 초기부패, 4~6mg% 이상이면 부패
	pH	• 신선한 생선의 pH는 약 7.0이며, 사후 자가소화로 젖산과 인산이 쌓여 pH 5.4~5.6으로 저하됨. 선도가 저하됨에 따라 pH가 증가되어 pH 6.0~6.2면 초기부패, pH 6.2~6.5면 부패
미생물학적 방법	세균 수	• 어육 1g 중에 세균 수가 10^3 이하면 신선, 10^5~10^6이면 초기부패, 10^7 이상이면 부패

5. 어패류의 분류

1) 해수어

(1) 명태

명태는 생태(갓 잡은 싱싱한 상태), 동태(얼린 상태), 북어 (건조상태), 황태(얼렸다가 말렸다가를 반복한 상태), 코다 리(반건조상태) 등의 명칭으로 불린다. 다양한 필수아미노 산을 함유한 저칼로리 식품으로 비타민 A, B$_1$, B$_2$, D 등이 함유되어 있다. 명태의 알로 명란젓, 창자로 창란젓, 아가미 로 아가미젓을 만든다.

그림 16-2　명태

(2) 갈치

갈치는 필수아미노산이 고루 함유되어 있고 지질도 많다. 특히, 지질은 지느러미 쪽에 많으며, 단일불포화지방산인 올레산이 많아 지질이 많은 것에 비해 맛이 느끼하지 않다.

그림 16-3　갈치

(3) 조기

조기는 우리나라 사람들이 많이 먹는 생선 중 하나로, 살이 연하고 단백질과 지질이 풍부하다. 종류로는 참조기, 부세 등이 있으며, 소금에 절여 말린 굴비도 있다.

그림 16-4　조기

(4) 고등어

고등어는 단백질과 지질이 많은 등 푸른 생선이다. EPA와 DHA를 많이 함유하고 있어 동맥경화·심장질환 예방에 효과적이며 콜레스테롤 저하 및 치매 예방에도 좋다. 항산 화무기질인 셀레늄과 비타민 B군, 비타민 D, E 등도 함유

그림 16-5　고등어

하고 있다.

(5) 도미

도미는 고단백·저지방 생선으로, 참돔, 먹돔, 황돔, 감성
돔, 옥돔 등이 있다. 필수아미노산의 함량이 많아 곡류와 같
이 먹을 때 보충효과를 얻을 수 있다. 껍질에는 비타민 B_2가
많다. 특히, 참돔은 껍질이 맛있으므로 껍질째 조리하는 것
이 좋다. 도미는 주로 회, 구이, 찜, 조림, 튀김 등으로 조리
하여 먹는다.

그림 16-6   도미

(6) 민어

민어는 조기와 비슷한 성분을 지닌 생선으로, 알은 어란을
만들 때 이용한다. 회, 전, 구이, 탕으로 조리하여 먹는다.

그림 16-7   민어

(7) 다랑어(참치)

참다랑어는 주로 횟감으로, 날개다랑어와 가다랑어 등
은 통조림 원료로 이용된다. 지질은 대부분 ω-3 지방산인
DHA와 EPA로 구성되어 있으며, 뇌세포 생성이나 심혈관
계질환 예방 등 다양한 생리활성을 나타낸다. 뱃살 부위에
는 지질이 20%나 함유되어 있어 부드러운 질감을 가진다.

그림 16-8   다랑어

(8) 대구

대구는 대표적인 저지방·저칼로리 흰 살 생선으로 조림,
구이, 탕 등으로 이용된다. 비타민 B군이 풍부하며, 간에 지
용성 비타민인 비타민 A와 D가 저장되어 있다.

그림 16-9   대구

(9) 꽁치

꽁치는 주로 봄과 가을에 잡히며, 특히 가을 산란기에 기름이 많고 가장 맛있다. 지질의 80% 정도가 포화지방산으로 올레산, 리놀렌산, DHA, EPA 등이 많다. 이 외에도 비타민 A, E, 셀레늄도 함유되어 있다. 특히, 붉은 살에는 비타민 B_{12}가 풍부하다.

그림 16-10　꽁치

(10) 멸치

멸치는 수온이 20~25℃인 남해안의 통영 연안에 많이 분포한다. 주로 염건제품으로 가공된다. 크기에 따라 세멸, 중멸, 대멸로 나누어지며, 대멸 중에서도 죽방멸치가 최상품으로 알려져 있다.

그림 16-11　멸치

2) 담수어

(1) 미꾸라지

미꾸라지는 논이나 개울물에서 자라며, 가을이 제철이고 추어탕을 만들 때 쓰인다. 단백질과 지질이 풍부하며 칼슘, 비타민 A, B_2가 많다.

그림 16-12　미꾸라지

(2) 잉어

잉어는 암회색의 온수성 물고기로, 여름이 제철이다. 단백질, 지질, 칼슘, 철분, 비타민 B_1, B_2 등이 많아 임산부나 허약체질의 환자들에게 좋다.

그림 16-13　잉어

(3) 붕어

붕어는 잉엇과에 속하는 생선으로, 잉어와 달리 입 주위에 수염이 없다. 단백질과 불포화지방산이 많아 심혈관계질환에 좋다. 비타민 B_1, B_2, 칼슘, 철 등이 많이 들어 있다.

(4) 메기

메기는 머리가 크고 입가에 수염이 있다. 맛이 담백하며, 겨울에서 봄까지가 제철이다. 단백질, 비타민 A, 철, 칼슘 등이 풍부하며 매운탕으로 많이 이용한다.

그림 16-14 붕어

3) 갑각류

(1) 새우류

새우는 크기에 따라 대하, 중하 등으로 나누어진다. 보리새우류에는 보리새우, 점새우, 곤쟁이 등이 있다.

그림 16-15 메기

(2) 게류

대게는 영일만과 동해안 북부지역에 분포하며 영덕게로도 알려져 있다. 꽃게는 서해안에서 많이 잡히며, 산 것을 구입하여 조리해 먹는 것이 좋다.

4) 연체류

(1) 문어류

문어는 우리나라 전 연안에 분포하며 겨울이 제철이다. 조직이 단단하고 가열하면 질겨지므로 조리 시 주의해야 한다. 타우린이 많이 들어 있어 감칠맛을 내며 무와 함께 조리하거나 초밥, 회로 이용된다.

(2) 오징어류

오징어류에는 갑오징어, 꼴뚜기, 한치 등이 속하며, 울릉도, 속초 등의 동해안에 많이 분포한다. 오징어류는 냉동보관하거나 내장을 제거한 후에 건조하며, 숙회, 볶음, 젓갈, 구이, 회, 초밥, 튀김 등의 다양한 조리에 이용된다.

(3) 해삼

해삼은 체표면에 오이처럼 뾰족한 돌기가 있으며, 종류에는 청해삼, 흑해삼, 홍해삼 등이 있다. 주로 무침, 회, 탕 등의 요리로 이용된다.

그림 16-16 해삼

(4) 멍게

멍게는 우리나라 전 연안의 암초에 분포한다. 당뇨 예방에 좋은 바나듐을 함유하며 뒷맛이 쓰면서도 달콤하다. 회, 숙회, 젓갈, 무침, 비빔밥 등으로 이용된다.

그림 16-17 멍게

5) 조개류

(1) 패류

패류에는 백합과에 속하는 바지락, 피조개, 꼬막, 홍합, 굴 등이 있다. 어류보다 글리코겐이 많으며 비타민 A, B_1, B_2, C 등이 함유되어 있다. 굴은 특히 서해안에서 많이 잡히며 11월에서 4월까지가 제철이다. 비타민 A, B_1, C, 아연, 철 등이 많이 들어 있다.

모시조개, 대합 등에는 비타민 B_1의 분해효소인 아네우리나아제(aneurinase)가 들어 있어 날것으로 먹기보다는 가열하여 효소를 불활성화시키는 것이 좋다. 패류는 내장의 자가소화가 빨라 섭취 시 신선도 관리에 주의해야 한다.

(2) 전복류

전복류에는 전복과 소라가 속한다. 류신(leucine), 아르기닌(arginine), 글루타민산 등을 많이 함유하여 특유의 감칠맛을 낸다.

CHAPTER

17

우유 및 유제품

우유는 사람에게 필요한 탄수화물, 지방, 단백질, 비타민과 무기질 등 영양성분이 골고루 들어 있는 완전식품으로서 90% 이상의 소화율과 100%에 가까운 흡수율을 나타낸다. 우유의 전체 소비량은 감소하고 있지만, 저지방우유나 무지방우유의 소비량은 증가하고 있다. 추세이다. 또한 우유를 원료로 하여 제조가공한 아이스크림, 치즈 등의 소비량도 증가하고 있다.

원유에서 지방만 분리한 것을 크림(cream), 그 나머지를 탈지유(skim milk)라고 하며, 크림을 분리하지 않은 원유상태를 전유(whole milk)라고 한다.

1. 우유의 성분

우유의 성분은 소의 품종, 나이, 계절과 사료 등에 따라 달라지지만 일반적으로 수분 87~88%, 지방 3~4%, 단백질 3~4%, 유당 4~5%, 무기질 0.5~1% 정도를 함유하고 있다. 비타민은 비타민 A와 리보플라빈, 무기질은 칼슘, 칼륨, 인 등의 함량이 높아 무기질의 급원이 된다.

1) 영양성분

(1) 단백질

우유는 필수아미노산이 풍부한 양질의 단백질을 3~4% 함유하고 있다. 우유의 단백질의 약 80% 정도는 카제인(casein)이며, 약 20%는 락트알부민(lactalbumin)과 락토글로불린(lactoglobulin)으로 구성된 유청단백질(whey protein)이다.

카제인은 분자구조 내에 인산을 함유하고 있어 인단백질로 분류된다. pH 6.6 정도의 신선한 우유에서는 카제인이 칼슘, 인과 결합한 칼슘포스포카제이네이트(calcium phosphocaseinate)로서 안정한 콜로이드를 이룬다. 그러나 카제인은 pH 4.6의 산이나 레닌에 의해 응고되어 침전한다.

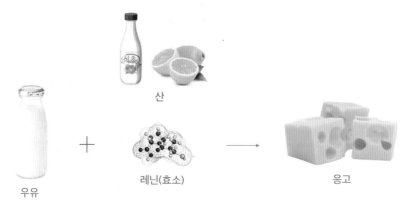

산

우유

레닌(효소)

응고

그림 17-1 카제인의 응고현상
출처: 김철재 외, 식품과학, 교문사, 2015

유청단백질은 α-락트알부민과 β-락토글로불린 등으로 구성되어 있다. 유청단백질은 산이나 레닌에는 응고되지 않으나, 약 65℃ 이상으로 가열하면 응고되어 피막을 형성하고 냄비 바닥에 침전된다. 우유를 뚜껑을 덮거나 저어가면서 가열하면 피막 형성을 방지할 수 있다.

피막

피막 형성 방지

눌어붙음(응고)

그림 17-2 유청단백질의 가열 중 변화

크림층

탈지유

그림 17-3 우유의 크림층 분리

(2) 지질

우유에는 지질이 3~4% 포함되어 있고 대부분은 중성지질이며, 인지질, 당지질, 스테롤 등도 조금 들어 있다. 우유는 4~10개의 저급 및 중급지방산을 가지며, 이는 소화·흡수를 돕고, 우유나 유제품의 풍미를 좋게 해준다.

(3) 탄수화물

우유에는 탄수화물이 4~5% 들어 있고 대부분 유당(lactose)이며, 포도당과 갈락토스 등도 일부 함유되어 있다. 유당은 장내 유산균을 증식시키고 유해균의 번식을 억제하여 정장작용을 한다. 또한 생성된 유산은 장내를 산성으로 만들어 칼슘의 흡수를 촉진한다. 유당을 분해하는 락타아제(lactase)가 부족한 사람은 우유를 먹고 속이 거북하거나 설사를 할 수 있는데, 이러한 증상을 '유당불내증(lactose intolerance)'이라고 한다.

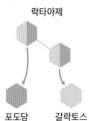

그림 17-4 유당의 구성

유당은 물에 잘 녹지 않아 쉽게 결정화되므로 저장된 분유는 덩어리지기 쉽고, 아이스크림은 질감이 거칠고 까슬까슬해질 수 있다.

(4) 무기질과 비타민

우유는 칼슘의 좋은 급원이며 흡수율도 높다. 이 외에도 마그네슘, 칼륨, 나트륨 등이 많이 들어 있으며, 철과 구리는 적게 들어 있는 편이다. 비타민 A, 리보플라빈 등이 많고 비타민 C는 적은 편이다.

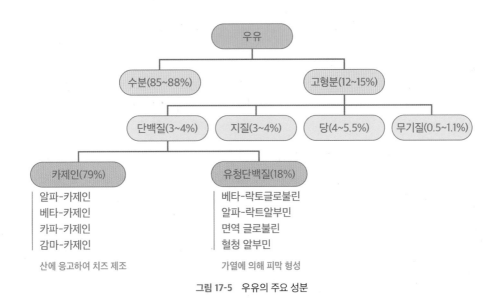

그림 17-5 우유의 주요 성분

표 17-1 **우유류의 영양성분**

(단위: 가식부 100g 중)

구분	에너지 (kcal)	수분 (g)	단백질 (g)	지질 (g)	총당류 (g)	무기질				비타민			
						칼슘 (mg)	철 (mg)	칼륨 (mg)	나트륨 (mg)	베타카로틴 (μg)	B₁ (mg)	B₂ (mg)	C (mg)
우유	65	87.4	3.08	3.32	4.12	113	0.05	143	36	55	0.02	0.16	0.79
저지방우유	42	90.1	3.43	0.90	3.59	116	0.03	149	37	13	0.02	0.13	0.27
가공우유(딸기맛)	68	83.7	1.12	0.55	8.13	78	0.03	107	30	17	0.03	0.11	0.25
가공우유(바나나맛)	90	80.6	2.63	3.02	9.18	89	0.04	125	34	52	0.03	0.09	0
강화우유(고칼슘)	63	86.8	2.98	2.77	3.85	205	1.19	144	37	171	0.16	0.13	0.46
분유(전지)	498	2.2	14	23.9	47.3	680	5.87	789	173	526	0.64	0.67	92.3
분유(탈지)	358	4.3	33.9	0.97	46.2	1414	0.15	1665	432	0	0.16	1.31	10.1
연유	367	16.3	7.76	7.84	51.9	273	0	366	101	95	0.05	0.45	2.19
요구르트(액상)	65	83.2	1.29	0.02	12.5	45	0.02	60	17	0	0.02	0.06	0.46
치즈(모차렐라)	236	61.4	17.3	16.5	1.06	365	0.17	50	243	137	0.02	0.13	0.27
치즈(크림)	350	52.6	6.15	34.4	3.76	97	0.11	132	314	308	0.02	0.23	0
치즈(체다)	298	49.3	18.8	21.3	0.24	626	0.09	62	928	80	0.06	0.13	0
치즈(파르메산)	420	22.7	28.4	27.8	0.07	853	0.49	180	1804	261	0.03	0.36	0

출처: 농촌진흥청 국립농업과학원, 국가표준식품성분표 제10개정판, 2023

2) 색과 향미

(1) 색

우유의 카제인과 인산칼슘은 콜로이드 용액으로 분산된다. 우유는 빛에 반사되면 유백색을 띠며, 카로티노이드 색소에 의한 황색과 수용성인 리보플라빈에 의해 형광빛을 띠게 된다. 또한 우유를 가열하면 메일라드 반응에 의해 갈변된다(그림 17-6).

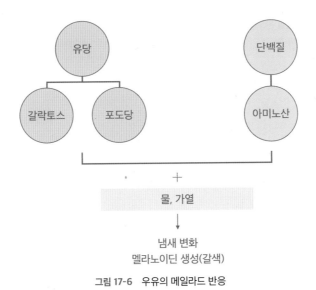

그림 17-6　우유의 메일라드 반응

(2) 향미

신선한 우유는 유당에 의해 약간의 단맛을 낸다. 우유는 아세톤, 아세트알데히드, 디메틸설파이드, 락톤, 저급지방산 등에 의해 독특한 향을 낸다. 그러나 우유가 오래되면 유지방이 리파아제에 의해 가수분해되어 저급지방산이 생성되거나 우유의 인지질이 산화되어 불쾌한 냄새가 난다. 우유는 빛에 노출되면 리보플라빈이 파괴되므로, 종이상자나 불투명한 용기에 포장해야 한다.

2. 우유의 가공

1) 살균

우유는 영양소를 최대한 보존하면서 안전하게 보관하기 위해 살균과정을 거친다. 우유의 살균방법은 표 17-2와 같다.

표 17-2　우유의 살균방법별 온도 및 시간

살균방법	온도 및 시간
저온 장시간 살균법 (LTLT, Low Temperature Long Time pasterization)	62~65℃에서 30분
고온 단시간 살균법 (HTST, High Temperature Short Time pasterization)	72~75℃에서 15~20초
초고온 순간 살균법 (UHT, Ultra High Temperature pasterization)	120~135℃에서 2~3초

2) 균질화

우유는 지방과 수분이 함께 있는 수중유적형의 액체로, 유화상태가 깨지면 상층부에 지방
구가 떠올라 크림층을 형성하게 된다. 이러한 크림 분리를 방지하려면 우유에 압력을 가하
여 작은 구멍으로 내보내서 1μm 정도의 일정한 크기로 분쇄하는데 이를 '균질화'라고 한
다. 우유를 균질화하면 촉감이 부드러워지고 소화 및 흡수가 잘되지만, 지방구가 작아지고
표면적이 증가하여 쉽게 산패된다.

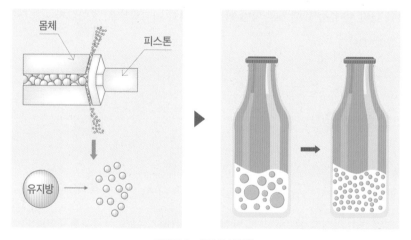

그림 17-7　우유의 균질화

3) 영양소 강화

강화우유는 사람에게 필요한 영양소를 보충하거나 영양성분을 용도에 맞게 보강한 우유를 말한다. 강화우유는 칼슘, 철, 비타민 A와 D 등의 영양소를 첨가하여 만든다.

3. 유제품

1) 시유

시유(market milk)는 원유를 살균한 후 적절하게 포장하여 바로 마실 수 있도록, 살균 또는 멸균처리하여 시장에서 판매되는 우유를 말한다. 환원유는 유가공품으로 원유성분과 유사하게 환원하여 살균 또는 멸균처리한 것 중 무지유고형분 8% 이상의 것을 말하며, 대표적인 환원유로는 딸기맛 우유, 바나나맛 우유 등이 있다. 이 외에도 원유의 유당을 분해 또는 제거한 유당분해 우유, 우유에 비타민이나 무기질을 강화하여 살균 또는 멸균한 강화우유 등이 있다.

지방의 함량에 따라 유지방 3% 이상인 것을 일반우유, 지방을 0.2~2.6%로 줄인 것을 저지방우유로 구분한다. 일반적으로 무지방우유는 지방이 전혀 없다고 생각하지만, 사실은 공정상 제거 가능한 지방을 완전히 제거한 후에도 0.5% 이하의 지방을 함유하고 있다.

일반우유   저지방우유   무지방우유   강화우유

환원유   유당분해우유   멸균유

그림 17-8 다양한 우유

2) 농축우유(연유)

그림 17-9 연유

농축우유는 원유를 그대로 농축한 것이다. 원유의 유지방분을 0.5% 이하로 줄여 농축한 것은 탈지농축우유, 원유에 당류를 가하여 농축한 것은 가당연유, 원유의 지방분을 0.5% 이하로 줄인 후 당류를 넣어 농축한 것은 가당탈지연유라고 한다. 그리고 원유 또는 우유류에 식품 또는 식품첨가물을 첨가하여 농축한 것은 가공연유라고 한다. 연유는 살균 및 저장하는 동안 메일라드 반응에 의해 갈변이 일어난다.

3) 분유

분유(dry milk)는 원유나 탈지유를 농축·건조하여 가루로 만든 것이다. 종류로는 전지분유, 탈지분유, 가당분유, 혼합분유가 있다.

전지분유는 원유를 건조하여 가루로 만든 것이고, 탈지분유는 유지방 0.5% 이하의 탈지유를 건조하여 가루로 만든 것이다. 가당분유는 원유에 당류를 가하여 가루로 만든 것이고 혼합분유는 원유, 전지분유, 탈지유 또는 탈지분유에 곡분, 곡류가공품, 코코아가공품, 유청, 유청분말 등의 식품 또는 식품첨가물을 가하여 가공한 가루로 만든 것이다. 영유아를 위해 모유와 비슷하게 만든 조제분유도 있다.

전지분유   탈지분유

그림 17-10   전지분유와 탈지분유

4) 발효유

발효유는 원유 또는 유가공품을 유산균 또는 효모로 발효시키거나, 거기에 식품 또는 식품첨가물을 가한 것으로 무지유고형분을 3% 이상 포함한 우유를 말한다. 발효유는 유산균 번식으로 유해균과 병원균의 발육이 억제되어 장에서 유해균의 번식을 막아주는 정장작용을 한다. 요구르트는 락토바실러스 불가리쿠스(*Lactobacillus bulgaricus*), 스트렙토코커스 서모필러스(*Streptococcus thermophilus*) 등의 유산균으로 만든다. 체내에서 장기능 개선을 돕는 유익한 유산균을 프로바이오틱스(probiotics)라고 부른다.

발효유는 성분에 따라 발효유, 농후발효유, 크림발효유, 농후크림발효유, 발효버터유, 발효유분말 등으로 구분된다. 일반적으로는 성상에 따라 액체상태인 액상발효유와 커드상태로 응고된 호상발효유로 구분된다.

호상요구르트　　　　　　　　액상요구르트

그림 17-11　발효유

5) 유크림

크림(cream)은 원유 또는 우유류에서 유지방을 분리한 것으로, 18% 이상의 유지방을 포함하고 있다. 유크림은 유지방의 함량에 따라 풍미와 용도가 달라진다. 커피의 풍미를 좋게 하는 커피크림은 유지방이 18~30%, 가벼운 휘핑크림은 30~36%, 무거운 휘핑크림은 36% 이상을 함유하는 제품이다. 크림은 거품 특성이 있어 휘핑하면 단백질을 함유한 크림 내 수분이 공기를 둘러싸면서 거품을 형성하여 부드러운 조직감을 가지게 된다.

그림 17-12　휘핑크림

6) 버터

버터(butter)는 원유나 우유 등에서 유지방을 분리하거나 발효시킨 것으로, 18% 이하의 물과 80% 이상의 유지방이 함유된 고지방 식품이다. 소금 첨가 여부에 따라 소금을 첨가하지 않은 무염버터와 소금을 첨가한 가염버터로 나눌 수 있다. 발효 여부에 따라 발효시키지 않은 감성버터와 발효시킨 발효버터로 나눌 수 있다.

그림 17-13 버터

7) 치즈

치즈(cheese)는 원유 또는 유가공품에 유산균, 응유효소, 유기산 등을 가하여 응고시킨 것으로, 자연치즈와 가공치즈로 나눌 수 있다. 자연치즈는 원유나 유가공품에 유산균, 응유효소, 유기산 등을 넣어 응고시킨 후 유청을 제거하여 만든 것으로 시간이 지나면서 발효가 계속되어 맛이 변하므로 다양한 맛을 즐길 수 있다. 가공치즈는 자연치즈를 원료로 하여 유가공품과 다른 식품 또는 식품첨가물을 넣고 유화시켜 가공한 것으로 더 이상 발효가 진행되지 않아 맛이 거의 일정하다.

치즈는 숙성과정에서 각 치즈의 독특한 냄새, 맛, 조직감 등 물리적·화학적 특성의 변화가 일어나며, 치즈 성분은 사용되는 우유의 종류와 수분 함량 및 응고방법에 따라 달라진다. 치즈는 수분 함량에 따라 표 17-3과 같이 구분할 수 있다.

표 17-3 수분 함량에 따른 치즈의 종류

구분	수분 함량(%)	종류
연질치즈	50~75	브리(brie), 모차렐라(mozzarella), 카망베르(camenbert), 코타지(cottage), 크림(cream)
반경질치즈	40~50	고르곤졸라(gorgonzola), 브릭(brick), 로크포르(roquefort), 블루(blue)
경질치즈	30~40	고다(gouda), 에담(edam), 에멘탈(emmenthal), 체다(cheddar)
초경질치즈	30~35	로마노(romano), 파르메산(parmasan)

브리

모차렐라

카망베르

코타지

크림

그림 17-14 연질치즈

고르곤졸라

브릭

로크포르

블루

그림 17-15 반경질치즈

고다

에담

에멘탈

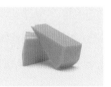
체다

그림 17-16 경질치즈

로마노

파르메산

그림 17-17 초경질치즈

CHAPTER

18

난류

달걀, 메추리알, 오리알 등을 포함하는 난류는 단백질을 약 10~15% 함유하고 있어 중요한 단백질 공급원이다. 가금류에 따라 알의 영양적 조성에는 약간씩 차이가 난다. 지방은 오리와 거위알에 많고, 수분은 달걀과 메추리알에 많다. 단백질 함량은 상대적으로 달걀이 적다. 달걀은 대표적인 난류식품으로 흰자에는 지방이 거의 없으나, 노른자는 약 30%가 지질로 되어 있다. 메추리알과 오리알의 성분은 노른자와 흰자 모두 그 비율이 달걀과 거의 같다.

표 18-1　난류의 영양성분   (단위: 가식부 100g 중)

구분	에너지 (kcal)	수분 (g)	단백질 (g)	지방 (g)	회분 (g)	탄수화물 (g)	비타민	
							A (μg)	리보플라빈 (mg)
오리알	171	72.4	13.11	11.32	1.09	2.03	115	0.13
달걀	136	77.1	12.91	8.25	0.95	0.79	121	0.322
거위알	193	71	13.2	14.1	0.9	0.8	172	0.48
메추리알	146	75.4	12.8	9.02	1.1	1.66	194	0.403

출처: 농촌진흥청 국립농업과학원, 국가표준식품성분표 제10개정판, 2023

1. 달걀의 구조

달걀은 겉이 단단한 껍데기(난각)에 싸여 있고, 안에는 속껍데기가 2개 층으로 이루어져 있다. 겉껍데기에는 무수한 미세한 구멍이 있어서 이를 통해 호흡한다. 저장기간이 길어지면 이 구멍을 통해 이산화탄소와 수분이 증발하고, 세균이 침투하여 내용물이 상하게 된다. 2층으로 된 속껍데기 사이의 한쪽에는 기실(공기집)이 있는데, 이것은 갓 낳았을 때는 작았다가 저장기간 동안 수분과 이산화탄소가 증발하면서 점차 커진다.

속껍데기 안에는 흰자위(난백)가 있고, 겉껍데기와 노른자위(난황) 주위에는 묽은 흰자위가 있으며 그 중간에 된 흰자위가 있다. 노른자위는 얇은 막으로 둘러싸여 있으며 양쪽 끝이 알끈으로 고정되어 있다.

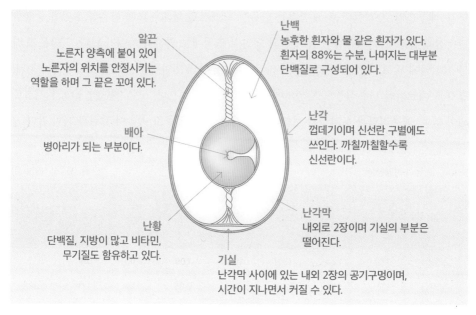

그림 18-1 달걀의 구조

2. 달걀의 부위별 성분

1) 난각

난각(달걀 껍데기)의 93.7%는 무기염류인 탄산칼슘($CaCO_3$)으로 이루어져 있다. 백색란과 갈색란의 색깔 차이는 닭의 품종에 따른 것이며 품질, 맛, 영양에는 차이가 거의 없다.

2) 난백과 난황

달걀의 영양소 함유량은 표 18-2와 같다. 달걀의 난백(흰자위)에는 수분 87.7%, 단백질 11.46%, 지방 0.05%가 들어 있고, 가식부 100g 중에 칼슘 6mg, 미량의 리보플라빈이 들어 있다. 달걀의 난황에는 수분 51.7%, 단백질 15.66%, 지방 25.18%가 들어 있고, 가식부 100g 중에 칼슘 149mg, 미량의 티아민과 리보플라빈이 들어 있다.

신선한 난백은 반투명하나, 변질되기 시작하면 투명해진다. 흰자위가 엷은 녹색을 띠는 것은 리보플라빈 때문이다. 노른자위는 연노랑부터 진한 오렌지색까지 다양한데, 주된 색소는 카로티노이드(carotenoid) 색소의 일종인 크산토필(xanthophyll)이며, 카로틴과 크립토크산틴(cryptoxanthin)도 소량 들어 있다. 노른자위의 색소 함유량은 주로 닭의 먹이에 따라 달라진다. 예를 들어 녹황색 채소를 많이 먹은 닭의 난황은 진한 노란색을 띤다.

표 18-2 **달걀의 영양소 함량**
(단위: 가식부 100g 중)

구분	에너지 (kcal)	수분 (%)	단백질 (g)	지방 (g)	탄수화물 (g)	칼슘 (mg)	비타민	
							티아민 (mg)	리보플라빈 (mg)
전란(생것)	140	76.7	12.86	8.51	1.07	46	0.066	0.316
난황(생것)	326	51.7	15.66	25.18	5.77	149	0.236	0.475
난백(생것)	50	87.7	11.46	0.05	0.14	6	0	0.41

출처: 농촌진흥청 국립농업과학원, 국가표준식품성분표 제10개정판, 2023

3. 달걀의 품질판정법

달걀의 품질을 결정하는 방법으로는 ① 무게와 외관을 보고 결정하는 방법, ② 달걀을 깬 후 내용물 중 난백과 난황의 상태를 관찰하는 방법이 있다. 세척한 달걀은 외관판정, 투광판정, 할란판정을 통해 1+, 1, 2등급으로 구분한다. 난각에는 산란일자, 농가고유번호 등을 표기하고, 포장지에는 품질등급, 중량규격 및 등급판정일을 표시한다.

그림 18-2 **달걀의 품질 표시**
출처: 축산물품질평가원

1) 중량에 의한 분류

달걀을 구입할 때 겉포장을 보면 '왕란', '특란', '대란' 등으로 표시되어 있는데, 그 기준은 표 18-3과 같다.

등급판정 달걀 중 95% 이상이 특란 또는 대란인데 이것은 닭의 산란 피크인 28주 이후 특대란 비율이 높기 때문이다. 반면 중란, 소란은 20~28주 사이에 생산되어 생산기간이 짧고 생산량이 많지 않아 시중에서 찾아보기 어렵다.

표 18-3 **달걀의 중량에 의한 분류**

왕란	특란	대란	중란	소란
68g 이상	68g 미만~ 60g 이상	60g 미만~ 52g 이상	52g 미만~ 44g 이상	44g 미만

2) 외관판정

육안으로 판별이 가능한 외부결함란 등을 선별하는 검사이다. 산란 후 미생물의 오염을 막기 위한 난각 큐티클이 거칠고 균열이 없으며 형태가 타원형인 것을 품질이 우수한 달걀로 본다. 외관검사에서는 난각에 계분 등이 묻어 있는 오염란, 정상적인 타원형이 아닌 기형란, 난각의 탈색 정도가 심한 탈색란, 난각 표면에 반점이 있는 점박이, 난각 표면에 불규칙한 백색가루가 묻어 있는 칼슘 스프레싱을 집중 검사한다.

3) 투광판정

어두운 암실에서 달걀에 빛을 투사하여 검사하는 방법이다. 난각에는 금이 가 있으나 내용물은 누출되지 않는 파각란, 노른자의 퍼짐 정도, 흰자의 결착력, 둔단부 기실의 크기, 내부 이물질 혼입 여부 등을 검사한다.

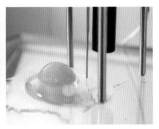

외관판정   투광판정   할란판정

그림 18-3 달걀의 품질판정법
출처: 축산물품질평가원

4) 비중검사

산란 직후 달걀의 비중은 1.088~1.095이지만 저장 중에 내부의 수분이 난각에 있는 기공 (pore)을 통해 외부로 증발하기 때문에 무게가 감소하여 비중이 낮아진다. 11% 소금물에 달걀을 넣고 떠오르는 상태를 보면 달걀의 신선도를 측정할 수 있다. 신선한 달걀은 비중 이 높아 밑으로 가라앉지만, 오래된 달걀은 수분이 증발하여 비중이 낮아지므로 위로 떠오 른다.

수분의 증발 정도는 난각의 다공성(porosity) 등에 따라 다르지만, 온도가 높을수록 무게 가 빨리 감소하므로 높은 온도에서 저장한 달걀일수록 비중 감소가 빠르다.

5) pH검사

달걀은 산란 직후부터 무게 감소, 난백 액화, 가스 방출, pH 상승, 미생물 증가 등을 통해 이 화학적 성분의 변화가 일어난다. 산란 후 제일 먼저 일어나는 급격한 변화는 달걀 내에서 CO_2 가스 외부 방출에 의해 난백의 pH가 상승되기 시작하는 것이다.

산란 직후 난백의 pH는 7.5~7.6이지만, 저장기간에 따라 이산화탄소의 증발에 의해 산 란 후 1일에는 pH 8.6~8.7로 증가하고, 10일이 지나면 pH 9.5~9.7까지 증가한다. 따라서 초기 pH 측정은 달걀의 신선도 측정에서 중요한 지표로 활용된다.

6) 난백계수

난백계수는 달걀을 깨서 내용물을 평판 위에 쏟아놓고 신선도를 검사하는 방법 중 하나로, 난백의 최대 높이를 난백의 평균 직경으로 나눈 값을 말한다.

$$난백계수 = \frac{농후난백의\ 높이}{농후난백의\ 평균\ 직경}$$

신선한 달걀의 난백계수는 0.14~0.17이며, 20~30℃에서 달걀을 보관할 경우 난백계수가 급격하게 감소한다.

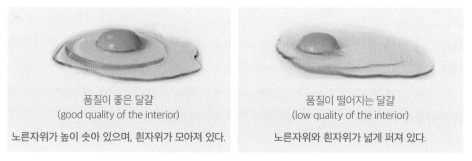

품질이 좋은 달걀
(good quality of the interior)
노른자위가 높이 솟아 있으며, 흰자위가 모아져 있다.

품질이 떨어지는 달걀
(low quality of the interior)
노른자위와 흰자위가 넓게 퍼져 있다.

그림 18-4　품질에 따른 달걀
출처: 축산물품질평가원

7) 난황계수

난황계수는 달걀을 깨서 난황만 평판 위에 올려놓고 난황의 높이(mm)와 직경(mm)을 측정한 후 높이를 직경으로 나눈 값을 말한다.

$$\text{난황계수} = \frac{\text{난황의 높이(mm)}}{\text{난황의 직경(mm)}}$$

신선한 달걀의 난황계수는 0.36~0.44이며 0.3 이하는 신선하지 않은 달걀이다. 오래 저장할수록 난백의 수분이 기공을 통해 증발하기 시작한다. 이와 동시에, 난백에서 난황으로 수분이 조금씩 이동하기 시작하는데 시간이 경과하면서 난황의 수분도 감소하여 기실용적이 증대된다. 내부의 수분이 증발될수록 달걀 둔부에 있는 기실이 커지고, 난황이 쉽게 퍼지기 때문에 난황계수가 감소한다.

8) 호우단위 측정

호우단위(HU, Haugh Unit)는 달걀의 무게와 진한 흰자(농후난백)의 높이를 측정하여 다음 식에 따라 계산한 값을 말한다.

$$\text{호우단위(HU)} = 100 \times \log(H + 7.57 - 1.7W^{0.37})$$
$$H : \text{난백 높이(mm)}$$
$$W : \text{달걀의 무게(g)}$$

보통 달걀의 무게와 할란 후 진한 흰자와 묽은 흰자의 확산이 끝난 후 진한 흰자(농후난백)가 넓게 확산되는 쪽을 노른자로부터 10mm 정도 떨어진 위치에서 진한 흰자의 높이를 측정하여 계산한다. 일반적으로 HU값이 70 이상이면 신선한 것이고, 70 미만이면 신선하지 않은 달걀로 판단한다. 호우단위가 30 이하인 달걀을 워터리 화이트(watery white, 퍼진 달걀)라고 한다. 이는 닭의 주령이 높아지거나 높은 온도, 낮은 습도, 햇빛에 장기간 노출되었을 때도 나타난다.

4. 달걀의 저장과 신선도

달걀은 단단한 난각에 싸여 있어 다른 식품에 비해 안전하지만, 장기간 보존하기는 어렵다. 따라서 다음과 같은 다양한 방법을 통해 그 질을 최대한 보호해야 한다. 우수한 저장방법은 달걀의 가격을 일정하게 유지하는 데도 기여한다.

- 냉장법(refrigeration) : 2~3℃의 실내에 미리 보관해두었다가 -1~-2℃, 습도 70~80%에 저장하는 방법(저장기간은 약 1년)이다.
- 도포법(coating) : 껍데기에 기름·파라핀 등을 코팅하여 구멍을 막아 호흡을 멎게 하는 방법이다.
- 침지법(immersion) : 달걀을 3%의 규산나트륨(Na_2SiO_3) 용액이나 생석회(산화칼슘, CaO) 포화용액에 담가 저장하는 방법이다.
- 냉동법(freezing) : 달걀을 깨뜨려 큰 그릇에 함께 담거나 한 개씩 종이에 싸서 큰 그릇에 담고 -18℃ 이하에서 급속히 얼린 뒤 -15℃에 저장하는 방법(저장기간은 2년 이상, 단체급식용 저장방법)이다.
- 건조법(drying) : 달걀 전체 또는 흰자위와 노른자위를 구분하여 살균 건조한 후 밀봉하여 저장하는 방법이다.
- 피단법(皮蛋法) : 중국에서 개발한 달걀 저장법으로, 소금이 들어간 알칼리성 풀을 쑤어 달걀 껍데기에 바른 후 밀폐용기에 저장하여 껍데기를 통해 알칼리 및 소금성분을 침투시키는 방법이다.

5. 달걀의 조리 시 특성

달걀의 난백에 함유되어 있는 단백질은 열에 응고되기 쉽고, 기포 형성 및 안정화에 기여한다. 난황에 들어 있는 레시틴은 인지질로, 친수성기와 소수성기를 모두 보유하며 유화성을 나타낸다. 이러한 특성은 조리 시 다양한 요리를 만드는 데 활용된다(표 18-4).

표 18-4 달걀의 조리 기능성

조리 기능성	역할	예
응고성	농후제	알찜, 커스터드, 푸딩, 리에종(liaison)
	청정제	콩소메, 커피, 맑은 장국
	결합제	만두소, 전, 크로켓, 커틀릿
기포성	팽창제	엔젤케이크, 시폰케이크, 머랭
	간섭제	캔디, 셔벗, 아이스크림
유화성	유화제	마요네즈, 케이크 반죽
기타	색깔	지단(흰자, 노른자)
	향기	각종 음식

식용유지류

식용유지는 지질의 주된 공급원 중 하나로 대두·옥수수·참깨 등의 식물성 원료나 소·돼지 등의 동물성 원료를 압착 또는 추출하여 얻으며, 대부분 정제과정을 거쳐 식용한다. 식용유지는 가공처리 유무에 따라 천연유지와 가공유지로 분류할 수 있다.

1. 식용유지의 성분

식용유지의 성분은 버터나 마가린과 같이 상당량의 수분을 함유하고 있는 유지를 제외하고 거의 지질로 구성되어 있다. 구성 지질의 대부분은 중성지질 형태이며, 콜레스테롤은 동물성 유지에만 존재한다. 주요 식용유지의 성분은 표 19-1과 같다.

표 19-1 식용유지의 영양성분 (단위: 가식부 100g 중)

구분	에너지 (kcal)	수분 (g)	지질 (g)	지방산							콜레스테롤 (mg)
				총지방산 (g)	총필수지방산 (g)	총포화지방산 (g)	총불포화지방산 (g)	총단일불포화지방산 (g)	총다가불포화지방산 (g)	총트랜스지방산 (g)	
콩기름	915	0	99.31	94.99	57.28	14.62	78.99	21.71	57.28	1.08	0
옥수수유	919	0	99.74	95.4	52.67	13.27	81.78	29.11	52.67	0.35	0
포도씨유	920	0	99.93	95.6	69.81	10.02	84.89	15.04	69.85	0.69	0
올리브유	921	0.1	100	95.37	8.9	15.73	75.59	70.69	8.9	0.06	0
아보카도유	917	0	99.52	94.45	12.1	14.35	79.78	67.69	12.1	0.31	0
유채유	920	0	99.85	95.54	31.07	7.64	86.52	55.36	31.16	1.38	0
해바라기유	919	0	99.76	94.97	57.6	10.75	83.42	25.82	57.6	0.8	0
면실유	883	0	100	92.35	54.34	21.06	71.29	17.44	53.85	–	0
참기름	917	0.2	95.27	95.27	42.16	14.65	80.33	38.17	42.16	0.29	0
들기름	920	0.1	99.86	95.51	75.11	7.63	87.47	12.29	75.18	0.41	0
팜유	917	0	99.56	94.48	9.75	46.21	47.81	38.06	9.75	0.46	0
쇠기름	869	0	99.8	89.67	3.47	41.05	48.62	45.01	3.61	–	100

(계속)

구분	에너지 (kcal)	수분 (g)	지질 (g)	지방산								콜레 스테롤 (mg)
				총지방산 (g)	총필수 지방산 (g)	총포화 지방산 (g)	총불포화 지방산 (g)	총단일 불포화 지방산 (g)	총다가 불포화 지방산 (g)	총트랜스 지방산 (g)	
돼지기름	915	0	99.38	94.07	13.64	37.38	56	41.73	14.27	0.69	49.19
버터	761	15.3	82.04	68.94	1.7	48.05	17.8	15.96	1.84	3.09	232.12

*-: 수치가 애매하거나 측정되지 않음

출처: 농촌진흥청 국립농업과학원, 국가표준식품성분표 제10개정판, 2023

2. 천연유지

천연유지는 유지의 급원에 따라 식물성 유지와 동물성 유지로 나누어진다.

1) 식물성 유지

식물성 유지는 식물의 종자, 열매, 곡류의 배아 등으로부터 얻을 수 있으며, 동물성 유지에
비해 불포화지방산을 많이 함유하고 있어 녹는점이 낮아 대부분이 상온에서 액체로 존재한
다. 그러나 야자유나 팜유는 포화지방산이 다량 함유되어 있어 녹는점이 높다.

(1) 대두유

대두유는 대두에서 추출한 것으로 우리나라에서 가장 많
이 소비되는 기름이다. 대두유에는 불포화지방산인 리놀
레산과 올레산이 많이 함유되어 있고 비타민 E 함량도 풍
부하다. 특유의 풍미를 부여하나, 변향으로 인한 콩비린내
등이 유발될 수 있다. 발연점이 높아 튀김용으로 사용되며

그림 19-1 대두유

일반 요리 및 마요네즈, 마가린, 쇼트닝, 샐러드유 등의 원료로도 이용된다.

(2) 옥수수유

옥수수유는 옥수수 배아에서 얻으며 좋은 풍미로 인해 널리 사용된다. 리놀레산과 올레산

이 다량 함유되어 있다. 대두유와 마찬가지로 발연점이 높아 튀김유로 사용되고, 그 외에 마요네즈, 샐러드유, 마가린의 원료로 사용된다.

옥수수유는 보존성, 가열안정성, 산화안정성이 우수하며, 튀김을 여러 번 해도 거품이 잘 생기지 않고 발연점의 저하가 적다고 알려져 있다.

그림 19-2 옥수수유

(3) 포도씨유

포도씨유는 포도씨를 압착·추출하여 얻는 기름으로 리놀레산의 함량이 매우 높다. 특유의 냄새나 맛을 지니고 있지 않아 요리 시 재료의 풍미를 저해하지 않는다. 포도씨유는 그 자체로 프로안토시아니딘이라는 천연 항산화제를 함유하고 있어 보관성이 좋다. 또한 발연점이 높아 튀김용으로 사용되며, 마요네즈, 샐러드유 등에도 사용된다.

그림 19-3 포도씨유

(4) 올리브유

올리브유는 지중해 등에서 생산되는 올리브 과육을 압착하여 채취하며, 담황색에서 녹황색까지 다양한 색을 띤다. 단일불포화지방산인 올레산이 60~80% 함유되어 있고 다가불포화지방산인 리놀레산도 함유되어 있다. 그러나 리놀레산 함량이 대두유, 옥수수유, 포도씨유 등에 비해 적어 산화로부터 안정한 편이다. 포화지방산으로는 팔미트산이 주요

그림 19-4 올리브유

하게 함유되어 있다. 올리브유는 특유의 향을 지니기 때문에 샐러드유로 많이 사용되며 마요네즈, 볶음용 등으로 사용된다.

올리브유는 가공 정도에 따라 엑스트라버진, 버진, 퓨어, 엑스트라라이트 등으로 나뉜다. 엑스트라버진은 최상급의 올리브를 열처리 없이 처음 압착하여 얻은 향미가 훌륭한 최고급 올리브유이며 샐러드드레싱, 빵을 찍어 먹는 등의 용도로 이용된다. 버진은 엑스트라버

진을 만들고 난 후의 올리브를 두 번째로 압착하여 얻은 기름이며 일반적인 요리에 이용된다. 퓨어는 엑스트라버진이나 버진에 정제 올리브유를 혼합한 것으로 볶음, 튀김 등 일반적인 요리에 다양하게 사용된다. 엑스트라라이트는 가공과정을 상당히 많이 거친 것으로 향이 가장 약하다. 정제과정을 거치지 않은 엑스트라버진은 중성지질 외 성분들의 함량이 높아 발연점이 낮으므로 튀김유로 사용하기에는 바람직하지 않으나 정제과정을 거친 올리브유는 튀김유로도 이용할 수 있다.

(5) 유채유

유채유는 유채의 씨로부터 얻는 기름으로 채종유라고도 한다. 유채유에는 에루스산(erucic acid)이라는 독성성분이 들어 있는데, 이 성분이 적게 함유된 품종을 개발하여 얻은 기름이 카놀라유(canola oil)이다. 튀김유, 샐러드유, 마요네즈, 마가린 등에 이용된다.

그림 19-5 유채유

(6) 해바라기유

해바라기유는 해바라기씨에서 얻는 기름으로 불포화지방산인 리놀레산을 다량 함유하고 있어 다른 식물성 유지와 마찬가지로 산패되기 쉽다. 독특한 맛이나 냄새를 가지고 있지 않으며, 발연점이 높아 튀김유로도 적당하며 샐러드유, 마가린, 쇼트닝, 과자 등에 이용된다.

그림 19-6 해바라기유

(7) 미강유

미강유는 쌀겨(미강)로부터 추출한 기름으로 현미유라고도 하며 튀김유, 샐러드유, 마요네즈 등에 이용된다. 미강유에는 항산화성분인 토코트리에놀(tocotrienol)과 감마-오리자놀(γ-oryzanol)이 함유되어 있다.

그림 19-7 미강유

(8) 면실유

면실유는 목화씨에서 추출한 기름으로, 유독성분인 고시폴 (gossypol)이 함유되어 있어 정제 시 이를 반드시 제거해야 한다. 튀김유, 샐러드유, 마요네즈, 마가린 등에 사용된다.

그림 19-8 면실유

(9) 참기름

참기름은 참깨를 압착하여 얻는 기름으로, 향미가 독특하고 풍부하여 다른 유지들의 일반적 용도인 열전달 매체로 사용되기보다는 비빔밥, 나물무침 등에 요리의 기호성을 높여주는 용도로 사용된다. 참기름에는 리놀레산, 올레산 등의 불포화지방산이 많아 산패되기 쉬워 빛을 차단할 수 있는 용기에 보관하는 등의 관리가 필요하나 세사몰

그림 19-9 참기름

(sesamol)이라는 천연 항산화제가 함유되어 있어 들기름 등에 비해 산화로부터 안정한 편이다. 들기름과 달리 ω-3지방산인 레놀렌산은 많이 함유되어 있지 않다.

(10) 들기름

들기름은 들깨를 압착하여 얻는다. 참기름과 마찬가지로 열전달을 통한 일반적인 조리에 사용하기보다는 독특한 향과 맛을 가지고 있어 향신료와 같이 음식의 풍미를 향상시키는 목적으로 사용된다. 들기름에는 불포화방산 중 ω-3지방산인 레놀렌산이 50~60% 정도로 다량 함유되어 있어 심혈관계질환 예방에 유익한 기능을 한다. 불포화지방산의

그림 19-10 들기름

함량이 높고 참기름과 달리 천연 항산화성분을 함유하고 있지 않아 산패에 취약하므로 냉장보관이 권장된다.

(11) 땅콩유

땅콩유는 땅콩을 압착하여 추출한 기름으로, 발연점이 높아 튀김유로 이용된다. 땅콩유를

압착하고 남은 탈지 땅콩박은 단백질이 매우 풍부하여 과
자류 제조 또는 사료에 이용된다. 땅콩유와 달리 땅콩버터
는 볶은 땅콩에 소금, 경화유, 안정제 등을 혼합하여 반고체
형태로 만든 것이다.

그림 19-11   땅콩유

(12) 야자유

야자유는 건조한 야자의 과육 및 핵을 압착하여 얻는 기름
이며 흰색에서 옅은 황색을 띤다. 라우르산 및 미리스트산
과 같은 포화지방산의 함량이 높다. 쇼트닝, 마가린, 커피크
림 제조에 이용되며, 발연점이 높아 튀김유로 사용된다. 또
한 비누 원료로도 널리 사용되며, 가소성 범위가 넓어 가소
제의 원료로 이용되거나 제과에 사용 시 입안에서 잘 녹게
해주는 역할을 한다.

그림 19-12   야자유

(13) 팜유 및 팜핵유

팜유는 야자과의 팜나무 열매 과육을 압착하여 얻으며, 포화지방산인 팔미트산이 많이 함
유되어 있다. 팜유는 마가린, 쇼트닝 제조에 이용되며, 라면이나 스낵의 튀김유로 많이 사용
된다. 팜핵유는 팜나무 열매의 핵 부분에서 얻으며 포화지방산 중 미리스트산과 라우르산
이 다량 함유되어 있고, 팜유보다 포화지방산의 전체 함량이 더 높다.

그림 19-13   팜유 및 팜의 구조

(14) 아보카도유

아보카도유는 과일 중 지방의 함량이 높은 아보카도 열매 과육에서 추출한 기름으로, 올리브유에 많이 함유되어 있는 단일불포화지방산인 올레산을 다량 함유하고 있다. 아보카도유는 녹색을 띠며 샐러드드레싱에 사용되고, 발연점이 270℃ 정도로 높아 튀김요리나 부침요리에도 적합하다.

그림 19-14 아보카도유

2) 동물성 유지

동물성 유지는 소, 돼지, 우유, 생선 등을 급원으로 하며, 동물의 내장조직 및 피하지방 등에 존재한다. 일반적으로 식물성 유지보다 포화지방산을 더 많이 함유하고 있어 녹는점이 높은 편이다. 하지만, 생선유와 같이 다가불포화지방산을 많이 함유하고 있어 상온에서 액체 상태로 존재하는 동물성 유지도 있다.

(1) 우지

우지는 쇠기름으로 소의 신장이나 장 등의 지방조직에서 얻는다. 우지에는 스테아르산 및 팔미트산과 같은 포화지방산이 다량 함유되어 녹는점이 높아 상온에서 고체로 존재한다. 차가운 요리에서는 쉽게 응고되므로 따뜻한 요리에 이용하는 것이 바람직하다.

그림 19-15 우지

(2) 돈지

돈지는 돼지의 신장 등의 지방조직에서 얻는 돼지기름으로, 라드(lard)라고도 부른다. 라드는 포화지방산의 유해성 때문에 사용량이 감소하였으나, 버터보다 불포화지방산이 많으며 마가린과 달리 트랜스지방으로 인한 위해성 문제가 없어 다시 사용량이 증가하는 추세이다.

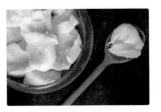

그림 19-16 돈지

라드는 크리밍성이 떨어지지만 쇼트닝성은 좋아 페이스트리, 쿠키, 비스킷 등의 제과에 매우 중요한 원료로 쓰인다. 우지 등 다른 동물성 유지보다 녹는점이 낮아서 부드러운 식감을 낼 수 있으며, 특유의 풍미가 있어 중국음식에도 많이 이용된다.

> **한걸음더 ◦ 크리밍성**
>
> 고체 지방의 교반 시 공기가 지방 속으로 함유되어 부드러워지고 부피가 커지는 현상을 말한다. 라드에 비해 마가린과 쇼트닝의 크리밍성이 우수하다.

(3) 어유

어유는 대구, 명태, 정어리, 꽁치, 고등어, 오징어 등의 생선류에서 얻는 기름이다. DHA, EPA 등 다가불포화지방산이 다량 함유되어 있어 산화되기 쉽고, 동물성 지방임에도 액체로 존재하며 어취가 강한 특성이 있다. 산화되기 쉬운 성질 때문에 그대로 이용하기보다는 수소화를 통해 경화유인 마가린이나 쇼트닝으로 가공하여 사용한다.

그림 19-17 　어유

(4) 버터

버터는 우유의 크림을 분리하고 교반하여 덩어리로 만든 것으로, 소 외에 염소, 양, 버팔로 등의 유즙을 이용하여 만들기도 한다. 식염 첨가 유무 및 발효과정 유무에 따라 여러 종류의 버터가 있다. 버터의 색은 주로 카로틴 색소에 의해 달라지므로 소가 먹은 사료에 따라 흰색, 옅은 황색, 짙은 황색 등으로 다양하게 나타난다.

그림 19-18 　버터

버터는 대표적인 유중수적형(W/O) 유화상태의 식품으로 지방 80% 이상, 수분 16% 내외로 구성되어 있으며, 비타민 A의 좋은 급원이다. 냉장온도에서는 고체상태이나, 32℃ 이상이 되면 녹고 가소성이 있어 빵 등의 제품에 퍼바를 수 있다.

(5) 기

기(ghee)는 정제버터의 일종으로 인도요리에 널리 사용된다. 기를 만드는 방법은 일반적으로 버터를 가열하여 녹인 후 수분과 우유성분을 증발시키고, 끓어오를 때 생기는 거품을 제거한다. 이후 필터나 체로 걸러 거품과 우유성분을 제거하면 포화지방산으로만 된 순수한 동물성 지방인 기가 남게 된다.

그림 19-19 기

3. 가공유지

1) 마가린

버터의 대용품으로 개발된 마가린은 식물성 유지 등에 물, 유화제, 소금, 색소, 비타민 A와 D 등을 첨가하고 수소를 넣어 만든 경화유이다. 수소 첨가 정도에 따라 포화지방 함량을 조절하여 부드러운 정도가 다른 마가린을 만들 수 있다. 마가린은 80% 정도의 지방을 함유하고 있으며 유중수적형(W/O)의 유화식품이다. 쇼트닝성과 크리밍성이 좋아서 제과제빵 분야에 널리 이용된다.

마가린은 수소 첨가과정 중에 유해한 트랜스지방이 생성된다고 알려지면서 소비량이 감소하였으며, 가공과정 중의 트랜스지방 생성을 줄이려는 노력이 지속되고 있다.

2) 쇼트닝

라드의 대체품으로 개발된 쇼트닝은 동물성 지방, 식물성 유지 등을 원료로 하여 수소화를 거쳐 만든 경화유이다. 주로 식물성 유지를 원료로 이용하는데 옥수수유, 면실유, 대두유 등이 사용된다. 라드는 지방 함량이 80% 정도인 버터나 마가린과 달리 100% 지방으로 이루어져 있어 유화식품이 아니다. 또한 버터나 마가린에 비해 발연점이 높은 편이다.

밀가루에 쇼트닝을 혼합하여 반죽하면 글루텐 단백질의 망상 구조 형성을 방해하여 글루텐이 짧아지는 쇼트닝성을 부여하고 바삭거리는 질감을 주기 때문에 '쇼트닝'이라는 이름이 붙었다. 마가린과 마찬가지로 쇼트닝성과 크리밍성이 좋아 쿠키, 파이, 페이스트리 등의 제과제빵 제품에서 매우 중요하게 쓰이지만, 트랜스지방 생성으로 인한 유해성의 문제가 있다.

3) 바나스파티

바나스파티(banaspati)는 주로 팜유를 이용해서 만드는 경화유로, 인도의 버터 대용 식물성 유지이다.

그림 19-20 바나스파티

참고문헌

국내문헌

강경심 · 윤재영 · 이진미 · 최영진 · 최은정, 조리원리, 창지사, 2023

강명화 · 이수정 · 최향숙 · 이제혁 · 임은정 · 김미숙, 이해하기 쉬운 식품화학, 파워북, 2021

김건희 · 강일준 · 정윤화 · 한정아 · 황은선 · 윤기선 · 김묘정, 재미있는 식품화학, 수학사, 2018

김주현 · 김영희 · 신승미 · 윤재영 · 최정희 · 김은경 · 이인선, 식품학, 양서원, 2012

김철재 · 송태희 · 서희재, 식품과학, 교문사, 2015

노봉수 · 장판식 · 백형희 · 김석중 · 이광근 · 유상호 · 이재환 · 이기원 · 최승준 · 변상균, 식품화학, 수학사, 2020

농촌진흥청 국립농업과학원, 국가표준식품성분표 제10개정판, 2023

농촌진흥청, 고구마 – 농업기술길잡이 028(개정판), 2018

농촌진흥청, 밀 – 농업기술길잡이 044(개정판), 2020

보건복지부 · 한국영양학회, 한국인 영양소 섭취기준, 2020

송경빈 · 전덕영 · 최원상 · 김주석 · 장해동 · 유상호 · 김영완 · 김범식 · 최승준 · 박종태, 생각이 필요한 식품학 개론, 수학사, 2017

송태희 · 우인애 · 손정우 · 오세인 · 신승미, 이해하기 쉬운 조리과학, 교문사, 2011

송태희 · 우인애 · 손정우 · 오세인 · 신승미, 이해하기 쉬운 조리과학(3판), 교문사, 2020

송태희 · 주난영 · 박혜진 · 김일낭 · 차윤환 · 한규상 · 박명수 · 한명륜 · 서영호 · 이상준 · 박희정, 식품학, 교문사, 2019

신말식 · 최은옥 · 이경애 · 권미라 · 김범식, 식품화학, 교문사, 2019

안선정 · 김은미 · 이은정, 새로운 감각으로 새로 쓴 조리원리, 백산출판사, 2018

안승효 · 황인경 · 김향숙 · 구난숙 · 신말식 · 최은옥 · 이경애, 식품화학, 교문사, 2010

윤계순 · 이명희 · 박희옥 · 민성희 · 김유경 · 최미경, 알기 쉬운 식품학 개론, 수학사, 2014

이경애 · 구난숙 · 김미정 · 윤혜현 · 고은미, 식품학, 파워북, 2014

이경애 · 구난숙 · 김미정 · 윤혜현 · 고은미, 이해하기 쉬운 식품학, 파워북, 2022

이서래 · 신효선, 최신식품화학, 신광출판사, 1997

이수정 · 이현옥 · 조경옥 · 이광수 · 김종희 · 최향숙 · 이석원, 식품학, 파워북, 2019

이숙영 · 정해정 · 이영은 · 김미리 · 김미라 · 송효남, 식품화학, 파워북, 2009

이주희 · 김미리 · 민혜선 · 이영은 · 송은승 · 권순자 · 김미정 · 송효남, 과학으로 풀어쓴 식품과 조리원리, 교문사, 2019

이혜수·김미정·김영아·김완수·김미리, 조리과학, 교문사, 2001

이호재·김상오·노재필·신승호·이병호·이희섭·이혜영, 스마트 식품화학, 수학사, 2021

정현정·권기한·김기명·김지상·신의철·오희경·윤경영·이제혁, 기초가 탄탄한 식품화학, 수학사, 2015

조신호·신성균·박헌국·송미란·차윤환·한명륜·유경미, 식품화학, 교문사, 2013

조신호·신성균·박헌국·송미란·차윤환·한명륜·유경미, 식품화학(3판), 교문사, 2014

조신호·조경련·강명수·송미란·주난영, 식품학, 교문사, 2008

조신호·조경련·강명수·송미란·주난영·임은정·이정은, 새로 쓰는 식품학, 교문사, 2020

주세영·계인숙·김미정·김지상·배인영·이지현·장세은, 재미있는 식품과 조리원리, 수학사, 2020

황인경·김정원·변진원·한진숙·김수희·박찬경, 기초가 탄탄한 식품학, 수학사, 2013

황인경·김정원·변진원·한진숙·김수희·박찬경·강희진, 스마트식품학, 수학사, 2018

국외문헌

Amy Christine Brown, Understanding food: principles and preparation(3rd ed.), Wardworth Publishing, 2007

Considine, D. M., ed., Van Nostrand's Scientific Encyclopedia, 5th ed., 1976

인터넷 사이트

농식품올바로. https://koreanfood.rda.go.kr/

농촌진흥청. https://www.rda.go.kr/ptoPtoFrmPrmnDetail.do?photo_id=P000047763&image_id=I00000075548&currPage=2&searchKey=&searchVal=&prgId=pto_farmprmnptoEntry&tcode=&tname=#

농촌진흥청 농사로. https://www.nongsaro.go.kr/portal/portalMain.ps?menuId=PS00001

식품의약품안전처. https://www.mfds.go.kr/

축산물품질평가원. https://www.ekape.or.kr/contents/list.do?menuId=menu193590

축산물품질평가원 축산유통정보. http://www.ekapepia.com

Oil Palm Knowledge Base. https://oilpalmblog.wordpress.com/2014/01/25/1-composition-of-palm-oil/

Smoke Points of Oils-Vegetarian health institute. www.veghealth.com

찾아보기